高职高专国际贸易专业系列教材

跨国公司国际化经营

林　康　编著

对外经济贸易大学出版社

（京）新登字 182 号

图书在版编目（CIP）数据

跨国公司国际化经营/林康编著. —北京：对外经济贸易大学出版社，2006
高职高专国际贸易专业系列教材
ISBN 7-81078-777-2

Ⅰ. 跨...　Ⅱ. 林...　Ⅲ. 跨国公司－企业管理－高等学校：技术学校－教材　Ⅳ. F276.7

中国版本图书馆 CIP 数据核字（2006）第 137770 号

跨国公司国际化经营

林　康　编著
责任编辑：王　婕

对外经济贸易大学出版社
北京市朝阳区惠新东街 10 号　邮政编码：100029
邮购电话：010－64492338　发行部电话：010－64492342
网址：http://www.uibep.com　E-mail：uibep@126.com

唐山市润丰印务有限公司印装　新华书店北京发行所发行
成品尺寸：170mm×228mm　17.75 印张　326 千字
2006 年 11 月北京第 1 版　2006 年 11 月第 1 次印刷

ISBN 7-81078-777-2
印数：0 001－5 000 册　定价：29.00 元

出版说明

教材是体现教学内容和教学要求的知识载体，是进行教学的基本工具，是提高教学质量的重要保证。对外经济贸易大学出版社根据教育部有关教育事业"十一五"规划的发展要求，积极贯彻适应教学改革和课程建设发展的方针，面向大力推动我国职业教育培养实用高技能专门人才的实际需要，特邀请对外经济贸易大学具有多年丰富教学和实战经验的骨干教师，经过两年多的精心策划准备，隆重推出了本套"高职高专国际贸易专业系列教材"。

本套教材共17本，涵盖国际贸易专业高职高专教学所有必修课程，具体包括：《国际贸易》、《国际贸易实务》、《国际运输货物保险》、《国际金融》、《国际结算》、《国际贸易单证》、《国际货物运输》、《海关实务》、《外贸函电》、《中国对外贸易》、《中国主要贸易伙伴的经贸制度》、《国际商法》、《跨国公司国际化经营》、《国际投资》、《国际市场营销》、《国际商务谈判》和《世界贸易组织概论》。其中，《国际贸易》、《国际金融》、《海关实务》、《国际市场营销》、《国际商务谈判》5本书已经入选"普通高等教育'十一五'国家级规划教材"。

本套教材的开发自始至终坚持"实现知识、技能和素质的融会贯通"这一指导思想。整套书的编写遵循各学科专业的发展规律和教学特色，努力向广大读者和教师呈现一套融高品质、系统性、实用性于一体的专业课程教材。为强化知识的掌握，本套书每章后均配有"问题与思考"、"案例分析"等实战板块，同时若干教材还设有"深度阅读推荐"栏目以满足读者深入学习的需要。针对职业教育特色，本套教材内容凝练，篇幅适中，适合教学进度的安排。

我们希望本套教材的推出能为国际贸易专业广大师生带来有益的帮助。如果您在使用过程中发现任何问题或有任何改进意见，欢迎您及时同各位作者或我社联系，帮助我们进一步完善本套教材的后续开发，在此我们深表感谢。

对外经济贸易大学出版社

出版说明

[illegible]

[illegible]

[illegible]

[illegible]

对外经济贸易大学出版社

前言

跨国公司已成为当代世界四大市场（资本市场、商品市场、技术市场和服务市场）上的主要供应商和收购商。跨国公司的国际化经营是世界经济全球化的主要推进因素之一。其国际化经营的基本特征是以投资为导向，通过国际化生产和跨国化经营的模式，改变了传统的国内生产和对外交换的模式。国际化经营表现为：跨国公司股权多国化，相互持股，你中有我，我中有你。将其专业化生产和销售网络分布于世界各地，分工制造零部件，定点加工装配，定向销售产品，以世界市场和消费者作为其角逐的目标。正如IBM首席执行官萨姆·帕米萨诺在2006年5~6月《外交》杂志中所写：IBM是一个新的组织形式，即“全球整合企业”（the globally integrated enterprise），IBM在全球范围内整合生产和经营，并向消费者提供价值和服务。这种新的技术和商业模式使企业将各种职能和业务分别对待，企业能够把他们进行分解，判断自身需要在哪些方面做得最好，哪些方面适合交给合作方去做，然后再以新的方式重新组合在一起。这种新的国际商业模式不是简单地剥离非核心业务，也不是劳动力套利（即把工作转移到工资较低的区域）。

全球化是一个利益分配的博弈过程。中国利用了经济全球化中的有利因素，化解了全球化中的风险，使经济呈现出“五高”，即经济高增长、高出口、高进口、高储蓄和高投资的增长势态。目前，中国将近30%的石油、45%的铁矿石以及10类有色金属中的40%需要进口。中国作为世界上最大原材料进口国，客观上具备确立世界原材料期货市场定价中心的条件。然而，国际原材料定价权始终在伦敦和纽约。因此，只要中国资本市场欠发达的状况不改善，中国面临原材料危机的状况就难以摆脱。

中国改革开放，经历了“请进来”和“接轨”两个阶段之后，中国开始“走出去”了。“走出去”从战略上讲，要跨越被动接受国际环境的阶段，积极主动地造就一个有利于国家利益的国际环境，开拓在国际社会中的影响力。从经济上讲，要促进企业经营和资金运作的国际化，追求企业自身内部的发展和提升自身外部的国际地位。利用贸易顺差和外汇储备日益增加的优势，大力鼓励有条件的国内企业走出去，采用跨国并购、参股、控股、战略联盟和建立创新企业等方式，取得国际市场上原材料生产和市场的主导权，真正成为一个有影响力的国家。

中国企业通过“走出去”，要努力组建中国式的新型跨国公司。一个国家如果没有世界级的跨国公司，将很难在国际竞争中站住脚，越来越被动直至挨打。中国的大企业集团应努力争取入围全球500强。全球500强企业是一种荣誉，更是一种经济实力。它不但是企业的荣誉和实力，更是国家的荣誉和实力。在中国企业出海远航的同时，还要坚持技术创新，创造世界级的名牌产品。没有强大的本国工业，没有自己的拳头产品，这个国家是没有前途的。中国要成为世界经济贸易强国，既要有中国特色的跨国公司，又要有国际名牌产品，两者缺一不可。这关系到民族的尊严，体现着民族的素质，象征着国家的实力。

《跨国公司国际化经营》一书重点介绍跨国公司的宏观经营环境，跨国公司的经营战略，国际投资策略、国际营销策略、国际化企业内部交易，国际技术转让和国际技术贸易，政府对跨国公司的政策调控以及中国企业跨国经营之路等内容。本书注重理论联系实际，深入浅出，扩大视野，提高分析问题和解决问题的能力。本书还安插了国内外大型企业在国际化经营中的成功与失败的案例，每章都列有学习目标，并配有问题与思考题，以加深读者对知识点的了解和掌握。

在本书的编写过程中，乔荣贞教授、大雄教授、林在志律师等对本书提出了众多宝贵意见。殷强、唐堃、陆峥嵘、安幻颖、乔颂、史春茹等同志参与了部分编写工作。在此向支持本书写作和出版的同志表示感谢。

作者多年从事跨国公司的教学和研究工作，出版多本有关跨国公司的著作和论文。本书适用于从事国际经济贸易的工作人员以及高职高专国际经济贸易、世界经济专业的师生学习和研究。由于作者水平有限，纰缪挂漏，在所难免，敬请读者予以指正。

编　者

2006年10月于北京

CONTENTS

目录

第一章　国际化经营企业的典范——跨国公司 / 1

第一节　跨国公司的定义、性质和特征 / 1
第二节　国际化企业的形成与发展 / 8
第三节　跨国公司的组织形式 / 12
问题与思考 / 22
案例分析 / 24

第二章　现代企业国际化经营的宏观环境 / 27

第一节　世界经济全球化与企业跨国化 / 27
第二节　跨国公司在国际化经营中的地位和作用 / 38
第三节　跨国公司在世界市场上的竞争优势 / 43
问题与思考 / 50
案例分析 / 51

第三章　企业国际化竞争的战略与策略 / 54

第一节　跨国公司的全球战略 / 54
第二节　企业的所有权策略 / 64
第三节　企业的国际战略联盟 / 67
第四节　国际化经营的产品策略 / 72
第五节　国际化经营的市场策略 / 76
问题与思考 / 80
案例分析 / 82

第四章　企业国际化经营中的国际资本流动 / 84

第一节　国外直接投资 / 84
第二节　国外直接投资的基本类型 / 93
第三节　国际合资经营企业 / 103

CONTENTS

目录

第四节　国外证券投资 / 112
问题与思考 / 117
案例分析 / 119

第五章　国际投资的选择与决策 / 122

第一节　投资环境的分析与决策 / 122
第二节　国外投资项目可行性研究 / 127
第三节　国外投资环境的评估方法 / 131
第四节　国外投资保证与保险制度 / 135
问题与思考 / 141
案例分析 / 142

第六章　跨国公司的内部贸易与转移价格 / 145

第一节　跨国公司的内部贸易 / 145
第二节　跨国公司转移价格 / 149
第三节　跨国公司转移价格的经济利益 / 152
第四节　各国政府对跨国公司转移价格的管理 / 156
问题与思考 / 158
案例分析 / 159

第七章　国际技术转让与国际技术贸易 / 162

第一节　跨国公司国际技术转让 / 162
第二节　跨国公司国际技术贸易 / 167
第三节　跨国公司国际技术贸易的价格与支付 / 175
第四节　跨国公司国际技术贸易的签约与履约 / 179
问题与思考 / 184
案例分析 / 186

CONTENTS

目录

第八章　企业国际化经营的市场营销策略 / 188

第一节　跨国公司的市场营销策略 / 188
第二节　跨国公司市场营销的价格策略 / 194
第三节　跨国公司市场营销的促销决策 / 200
第四节　跨国公司的市场营销调研 / 203
问题与思考 / 212
案例分析 / 214

第九章　国际化企业的政策管理 / 218

第一节　政府对国际化企业的政策调控 / 218
第二节　东道国政府对国际化企业的政策调控 / 223
第三节　母国政府对国际化企业的政策调控 / 230
第四节　国际社会对国际化企业的政策调控 / 233
问题与思考 / 240
案例分析 / 241

第十章　中国企业“走出去”战略 / 245

第一节　中国企业走出国门之路 / 245
第二节　建设有中国特色的跨国公司 / 252
第三节　中国国际化企业的经营与管理 / 257
问题与思考 / 264
案例分析 / 265

参考答案 / 268
主要参考文献 / 272

第一章

国际化经营企业的典范
——跨国公司

学习目标

掌握跨国公司对全球生产国际化和资本国际化的推动作用，跨国公司在国际竞争中的优势。熟悉跨国公司的法律形式和组织结构。了解跨国公司在国际贸易中的垄断地位和竞争优势。

第一节　跨国公司的定义、性质和特征

一、跨国公司的名称

第二次世界大战后，有人把从事跨国生产经营活动的企业实体（Business Entity），称为多国企业（Multinational Enterprises）、国际公司（International Corporations）、国际企业（International Business）、全球企业（Global Enterprises）和宇宙公司（Cosmo-corporations），亦有人称之为跨国公司（Transnational Corporations，简称 TNCs）。联合国经济及社会理事会（简称经社理事会）于 20 世纪 70 年代初召开会议，会上较全面地讨论了跨国公司的定义及各种准则。一些代表在辩论中赞成使用“跨国公司”的概念，其理由是：在拉丁美洲国家中，“多国公司”是指那些在安第斯条约组织赞助下，由该组织成员共同创办和经营的公司；

而那些主要以一国为基地从事跨国生产经营活动的公司，应称“跨国公司”。经社理事会同意这些代表的意见，并于1974年作出决定，采用“跨国公司”这一名称，并设立一个政府间的跨国公司委员会和跨国公司中心，作为永久性的机构。自此，“跨国公司”取代了“多国公司”，成为联合国统一名称。

跨国公司与国际公司的概念既有相同点，又有不同点。跨国公司强调其国际性和多国性。国际性（Internationality）是指在国与国之间开展业务活动；多国性（Multinationality）是指在许多不同的国家开展业务活动。而国际公司仅仅具有国际性这一个特征。

国际经贸业务主要包括商品转移、知识产权转让和资本投资等。通常，国际贸易公司从事商品的进出口贸易；国际技术咨询公司从事知识产权转让；跨国公司通过对外直接投资，在东道国进行产品制造和销售活动，能最有效地使资金、商品、劳务、技术、信息和人力实现全球一体化的效果（Global Integration Effect）。[①]

“多国企业”这一名称通常为西方学者所使用。指的是该企业在许多国家从事经营活动。“国际公司”常使用于企业界，它与“多国公司”、“跨国公司”等名称，是可以通用的，有的人将国际公司特指母公司的国际部或地区部（International or Regional Division）。“国际企业”一词流行于我国的港澳台地区。“全球公司”、“世界公司”和“宇宙公司”，常常是通用的，它们都以全球竞争环境为出发点制定企业经营战略，企业的业务面向全球，实施全球取向（Global Orientation）。

二、跨国公司的定义

跨国公司的称谓多种多样，1974年后，联合国将之统称为跨国公司，但关于跨国公司的定义，仍然是见仁见智、众说纷纭。各国对跨国公司的定义有不同的标准和尺度，大体上可以概括为三种标准下的定义。

（一）结构标准（Structural Criteria）

凡采用“企业的跨国程度”、“企业的所有权”、“高级经理人员的国籍”和“企业的组织形式”等作为划分跨国经营的标准与尺度的，都属于结构性标准。

1. 企业的跨国程度

一个企业必须在两个以上的国家进行制造和销售业务才能算跨国公司。

2. 企业的所有权

一般认为，跨国公司应当由众多国家的国民拥有所有权。经济合作与发展组织认为，跨国公司“通常包括所有权属于私人的、国有的、公私合营的公司或

① ［美］刘易斯·威尔斯. 第三世界跨国公司. 上海：上海翻译公司，1996：128.

其他的实体”。

3. 企业高级经理人员的国籍

跨国公司企业的高级经理人员必须是来自一国以上的国民。合资经营的企业其所有权和控制权自然会分散到不同国籍人士手里。

4. 企业的组织形式

跨国企业的组织形式以全球性地区和全球性产品为基础。其实体的法律形式，可以是合资、有限、无限、合作社、公私合营等。在制造业中，海外企业最流行的形式是在当地组建子公司。

(二) 营业实绩标准 (Performance Characteristics Criteria)

跨国公司营业实绩标准是指公司的国外活动在整个公司业务活动中，其资产额、销售额、生产值（产品和劳务）、盈利额和雇员人数应占若干百分比以上才算是“多国”。较多人主张25%以上为衡量标准。但是，按动态数列分析，某些公司可能在某一特定的时点上合格，但在另一时点则不合格。

在规模标准限定上，一般将营业额超过1亿美元的称之为跨国公司，例如美国弗农（Raymond Vernon）教授认为：“……销售额低于1亿美元的这类公司不值得引起注意。”① 联合国贸发会1993年称营业额在10亿美元以上的为跨国公司，即“10亿美元俱乐部”（Billion Dollar Club）。② 2003年美国通用电器公司市值已达2 942多亿美元。但值得注意的是，根据《财富》杂志的统计数据，不同时期的公司营业额差别很大。

(三) 行为标准 (Behavioural Characteristics Criteria)

此标准是指凡是跨国公司都应有全球战略目标和动机，公司按照全球目标公平处置世界各地所出现的机遇与挑战。公司经营活动由一国走向多国，直至定位于全球化目标，一般需要经历以下三个阶段。

1. “民族中心” (Ethnocentric)

公司业务活动以母国为中心进行决策，优先考虑母国企业的利益，按母国的处事方法开展经营。

2. “多元中心” (Polycentric)

公司所有决策，既考虑母国的利益，也兼顾众多国外子公司的要求，其好处是充分利用当地资源和环境优势。

---

① 联合国跨国公司中心．跨国公司在世界发展事业的作用．1989：46.

② UNCTAD. small and medium-sized TNC: role, impact and policy implications. New York: United Nations Publication, 1993: 1.

3. “全球中心”（Geocentric）

公司所有决策，出自于“全球思维”（Global Thinking）、“全球心态”（A Global Habit of Mind），以全球利益为目标，母国企业和国外企业相互配合、相互依存、协作经营。公司只有进入“全球中心”，才称得上真正的跨国公司。

跨国公司以盈利为最终目标，若能既获得盈利，又增加社会福利，公司会乐于采取一举两得的决策。但是，实际上这两项目标往往相互矛盾，相互抵触。通常，在鱼和熊掌二者不可兼得的情况下，公司的抉择，必将是舍社会福利之目标，而取自身盈利之目标。

在1978年联合国秘书处准备的一份研究报告中，跨国公司一词被定义为：“凡是在两个或两个以上国家里控制有工厂、矿山、销售机构等类似财产的所有企业。”另外，亚太经济合作组织的知名人士小组把跨国公司定义为：“在国外拥有和控制生产或服务机构的企业，它们不一定是股份公司或私人企业，它们也可能是合作企业或国有企业。”

相关链接

1986年联合国《跨国公司行为守则》（*United Nations Code of Conduct on Transnational Corporations*）对跨国公司的定义是：

“本守则中使用的跨国公司一词系指在两国或更多国家之间组成的公营、私营或混合所有制的企业实体，不论此等实体的法律形式和活动领域如何，该企业在一个决策体系下运营，通过一个或一个以上的决策中心使企业内部协调一致的政策和共同的战略得以实现；该企业中各个实体通过所有权或其他方式结合在一起，从而其中的一个或多个实体得以对其他实体的活动施行有效的影响，特别是与别的实体分享知识、资源和责任。”

经过十几年热烈争论，世界各国就跨国公司定义的三个基本要素取得了一致的意见，它们是：

其一，跨国公司是指一个工商企业，组成这个企业的实体在两个或两个以上的国家经营业务，而不论其采取何种法律形式经营，也不论其在哪一经济部门经营；

其二，这种企业有一个中央决策体系，因而具有共同的政策，该政策反映企业的全球战略目标；

其三，这种企业的各个实体分享资源、信息并分担责任。但目前各国尚未就企业的动机、规模和所有权等问题取得一致意见。

此外，1980 年以来，邓宁（John Harry Dunning）、巴克列（Peter J. Buckley）、卡索恩（Mark C. Casson）等西方专家教授提出一种新的看法：一国际公司未必一定通过拥有海外股份而成为跨国公司，通过租赁和管理合同形式，同样可以成为跨国公司。因此，在他们看来，某些形式的纯对外贸易（租赁、特许、管理合同）劳务公司，虽然没有传统定义所要求的海外股份或控制权，仍可以列为跨国公司。

三、跨国公司的性质与特征

（一）跨国公司的性质

西方跨国公司就其性质而论，是资本主义私有制的垄断企业，为了争夺国外市场、掠夺海外资源、攫取高额垄断利润，通过对外直接投资和在世界各地设立分支机构而形成的一个从国内到国外、从生产到销售无所不包的超国家的特殊的企业经营体系。在不同类型的国家，跨国公司的性质也有所差异。具体来说有如下几种：

（1）西方跨国公司是资本在国际规模上的集中和积聚的产物，也是垄断资本国际化和跨国化过程的产物。

（2）发展中国家和地区的企业走上国际化的道路，形成和发展了自己的跨国企业。这类跨国公司体现着民族资本主义的生产关系，它是民族资本发展外向型经济的必然结果，反映了发展中国家的民族资本已经国际化且成为国际分工中的一股重要力量。

（3）在我国，跨国公司是在实行对外开放和外贸体制改革的过程中发展起来的。随着我国经济体制改革的深化，已经形成了许多具有一定实力的跨国集团企业。这些企业采用“请进来”或“走出去”的方式，沿着国际化、集团化和实业化道路发展。我国跨国公司具有公有制的性质，在世界市场上按照资本主义市场经济体制进行运作，体现了国家资本主义的性质。

（二）跨国公司的特征

跨国公司不同于单国公司之处首先是跨国性。跨国公司以母国为基地，将其实体分布于不同的国家或地区，在多国从事投资活动，由一国的某一大型企业为其控制、管理和指挥中心。跨国公司经营的主要特征有以下几种。

1. 跨国公司实行全球性战略和集中性管理

首先，跨国公司的战略以整个世界市场为目标，总公司对整个公司的投资计划、生产安排、价格体系、市场分布、利润分配、研制方向等重大的决策，实行高度集中统一的管理。跨国公司在作出经营决策时，所考虑的不是一时一地的局部得失，而是整个公司在全球的最大利润。公司最高决策机构是董事会，它对整个公司各个实体拥有高度集中的管理权。

其次，公司内部有极强的相互联系性。跨国公司内部各实体之间具有密切的联系性，子公司根据母公司的全球战略制定各自的经营计划及措施，而母公司与子公司、子公司与子公司之间，采用合同、协议等形式相互联系起来，从而使公司内部的各个实体能与其他实体分享资源和分担责任。公司在海外设立的大量子公司受控于母公司，在分工协作的基础上，公司内部各单位的业务融为一体，相辅相成。

2. 跨国公司利用直接投资争夺世界市场

资本的本性就是扩张，它要冲破在其扩张道路上的一切地理的、文化的障碍，进行其漫无止境的对外渗透。跨国公司对外扩张有两条途径：一是商品出口；二是海外投资和海外生产。为了扩大商品输出，它在国外建立销售公司，这种销售公司是最简单的所有权式的投资，其作用有三：

(1) 推销母公司和母国的产品；

(2) 了解当地市场行情，收集所在国的经济和商业情报；

(3) 扩大公司的影响，作为进一步向外投资的跳板。

这种销售机构的规模主要取决于母公司的规模、产品的类型、公司本身所处的发展阶段以及当地市场的消费需求。

随着竞争的加剧，向外输出商品为主的做法已满足不了争夺世界市场的需要，跨国公司已越来越多地利用海外直接投资建立工业企业以代替直接的商品输出。与跨国公司从母国出口相比较，海外直接生产更符合跨国公司全球战略的需要和最大限度地扩大盈利的需要。

3. 跨国公司以少量的自有资本控制他人的巨额资本

跨国公司借助“参与制”，以少量自有资本采用直接投资的方式来控制他人的巨额资本。列宁曾经指出，为控制一个公司需要占有40%的股份。而如今的跨国公司所支配的外部资本和外部利润表明，为控制一个公司所需要占有的股份已降到10%～25%。美国商务部研究报告证实，美国跨国公司国外分支机构的资产相当于其对外直接投资累计总额的5～6倍。跨国公司利用自己手中的金融资本，控制他人的巨额资本，把触角伸向世界市场的任何一个角落。

跨国公司作为控股公司，控制海外子公司并以这种方式建立控制的金字塔。要对别的公司实行控制，就必须有一个不大的股票控制额，这样，该资本就能够对超过自己许多倍的资本实行控制。公司完全不把少量股票持有者看作是有权插手公司事务的业主，而是把他们看作有权得到一部分企业收入的人。甚至持有大宗股票的人，通常也不关心他们所持有股票公司的业务，有时甚至不知道它们究竟是些什么样的公司。这是股权分散过程的一种表现。占有股票可以同行使控制权联系在一起，但也不是必然的，因为控制权不是占有股票的结果，而是完成所有权职能的结果。大公司股权广为分散妨碍了股票持有者真正行使自己的权利。因为大量的股票持有者实际上既不能任免公司的经营者，也不能对经营者实行控制。在大公司中，股票持有者的人数常常高达10万，如在美国电话电报公司中则超过100万。绝大部分的股票持有者拥有的股份很少，他们实际上对公司生产资料所有权的支配和对这些生产资料生产出来的产品的支配，都丝毫没有影响。他们购买股票的目的与在银行和其他信贷机构储蓄的目的相似。

4. 跨国公司拥有先进技术，以确保其保持竞争优势

科技的发展及其实际应用，导致企业技术的进步和组织机构的合理化。企业推广新技术，首先是用机器设备替代活劳动，然后逐步发展到用更完善的机器设备替代原有的机器设备。

跨国公司在世界市场上，若要保持优势，或从一种优势转向另一种优势，就必须在研究与开发新技术、新工艺、新产品中始终保持领先地位，否则，它将在激烈的国际竞争中败北。因此，跨国公司对外投资以开发新技术为其经营的主要武器，并且影响所在国有关的产业部门；反过来，科学技术的发展加强了国际分工和协作，促进了跨国公司的发展。

跨国公司欲保持技术优势，须仰赖巨额的研究开发投资及特有的技术战略。研究开发投资是新技术产生的摇篮。跨国公司把研究与开发视为明天的产品，投资研究开发就等于投资于未来，投资于市场竞争力。通常研究与开发费用占公司销售总额的5%～10%。同时，跨国公司始终牢牢控制新技术部门的生产和销售。据统计，最大的866家跨国公司其国外总产值中60%集中在先进技术部门（其中石油部门为37%，化学和制药部门为12%，电子和电器产品部门为7%），22%集中在中等技术水平部门（其中汽车业为9%），而简单的技术部门仅占18%（其中食品加工业为9%）。

5. 巨型跨国公司向综合型多种经营发展

跨国公司废弃单一产品生产，实行多种产品生产的生产结构。综合型多种经营，是指母公司内部、母公司和子公司各自生产不同种类的产品，甚至经营彼此毫不相干的不同行业。20 世纪 70 年代以来，综合型多种经营的跨国公司迅猛发展，其业务经营范围，形象地说，就是“从方便面到导弹”，几乎无所不包。

这种综合型多种经营，其特点是根据生产、销售过程内在的需要，将有关联的生产联系起来，进而向其他行业渗透，形成生产多种产品的综合体系。综合型多种经营的好处是：

(1) 增强跨国公司总的经济潜力，防止过剩资本的形成，确保公司顺利发展，有利于全球战略目标的实现；

(2) 有利于资金合理流动与分配，提高生产要素和副产品的利用率；

(3) 便于分散风险，稳定企业经济收益；

(4) 可以充分利用生产余力，延长产品生命周期，增加利润；

(5) 能够节省共同费用，增加企业的机动性。

跨国公司多种经营的发展，表明一种新的竞争形式——结构竞争的出现，即通过控制多部门的生产结构，争夺销售市场，从而使其成为多目标生产经营综合体。

6. 多数跨国公司朝着突出主业、剥离非主业方向发展

跨国公司突出主业，是要努力开发公司“核心业务”。目前很多跨国公司推行“开发主业，剥离非主业”的经营理念。

核心主业是指公司所经营的业务中占据主导地位的业务，也就是公司的强项。通常衡量公司核心主业的标准有：(1) 公司核心业务销售额占企业总销售额的 30% 以上；(2) 该项业务占同行业的市场份额（Market Shares）不低于 25%；(3) 在同行业中的排名为前几名。

总之，跨国公司从全球利益目标出发，把“世界市场战略”、“产品多样化战略”和“技术转让战略”有机地结合起来，力图获得最大的经济利益。这就是它的主要特征。

第二节 国际化企业的形成与发展

跨国公司是资本主义进入垄断时期的产物，跨国公司的形成与资本输出密切相关，对外直接投资是跨国公司产生和发展的前提，但仅有对外直接投资，不一

定就会出现当代跨国公司。只有生产力和科学技术水平发展到新的高度，生产国际化和资本国际化塑造出了新的国际分工模式，这时才会出现当代跨国公司。

一、跨国公司的起源与发展

新航线和新大陆的发现，扩大了国际商业活动的空间范围。新的企业组织——特权贸易公司的出现，意味着以往商人的个人冒险家事业的消亡和现代企业的诞生。

著名的特权贸易公司有东印度公司（The British East India Company）、英国皇家非洲公司（The British Royal African Company）、英国哈德逊湾公司（The British Hundson's Bay Company）、荷兰东印度公司（The Dutch East India Company）和英资汇丰银行（Hong Kong and Shanghai Banking Corporation），这些公司以经营贸易和航运业为主，逐步扩大到银行和金融业。由于它们是从事掠夺性经营的殖民地公司，不利于各国民族经济的发展，故遭到了各国强烈的反对。1856 年英国正式颁布股份公司条例后，一大批股份公司出现，标志着现代资本主义企业的问世。

欧洲工业革命之后，那些股份公司广泛使用机器生产，急需廉价的工业原料，于是它们改变海外经营策略，由非生产性投资转向大规模的生产性投资：探采矿藏、开发土地、修建铁路、建设港口和发展加工装配业。

早期跨国公司通过对外直接投资，在海外设立了分支机构和子公司。当时具有代表性的制造企业有：1865 年，德国弗里德里克·拜耳公司在美国纽约的奥尔班尼开设的一家制造苯胺的工厂；1866 年，瑞典制造甘油、炸药的阿佛列·诺贝尔公司在德国汉堡开设的炸药工厂；1867 年，美国胜家缝纫机公司在英国的格拉斯哥创办的缝纫机装配厂；英国最大的油脂食品公司尤尼莱佛公司的前身英国利华兄弟公司，1885 年在利物浦用椰子油作原料制造肥皂，并在所罗门群岛和西非开发椰子种植园。

美国的威斯汀豪斯电气公司、爱迪生电气公司、伊斯特曼·柯达公司以及新泽西州的美孚石油公司等也纷纷到国外投资设厂，开始跨国性经营，成为现代跨国公司的先驱。

现代企业的早期跨国经营活动有两大特征：一是业务活动的重心由各自的殖民地向其他国家扩张；二是由经营商品买卖转向投资生产活动。资本输出是跨国公司形成的基础。资本主义自由竞争时期已有资本输出活动，进入垄断资本主义时期，在工业发达国家，资本输出成了普遍和大规模的现象，此时真正意义的跨国经营已经形成。

二、发达国家的跨国公司

第二次世界大战之后，迅猛发展的对外直接投资促进了跨国公司的迅速发展，跨国公司的对外直接投资占主要工业发达国家对外投资的70%以上，且主要为私人直接投资，跨国公司成为私人对外直接投资的物质载体。

值得注意的是，第二次世界大战后美国的海外投资在工业发达国家中遥遥领先。因为战争的破坏，欧洲各国满目疮痍，极需美国的投资。1948年美国国会通过了“马歇尔计划”。它是以援助欧洲复兴为名企图控制西欧的计划。美国要求接受援助的西欧各国购买美国货，取消或放宽对美国投资和商品输出的限制，为美国资本的进入大开绿灯。1950年美国对外直接投资总额达118亿美元，为1940年的170%。1971年美国对外直接投资已高达860亿美元，即20年间增长629%。[①]

美国的对外投资方式不同于英国。第二次世界大战前，英国是世界上最大的资本输出国，它主要的投资方式是证券投资，即购买外国的股票和债券。而美国第二次世界大战后主要采用对外直接投资，即在国外投资设厂，从事生产和销售活动。1971年美国国外直接投资为860亿美元，而对外证券投资为299亿美元。20世纪70年代，美国对外直接投资达到顶峰，占资本主义世界对外直接投资的一半以上。随后，其相对地位开始下降。

20世纪70年代至80年代，美国公司由盛至衰，在国际企业中的地位相对下降。这是美国经济自身发展矛盾的加深和资本主义经济发展不平衡规律的作用，使得美国公司地位相对下降，西欧和日本公司地位上升。

1990年至1998年美国经济连续增长，失业率和通货膨胀率则维持在历史最低水平。促进美国经济保持上升态势的一个重要因素是劳动生产率的提高。1990年前的20年里，非农业部门的劳动生产率每年平均增长1%，到1995年后每年平均增长2%，1999年第一季度的增长率高达4%。

20世纪末至21世纪初，美国公司在世界500强跨国公司中占1/3，它们的营业额占500强的1/3；500强里利润最大的前50名中，美国公司占1/3。美国公司的这种特殊地位可归因于美国对外直接投资的领先地位。美国高速发展的高新技术，不断增长的巨大的国内市场，政府的积极推动，这些因素都有助于增强美国公司在国际市场上的竞争力。

美国公司的竞争压力，加速了欧洲企业恢复和壮大的过程。进入20世纪70

---

① 参见1972年1月美国商务部《美国多国公司对外投资政策》报告以及1973年联合国经社理事会《世界发展中的多国公司》报告。

年代，并购后的欧洲大公司，在争夺世界资本和商品市场中，向美国公司提出挑战。1997 年世界 500 强跨国公司中，法国、德国和英国分别占第三至第五位，荷兰、瑞士、瑞典和比利时等国的跨国公司发展也很迅猛。

日本海外直接投资起步晚，但发展速度很快。日本跨国公司是后起之秀，1997 年在世界 500 强跨国公司中已占第二位，拥有 126 家，在前 10 名中日本占 6 席。但到了 21 世纪初，日本跨国公司略走下坡。

美国、欧洲、日本三方跨国公司的特点是：美国跨国公司在国外生产方面占优势，欧洲跨国公司的商品输出和国外生产都获发展，而日本则在商品输出上见长。

三、发展中的新兴跨国公司

发展中国家和地区的多国公司，亦称之为多国企业、“新兴的”跨国公司，它有别于西方发达国家“传统的”跨国公司。多国公司，无论其数目和规模都尚小，但增长速度却给人留下极为深刻的印象。1978 年联合国跨国公司中心的《再论世界发展中的跨国公司》报告把发展中国家的多国公司称之为发达国家跨国公司的“竞争新对手”。2005 年中国内地已有 15 家企业进入世界 500 强企业，其他的发展中国家和地区入围的企业数也在增加，它们分别来自于：韩国、巴西、中国台湾、中国香港、印度、马来西亚、土耳其、墨西哥、委内瑞拉等。

发展中国家和地区的新兴跨国公司，在性质上和业务经营做法上与发达国家的跨国公司不同，其特点有如下几点：

（一）合资性

新兴跨国公司一般采用与当地企业合资经营的方式，其在海外的子公司有 90% 是合资企业，因此，深受当地企业和政府的欢迎。

（二）地区性

新兴跨国公司的子公司大多数分布在邻近的一些国家和地区。以东南亚为基地的多国公司，其海外子公司 87% 设在东南亚地区。以拉丁美洲为基地的多国公司，它们的子公司 75% 设在本地区。并且它们的对外直接投资多数是“顺流而下”的运动，也就是投向生产水平比自己低的国家和地区。

（三）适用性

发展中国家和地区除了对外直接投资，还积极开发和转让“适用技术”，即适合第三世界当地技术、经济、社会条件的各种应用性技术。这种“适用技术”的好处是：最大限度满足当地市场的需要；节省能源、资源，减少污染；提供更多就业机会；提高工业化水平，缩小发展差距。

（四）小型、灵活、多功能的技术设备

与发达国家跨国公司采用大规模、专门化、标准化的技术设备不同，新兴的跨国公司采用小型、灵活、多功能的技术设备，一机多用或主机附件灵活转换，以投入最少的技术设备生产较多的产品品种，非常适应当地市场的需要。其投入的项目，资金少、周转快、收益大，有利于发展中国家的经济发展。

总之，发展中国家和地区新兴的跨国公司的崛起，将对各国民族经济的发展，发展中国家与发达国家间经济贸易的发展，以及世界经济贸易新格局的形成，产生日益重大的影响。新兴跨国公司的形成和发展，有利于合理利用各国资源，发挥各国的优势，共同提高经济效益；有利于促进各自经济独立和集体自力更生，加强发展中国家的经济合作；有利于发展中国家和发达国家的经济合作，提高同发达国家的谈判地位；有利于推动发展中国家对外贸易的发展，改变少数发达国家垄断世界经济贸易的不平衡现状。

第三节　跨国公司的组织形式

企业是社会经济的基本细胞，是人们从事生产、流通和交换等经济活动的一种重要组织形式。

一、企业的法律形式

现代企业的法律形式有个人企业、合伙企业和公司三种。

（一）个人企业（Individual Proprietorship）

个人企业亦称个人独资经营企业，是由一名出资者单独出资从事经济管理的企业。按法律性质说，个人企业不是法人，不具有独立的法律人格；其企业资产与出资人的个人财产在法律上没有区别，即出资人对企业的债务负无限责任。出资人对企业的经营管理有决策权和经营权。

个人企业就规模而言，大多数是中小型企业。这类企业是资本主义国家中为数最多的企业形式，对国民经济不起主要作用。欧洲联盟内的中小企业（指雇员在500名以下的企业）近年来发展日趋快速，数量已超过1 500万家。

（二）合伙（Partnership）

合伙是两个或两个以上出资人共同投资、共同经营、共享利润、共担风险的企业。合伙企业的特点有：

（1）原则上不具有法人地位，它是一种“人的组合”，合伙人的死亡、退出、破产都将导致企业解体；

（2）合伙契约是合伙企业的基础，契约规定了合伙人的权利和义务；

（3）合伙人对合伙企业的债务负清偿责任，即合伙人以个人财产作为合伙企业债务的担保。

合伙企业的名称应以合伙人的姓氏命名，在合伙人姓氏之后，可加上商号（Firm）或公司（Company）字样，但不允许加上“有限”（Limited）的字样。

合伙人可分为两类，一类是“普通合伙人”（General Partner），一类是“有限合伙人”（Limited Partner）。前者对合伙企业的债务负无限责任，后者则负有限责任，即仅限于其向合伙企业投入的资本。有限合伙人有权查阅企业账目，但无权参与企业经营管理，不能代表企业对外进行业务洽谈活动，其姓名也不能写入企业的名称，且未经普通合伙人同意不得随意退出合伙企业。由普通合伙人和有限合伙人共同组成的企业为“有限”（责任）合伙（Limited Partnership）。

（三）公司（Corporation）

1. 公司的法律特征

公司是依照公司法制定的程序设立的、以盈利为目的的企业。公司最基本的法律特征是：

（1）公司是法人（Legal Entity），具有独立的法律人格。在英语中，“Corporation”既指“公司”，也指“法人”。

（2）股东对公司的投资，在法律上已属于公司所有，股东则丧失了对这些财产的权利，他们所换来的是按照出资的比例享有的一系列权利。公司的资产与股东个人的财产在法律上是分离的。

（3）公司以自己的名义对外开展业务，也就是说公司与股东在法律地位上是分离的，公司是一个独立的法律主体。

（4）公司以自己的名义起诉、应诉，行使其诉讼权利。

（5）公司对企业不仅有所有权，也有经营管理权。

2. 公司的形式

各国通常有以下三类公司形式：

（1）无限责任公司（Unlimited Liability Company）。股东对公司债务负无限责任，故称之为无限公司，就此而言，它与“合伙”相类似，但公司具有独立法人地位。

（2）有限责任公司（Limited Liability Company）。股东的责任只限于对公司投入的股本金额，故称之有限责任公司。此类公司具有法人地位，股东人数少，不发行股票，且不得随意转让股权。有限责任公司是西方国家最多的一类公司，大多数是中小型企业。

(3) 股份有限公司（Limited Liability Company by Share or with Share Capital)。这类公司已成为当代公司形式的主流。它是按照法定程序向公众发行股票来筹集资本的一种公司。股东对公司债务只负有限责任，故股东的风险降低；股权可以转让，而且转让后不影响公司的继续存在；股东的所有权与公司的经营管理职能相分离，有利于公司独立开展日常经营活动。

“有限责任公司”，亦可称之“股权不公开公司”。“股份有限公司”，亦称之为“股权公开公司”，习惯上叫“上市公司”（Public Company)。

二、跨国公司的法律形式

跨国公司通常采用股份有限公司的形式。公司的法律形式，可分为设立在母国的母公司和设立在海外的分公司、子公司以及避税地公司等。

（一）母公司（Parent Company）

1. 母公司的定义和性质

母公司系指通过拥有其他公司一定数量的股权或通过协议方式能够实际上控制其他公司经营管理决策的公司，它能使其他公司成为自己的附属公司。

母公司对其他公司的控制，一般采取两种形式：一是掌握其他公司一定数量的股权；二是在两个公司间存在特殊的契约或支配性协议的情况下，一公司也能形成对另一公司的实际控制。世界上很多国家的公司法将这种通过特殊的合同安排控制另一公司的公司称之为母公司。而控股公司（Holding Company）是指通过持有另一个公司的多数股权而对其实行控制的母公司。控股公司又可分为两类：一类是纯控股公司（Pure Holding Company)，即公司设立的目的仅仅是为了控制子公司的股份，借此控制子公司，而其本身不再直接从事任何工商业务活动；另一类是混合控股公司（Mixed Holding Corepany or Holding-Operating Company)，这类公司既从事参股和控股业务，又经营工商业活动。发达国家的控股公司以混合控股公司居多。

母公司对子公司实行有效控制，是通过掌握子公司一定比例的股权实现的，但各国对这一股权比例有不同的规定。美国的公共事业控制法规定这一比例为10%以上；德国的公司法规定，要能拥有或控制“多数表决权”；法国规定，必须控制“一半以上的股本”才可。所谓股本（Stock Capital)，即全部股东交纳股金的总数额。英国规定，凡符合以下三条中的任何一条，A公司和B公司之间就构成母公司和子公司的关系：(1) A 公司是 B 公司的在册股东，并能实际控制 B 公司的董事会；(2) A 公司拥有 B 公司半数以上的股票；(3) B 公司是 A 公司的孙公司（即 A 公司的子公司所拥有的子公司）。

以上几个主要资本主义国家对母公司和子公司所下的定义不尽相同，说法各异，但有一个共同点，即母公司通过拥有子公司一定股票数额而控制其重大的业务活动。

2. 母公司的特征

母公司的法律特征主要有：

(1) 母公司实际控制子公司的经营管理权。各国立法普遍认为，母公司对子公司的控制权主要是指对子公司一切重大事务拥有实际上的表决权，其核心是对子公司董事会组成的决策权。跨国企业实际的权力中枢是董事会，控制了董事会即控制了公司。

(2) 母公司以参股或非股权安排行使对子公司的控制。母公司对子公司实施控制的具体方式有两种：第一种是参股与控股，即通过拥有子公司一定比例的股权，以获得股东会多数表决权，从而获得对公司重大事务的决策权，达到控制子公司的目的；第二种是非股权安排。主要指通过各种协议达到实际上控制经营管理决策的目的。

(3) 母公司对子公司承担有限责任。通常母公司对子公司以其出资额为限承担责任，母公司对子公司的债务不承担任何直接责任，这是由于在法律上母公司和子公司各为独立法人。

因此，母公司与子公司的关系实质上是股东与公司的关系，两者之间的关系适用公司法关于股东与公司相互关系的一般规定。但许多国家的公司法对母公司与子公司之间的某些特殊关系作出了特殊规定，进行特殊的法律管制。

(二) 分公司 (Branch)

分公司是总公司的分支机构，不具法人资格，在法律上和经济上都不具有独立性，而只是总公司的一个组成部分，因此，分公司尽管称呼上有“公司”二字，但并不是公司法意义上的“公司”。分公司的法律特征主要是：

(1) 分公司不具有法人资格，不能独立承担责任，其一切行为后果及责任由总公司承担。

(2) 分公司由总公司授权开展业务，自已没有独立的公司名称和章程。

(3) 分公司没有独立的财产，其所有资产属于总公司，并作为总公司的资产列入总公司的资产负债表中，母公司对分公司的债务承担无限责任。

分公司与总公司同为一个法律实体，设立在东道国的分公司被视为“外国公司”，不受当地法律的保护，而要受母国的外交保护。它从东道国撤出时，只能出售其资产，而不能转让其股权，也不能与其他公司合并。

（三）子公司（Subsidiary）

子公司是指一定比例的股份被另一家公司拥有或通过协议方式受到另一公司实际控制的公司。母公司与子公司之间存在“所有权”的关系，也存在控制和被控制的关系，但子公司在业务上可以独立经营，自主权较大。子公司的主要法律特征是：

（1）子公司是独立法人。子公司在经济上受母公司的控制，但在法律上，子公司是独立的法人。其独立性主要表现在：拥有独立的公司名称和公司章程；拥有独立的财产，财务独立，自负盈亏；可以公开发行股票，并可独立借贷，以自己的名义从事各种经济、民事活动，包括起诉和应诉；独立承担公司行为所带来的一切后果及责任，包括债务责任。

（2）子公司在经济上和业务上被母公司实际控制。母公司居于控制和支配地位，子公司处于从属地位。母公司对子公司的实际控制主要表现在，母公司能够决定和控制子公司董事会的组成。

（3）母公司对子公司的实际控制，或是基于股权参与，或是基于支配性协议等非股权安排。通常母公司拥有子公司的多数股权或全部股权，而股权数量与控制权是成正比的。现代国际商业活动中，母公司的控制手段已不局限于股权的控制，合同的安排也越来越多。许多国家的公司法都承认通过某种协议控制其他公司（子公司）的做法。

子公司在东道国注册登记被视作当地公司，须受东道国法律管辖，不受母国政府的外交保护。子公司在东道国除交纳所得税外，其利润作为红利和利息汇出时，还须交纳预扣税（With Holding Tax）。所谓预扣税是指东道国政府对支付给外国投资者的红利和利息所征收的一种税收，只有交纳预扣税后，这笔红利和利息才准许汇出东道国。

（四）避税地公司（Tax Heaven Corporation）

世界上有三十来个国家和地区，对设在其境内的公司所得实行免税和低税政策，这给跨国公司进行财务调度和取得租税上的利益提供了方便，这就是避税地或避税港（Tax Heaven）。

目前世界上重要的避税地有百慕大群岛、巴哈马群岛、荷属安得列斯群岛、巴拿马、巴巴多斯、开曼群岛、瑞士、列支敦士登、卢森堡、直布罗陀、利比里亚和中国香港地区等。

相关链接

开曼群岛为英国领土，总督由伦敦任命，议会通过选举产生，没有政党。这个岛没有所得税、公司税、财产税和遗产税等。早在20世纪80年代初该岛就取消了所有外汇兑换限制。全球50家大银行中有47家在那里设有分支机构。岛上居民有36 600人，注册公司41 175家，银行和信托机构590家，保险公司475家。现在它是继纽约、伦敦、东京和香港之后的世界第五大金融中心，金融机构管理下的资产达5 000多亿美元。

避税地必须具备有利于跨国公司的财务调度和国际业务活动的条件。其具体条件包括：对其境内公司所得税一律实行低税率或免税；取消外汇管制，允许自由汇回资本和盈利；对企业积累不加限制，不征租税；具备良好的财务服务、通讯、交通条件以及健全的商法等。

避税地公司亦称为“纸上公司”（Paper Corporation）或“皮包公司”。即通过操纵公司转移价格，使货物或劳务的法律所有权归之于避税地公司，而实际上这些货物或劳务根本不进入避税地，这样将部分利润从应征高税率的国家转移到避税地，从而达到避税的目的。

三、跨国公司的内部组织结构

跨国公司的组织结构具有浓厚的全球性，也就是说，从事国内外业务管理的各部门在整个公司的组织结构中占有同等重要的地位。各个部门的设立和管理权限的配置，不是人为地偏重于国内部门或国外部门，而是取决于实现公司全球利润最大化的需要。

公司内部权利和责任的配置，既要加强统一协调，提高经营管理效率，又要充分发挥各个部门的积极性和创造性，使公司的经营决策上下左右畅通无阻。因为跨国公司从事全球生产经营，经营环境复杂，社会文化背景各异，人的价值观念和行为方式不同，所以跨国公司选择和采用科学的、合理的组织结构是非常重要的。[①] 通常跨国公司的组织结构采用六种类型，即：国际业务部组织结构、全球性产品组织结

① United Nations. World investment report: transnational corporations and international production. 1993, New York, 1993.

构、全球性地区组织结构、全球性职能组织结构、混合式组织结构、矩阵式组织结构。

（一）国际业务部组织结构（International Division Structure）

随着公司产品出口、对外技术转让和对外投资业务的扩大，跨国公司设立专门的国际业务部，有时它是隶属于母公司的独资拥有的子公司，其经理由母公司的副总经理兼任，见图1－1。

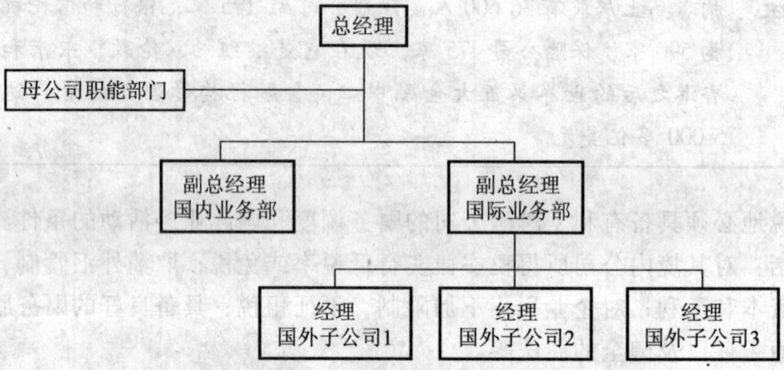

图1－1　国际业务部组织结构

国际业务部组织结构具有这样的优点：能够加强对国际业务的管理，容易实现公司业务与世界市场接轨，有利于培养国际型经营管理人才。

国际业务部组织结构的缺点是：人为分设国际业务部和国内业务部，不利于公司有限资源的优化配置；内外销之争，可能会影响出口；转移价格会影响利润在各部门之间的分配；国际业务部增长势头猛，其他部门难以匹配，影响其经营效率。

（二）全球性产品组织结构（Global Product Structure）

公司经营产品的多样化，要求采用不同的技术进行生产和销售，跨国公司在全球范围内设立各种产品部，各产品部对其产品的全球性计划、管理和控制负有主要责任。见图1－2。

全球性产品组织结构的优点在于：强调产品制造和市场销售的全球性规划；有利于加强产品的技术、生产、销售和信息的统一管理；最大限度缩小国内外业务的差别。

采用全球性产品组织结构的缺点是：不利于公司对长期投资、市场营销、资源配置和利润分配等全局性问题进行集中统一的决策；不同产品机构设施重叠，加大了内部协调工作的困难；不能充分发挥国外业务知识专长人才的长处；各产

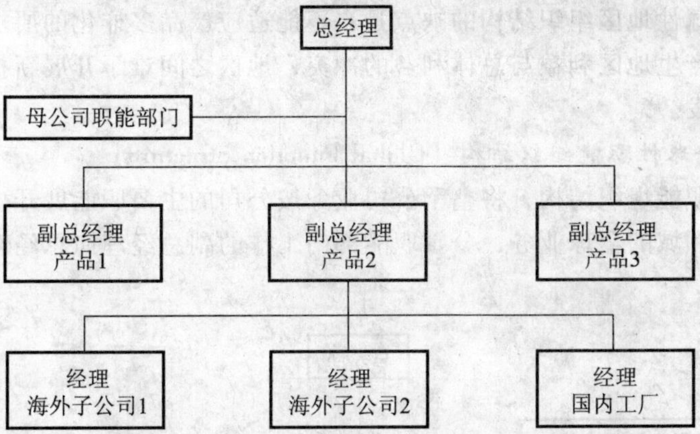

图 1-2　全球性产品组织结构

品部自成体系，容易造成人、财、物的浪费。①

（三）全球性地区组织结构（Global Regional Structure）

在那些产品线有限、业务分布较广的公司里，以地区为单位组织业务活动，有利于发挥规模经济效益。分管地区工作的副总经理向总经理报告工作。详见图 1-3。

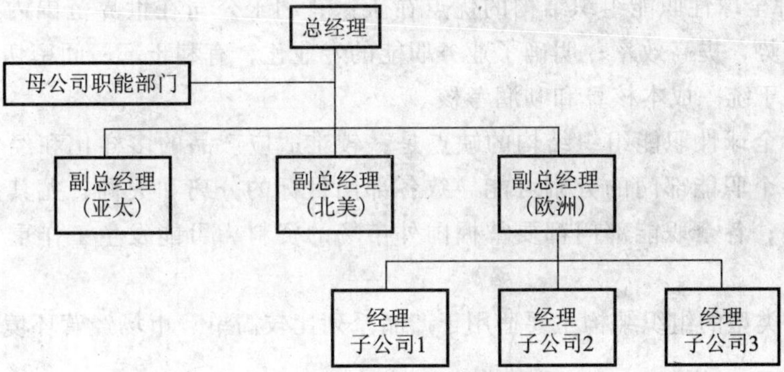

图 1-3　全球性地区组织结构

这种全球性地区组织结构的优点在于：因强化了各子公司作为“营利”中心和独立实体的地位，故有利于适应各地区实际情况和有助于子公司的独立发展；地区目标较明确，公司决策更易于联系实际；地区商品产销针对性强。

① S. H. Robock, K. Simmonds. International business and multinational enterprises. 4th ed. Homewood: Richard D. Iruin, 1999: 261 ~ 262.

采用全球性地区组织结构的缺点是：不能适应产品多样化的要求；容易形成地区割据，产生地区利益与总体利益的冲突；地区之间难于开展新技术和新产品的研究与开发。①

（四）全球性职能组织结构（Global Function Structure）

全球性职能组织结构，将整个公司业务按公司的主要职能展开，各个职能部门负责各自领域的全球业务，分管职能部门工作的副总经理向总经理报告。详见图1－4。

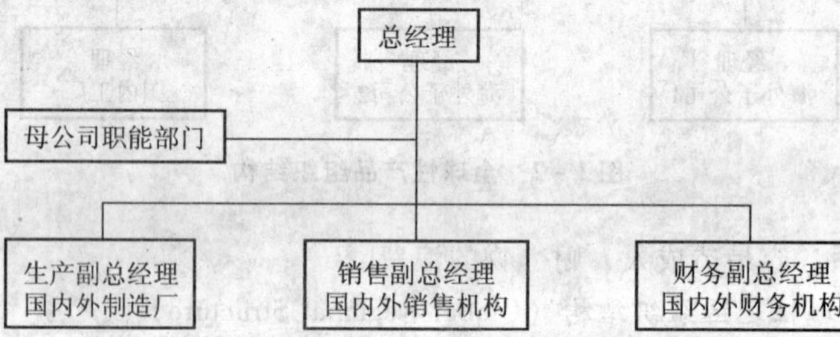

图1－4　全球性职能组织结构

这种全球性职能组织结构的优点在于：有利于公司在世界范围内充分发挥其职能优势，提高效率；明确了业务职能的专业化，有利于部门间密切配合与协调；有利于统一成本核算和利润考核。

采用全球性职能组织结构的缺点是：较难适应产品的多样化和经营区域的扩展；各个职能部门的分割可能导致各部门目标的分离和失调，尤其是产销目标的冲突；各个职能部门都要掌握国外市场的资料，可能发生工作重复和预测差异。

这种类型的组织结构主要适用于产品系列比较简单、市场经营环境比较稳定的公司。

（五）混合式组织结构

当公司经营规模进一步扩大、建立众多产品线、经营多种业务时，或者这些跨国公司是由两家组织结构不同的公司合并组成时，通常它们采用混合式组织结构。此类公司由各个副总经理分管一个方面，并直接向总经理报告。详见图1－5。

---

① S. H. Robock, K. Simmonds. International business and multinational enterprises. 4th ed. Homewood: Richard D. Iruin, 1999: 261～262.

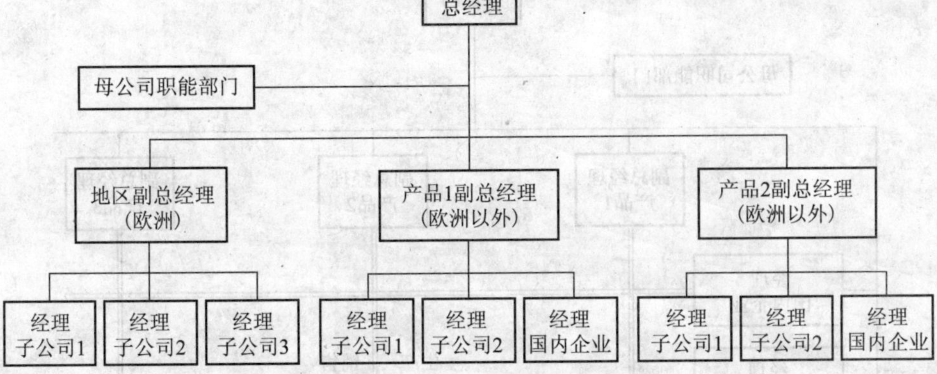

图1-5　混合式组织结构

混合式组织结构的优点是：根据业务的需要，可以选用不同的组织结构；灵活性强，可以适应业务环境和经营方向的变化，作出相应的结构调整。

采用这种混合式组织结构的缺点是：因组织结构非规范化，实际操作中会发生脱节和冲突；各部门间业务差异大，难以合作或协调；不利于统一对外，树立公司整体形象。

这种混合式组织结构适用于产品系列多、客户差异大或处于调整阶段的跨国公司。

（六）矩阵式组织结构（Matrix Structure）

在公司业务规模大、产品系列多、地区分布广、客户差异性大的时候，公司经常采用矩阵式组织结构，即在明确权责关系的前提下，对公司业务实行交叉管理和控制。这样，一位基层经理也许同时接受两位上司（如产品副总经理和地区副总经理）的领导，打破了传统的统一指挥的管理模式，使地区部门和产品管理部门同时并存。详见图1-6。

采用矩阵式组织结构的优点是：有利于各部门和各层次之间的合作和协调，增强公司整体实力；有利于将产品的生产和销售与市场竞争、环境变化、东道国政府政策等因素进行综合分析和处置；公司可以选择不同的组织形式，具有较强的应变能力。

采用矩阵式组织结构的缺点是：组织结构过于复杂，难以协调各层次利益关系；一旦某些经理权力欲望过强，就可能凌驾于矩阵组织之上各行其是；由于此结构形式打破了传统的统一管理模式，一旦部门间产生矛盾和冲突，就需要多方协调解决，不利于一致对外竞争。

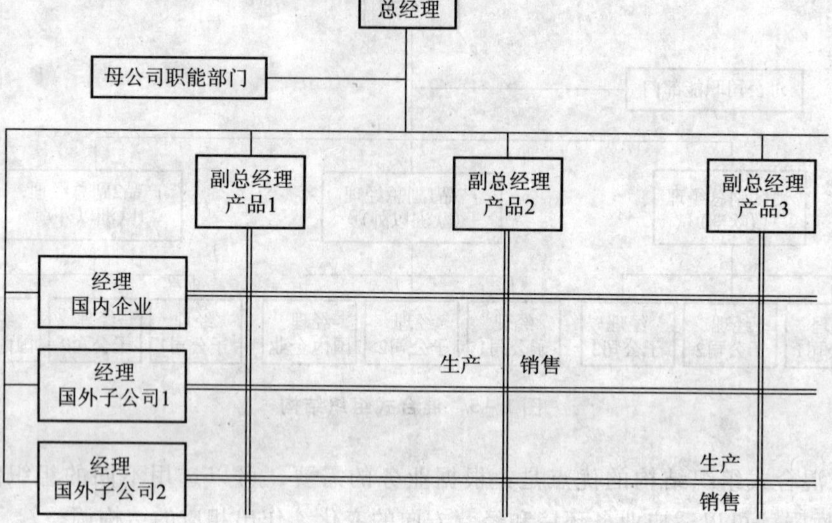

图1－6 矩阵式组织结构

◇问题与思考

一、名词解释题

1. 跨国公司
2. 有限责任公司
3. 子公司
4. 母公司

二、填空题

1. 国际经济贸易业务主要包括商品交易、________和________等。

2. 联合国有关跨国公司定义的三个基本要素是________、________和企业的各个实体分享资源、信息并分担责任。

3. 在世界市场上，企业要保持优势，或从一种优势转向另一种优势，就必须在________上始终保持领先地位。

4. 现代公司通常分为三类：无限责任公司、有限责任公司和________。

5. 跨国公司的法律形式，可分为母公司和海外的分公司、子公司及________。

6. 世界上许多国家的公司法规定，母公司为控股公司。通常，控股公司又分为________和________。

7. 避税地公司要想达到避税的目的，不必将货物或劳务进入避税地，只是将________从应征高税率的国家转移到避税地，即可达到避税的目的。

8. 许多西方大公司实施“开发主业，剥离非主业”的经营思想。开发主业主要是指开发________。

三、是非题

1. 跨国公司以盈利为最终目标，若是既能获得利润，又能增加社会福利，公司也会采取一举两得的决策。（ ）

2. 通常，国际化经营企业在经营过程中，争取公司获利与创造社会福利，这两种目标并不矛盾。（ ）

3. 近20年来，有人认为，没有传统意义上的海外股份或控股权，只有某些形式的纯对外贸易劳务公司，也可列为跨国公司。（ ）

4. 在竞争激烈的国际市场上，企业只要始终保持强劲的商品输出，满足市场的需求，就能立于不败之地。（ ）

5. 在贸易自由化的条件下，新兴的跨国公司应模仿发达国家的企业，大力开发规模大、专门化、标准化的技术设备。（ ）

6. 母公司与子公司只是名称的叫法不同，他们之间不存在“所有权”的关系，也不存在控制与反控制的关系。（ ）

7. 海外子公司在东道国注册登记被视作当地公司，须受东道国法律管辖，不受母国政府的外交保护。（ ）

8. 国外的避税公司，在所在国家和地区实行减免公司的所得税，这给国际化公司进行财务调度和取得租税上的利益提供了方便。（ ）

四、问答题

1. 试分析各种跨国公司定义有何异同点？

2. 跨国公司是什么性质的企业？它具有哪些基本特征？

3. 试述跨国公司的形成和发展过程。

4. 美国、欧洲和日本的跨国公司有何异同？

5. 试比较发展中国家跨国公司与发达国家跨国公司有何不同？

6. 企业从法律形式来讲，可分为哪几种？

7. 现代跨国企业中的有限责任公司与股份有限公司有什么区别？

8. 试述跨国公司母公司的法律特征。

9. 分公司与子公司在法律特征上有什么不同？

10. 跨国公司的内部组织结构通常采取哪几种不同形式？

◇案例分析

日本松下成功的管理机制

日本松下电器是由日本的“经营之神”松下幸之助于1918年创立的，到20世纪60年代，松下已成为日本最大的家用电器制造商，以后随着海外投资的增加，现在已成为遍及全球的大型跨国公司。在2002年度和2003年度《财富》杂志评选的世界500强中，松下电器连续两年名列第45位。在2004年度《财富》杂志评选的世界500强中，松下电器跃升为第31名。在品牌的全球经营方面，2003年7月，松下电器宣布把Panasonic定位为全球性的品牌，原松下白色家电品牌Nmional将退出日本本部以外的海外市场，以统一品牌加速全球的发展战略。

随着公司规模的扩大，市场占有率的提高，企业内部的组织形式要适应企业业务增长的需要，进行结构性的调整，使相关的产品或业务的区域逐步向具体的产品/区域形式集中，形成一个能够独立运作的层级组织，这就是企业内部的结构性调整。这种做法有利于公司国际化业务的成长。

松下电器在发展的道路上，及时进行了企业内部的结构性调整，推行事业部机制，使公司的权利配置和机构配置更加合理。松下电器的经验是：

1. 建立产品事业部制

20世纪30年代初，由个人负责制改变为建立产品事业部，除了财务工作外，生产、营销、研发等工作由事业部部长负责，各个职能部门不与总公司联系，实行上下对口领导。各个事业部之间按市场竞争原则建立契约关系，并通过市场竞争机制进行分工合作，相对独立的事业部各自为政，不可随意调拨公司资源。

总公司在事业部建立初期，根据事业部规模的大小，核定和提供其运行所需的资金，称之为公司“内部资本”。一旦事业部正式运营后，按规定向总公司交纳10%的利息，并上缴一定比例的利润，剩余的利润由事业部支配。事业部对外无权筹措资金，只能向总公司借贷资金。而这种拆借资金的条件十分苛刻，其目的是使事业部设法改善经营，提高利润。

2. 建立股份公司

在事业部试行三年后，松下电器对这一制度进行革新，由个人负责的企业改为股份公司。将各事业部分离拆成独立的公司，总公司是分公司的持股公司，在人事、经营等重大事项进行监管，而分公司比事业部具有更大的自主经营权。

3. 建立新型的事业部

二战后，日本自身经济也受到战争的影响，陷入极度的困境。松下公司为了加强总公司对事业部的领导，由副总经理和业务董事兼任新设立的三个事业部的事务部长，加强了总公司对事业部的管理。经过5年的实践，为了适应扩大公司业务的需要，松下公司又推行了著名的“一个产品一个事业部”的体制，新建立15个事业部。

4. 建立“事业本部制”

20世纪80年代中，松下公司在日本本国市场获得电器业的垄断地位后，开始向海外发展。随着松下公司经营产品多样化，将众多的相互独立的事业部，按产品类别隶属于“事业本部”管理。事业本部是一个独立的经营实体，设有董事会，实行股份分红制，拥有股票发行权，拥有对下属事业部资源的使用和支配权。这样总公司大大精简了机构，实现高层管理机构“刀片化”。因此，加强了总公司对战略决策的制定和执行的力度。

实践证明，松下公司实行的这种管理机制，有利于实施总公司的战略意图，自主经营的事业部有利于调动各级管理者的创造性，而且事业部“船舶好掉头”。进入20世纪80年代，以出口为主的事业部，在日元不断升值的情况下，显示了其威力。例如，以生产磁头为主业的九州事业部，是全球最大的磁头生产者，由于世界市场磁头竞争日益激烈和日元升值，磁头单价暴跌50%，该事业部立即提出“批发价减半，不良产品为零”的经营目标。为了降低成本，国外零配件的采购，由高价位的中国台湾地区转向低价位的韩国进货，后又由于韩元升值，进而转向新加坡进货。从而使九州事业部实现了批发价减半的目标，增加了出口数量，提高了经营效益。又如，松下冷器机生产事业部，面对日元升值，将公司基础产品压缩机转到新加坡的松下冷器机厂生产，使海外生产比率提高到60%，利润率增长66%。

由此可见，松下公司的集中领导和分散经营的管理机制成效显著。一方面是事业部分权管理，使各事业部各显神通；另一方面是总公司的进度集中，有利于信息和资源共享，避免重复决策，缩短了信息传递和决策的过程。

进入20世纪90年代以后，松下电器公司已拥有50多个事业部，松下电器的产品超过6万多种。松下电器的成功还基于其“质量至上”的发展战略，松下的领军人物松下幸之助先生要求：各事业部的产品质量，不是100分，就是0分，没有任何商量！质量是日本产品走向世界市场的基础战略，质量取胜的战略始终贯彻在松下电器各事业部的发展管理之中。

试述日本松下公司的成功与公司管理机制变革的因果关系。

第二章

现代企业国际化经营的宏观环境

学习目标

掌握经济全球化的含义和要求；综合国力的含义和指标；企业跨国化与世界经济的整体联系；世界经济国际化的主要特征；跨国公司的国际竞争优势。熟悉跨国公司在世界经济中的地位和作用；当代国际竞争的新特点。了解跨国公司在国际贸易中的垄断地位。

第一节 世界经济全球化与企业跨国化

第二次世界大战以来，世界经济一直存在两股强大的潮流：一是世界经济全球化，特别是生产的国际化和贸易的自由化；二是企业跨国化，即企业的经营不受国界的限制。美、欧、日等发达国家对世界的瓜分靠的不再是“火和剑”，不再是领土征服，而是投资和贸易，是技术领先和市场占领。这是一场世界商战，一场没有刀光剑影的“世界大战”。

一、世界经济全球化的发展趋势

（一）经济全球化的含义、好处与要求

1. 经济全球化的含义

经济全球化（Economic Globalization）是指世界各国经济无一例外地参与国际分工和国际交换。其核心是无歧视的公平的自由竞争；是物流、资金流、技术流和信息流的加速运动，实现资源在世界范围内的优化配置；是社会化大生产冲破国界的限制，实现资本全球化和生产全球化；是多边经济贸易规则和惯例的不断发展和健全。正如多才多艺的先哲歌德早就教诲人们的，概念与感情的自由交流与工业品和农产品的互换同样扩大人类的财富和满足人们普遍富裕的要求。因此，知识和产品的交流已成为全球化进程的重要因素。

2. 经济全球化的好处

（1）国际交流和竞争降低了市场价格，有利于市场经济的发展；

（2）解放了人们的创造力，有利于优化经济贸易结构；

（3）扩大了市场供给，有利于更充分利用资本和资源的优势；

（4）改善了产品和服务的质量，有利于各国人民生活水平的提高。

由此可见，全球化不是一个政策选择，而是一个经济发展的客观要求。

3. 经济全球化的要求

（1）各国实行开放的经济政策。只有这样，才能使世界各国和地区的经济真正联结成一个统一的整体。各国只有参与经济全球化的活动，根据自己面对的客观环境和具体条件，积极采取适当的对策和步骤，逐步开放国内市场，同时主动打入国际市场，才能在世界经济加速发展和激烈竞争的形势下争取有利的地位。

（2）各国经济在全球范围内进行资源优化配置，减少各种人为的障碍和壁垒，实行商品贸易和生产要素流动的自由化。

（3）宏观经济调控国际化使各国经济改革政策与国际经济接轨，使得国际市场竞争既充满活力，又能有序进行，共同遵守统一的、有效的“游戏规则”。

（二）综合国力是衡量经济全球化的重要指标

1. 综合国力的含义

综合国力是一个国家在一定时期内所拥有或控制的关系国家生存与发展的所有力量的总和，由经济活动能力、科技创新能力、国际竞争能力、政府行政能力、社会发展能力、资源开发和应用能力、国防军事能力、民族的凝聚力等组成。

2. 衡量综合国力的指标

一个国家的综合国力，从经济学角度来讲，其主要指标包括：（1）国民生产总值；（2）主要产品的产量和质量；（3）国际竞争力；（4）一国对外贸易的规模大小和质量高低。这不仅直接关系到该国同世界经济的交换量和国际收支能力，而且也直接关系到国民生产总值的规模和主要产品的产量，因此，发展对外贸易与提高综合国力密切相关。

（三）全球化背景下的国家竞争优势

传统的理论认为，国家竞争优势取决于国家所拥有的生产要素、政府的经济政策、企业的组织形式、民族的文化传统和国防军备开支等。这些理论各自从某一侧面对国家在世界竞争中的优势问题作出一定的解释，但都不完全。

美国哈佛大学麦克·波特（Michael Porter）教授著有著名的竞争三部曲——《竞争战略》、《竞争优势》、《国家竞争优势》。在最后一部著作中波特教授指出，国家竞争优势实际是行业竞争优势的问题，关键在于理解一国经济的大环境如何影响企业和行业在世界市场上的竞争地位。为此，波特教授提出了“国家竞争优势四要素”的模式，具体如图 2－1 所示。

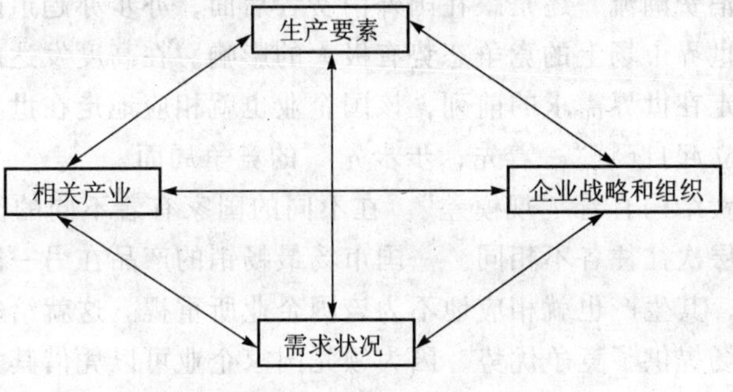

图 2－1 国家竞争优势四要素

波特的“四要素”模式是指生产要素、需求状况、相关产业以及企业战略和组织，其具体含义分述如下。

1. 生产要素

在各行各业中，生产要素是企业生存和发展的必要条件。生产要素可分为基本要素和高级要素。基本要素是指自然资源、地理位置、气候条件、普通工人等，是一种给定的先天条件。高级要素是指开发新产品应具备的必要条件，如充足的资金、先进的技术、高素质的人才，这种要素难以通过公开市场取得，是后天开发的。一般说来，高级要素的生成时间长，可供性极为有限，国外竞争者很难模仿和超越。

基本要素不足往往成为企业努力开发高级要素的动力，而高级要素的成功开发，则会对企业的竞争优势起到基本要素所起不到的作用。对于一个国家、一个行业或企业来说，最有利的是把自己的竞争策略建筑在发挥本国高级要素优势的基础上。应当指出，高级要素是变化的，今天的高级要素明天可能变成一般要素，因此，各国在发展国家竞争优势时，最关键的是创造一种有利于高级要素生成、发展、不断提高、升级换代的环境。

2. 需求状况

一个国家消费需求的特征，影响着该国企业在世界市场的竞争优势。以本国需求为出发点而发展起来的生产方式、组织形式、营销策略是否有利于本国企业打入世界市场、建立竞争优势，则取决于本国需求状况与国际需求状况比较的相对优势或劣势。

从需求状况考察国家竞争优势，主要考察两方面：一是来自各国消费的"时间差"，二是来自于各国消费需求的"规模差"。

所谓各国需求状况的"时间差"，是指本国消费需求是走在世界消费者的前列，引导世界消费潮流，还是跟在国外消费者后面，亦步亦趋追随潮流。这对于本国生产者在世界市场上的竞争态势有极大的影响。在高度发达的市场经济条件下，一国需求走在世界需求的前列，该国企业也就相应地走在世界其他企业的前头，由此可建立起自己"一着先，步步先"的竞争局面。

各国的消费结构有着"规模差"。在不同的国家有着不同的消费习惯，占首要地位的需求层次往往各不相同。一国市场最畅销的产品在另一国消费结构中可能占次要地位，其生产也就相应地不为该国企业所重视。这就给领先国家企业打入后进国家市场提供了竞争优势，因为领先国家企业可以凭借其大规模生产的成本优势，向后进国家市场大量出口。

3. 相关产业

企业在世界市场的竞争能力受企业相关产业发展水平的制约。国家的竞争优势，必须以世界一流企业的相关产业为依托。一国某一产业领先世界，为更多相关产业的发展提供了紧密合作的可能，推动了互补产品产业的发展和高质量信息环境的建立。这种企业与企业之间、行业与行业之间互相促进、"一荣俱荣"的实例到处可见，例如：美国计算机硬件的发展受益于软件业的不断创新，日本电子业的发展离不开其半导体产业的领先。

许多行业中的重大创新，往往是发现那些原本认为风马牛不相及的现象背后的必然联系。相关行业密集的布局会带来高质量的信息环境，这就是企业群的相互影响效应。以美国为例，加利福尼亚州的硅谷、波士顿的128号公路、纽约的华尔街、洛杉矶的好莱坞，其成功的秘诀之一就是相关企业密集一地，极大地促进了行业之间的信息交流。招待会的不期而遇可以开启新的思路，酒吧间的邂逅相逢可以点燃创新的火花，甚至某一技术革新的谣传可能给相关企业带来启发。经验表明，许多重大科技和管理的创新，都是抓住了萌芽时期，使新产品及时开发，抢先上市，从而实现了超额利润。

4. 企业战略和组织

企业在国际市场上的竞争，不可避免地受到国家体制、传统和价值观念的影响。这种影响主要体现在三个方面：企业经营战略、人才流向和组织形式的选择。

首先，企业经营战略可分为四大类：第一类是"产品开发竞争"（Product Development Competition），依靠科技水平和研究开发能力，提高新产品的创新和投放市场的速度。第二类是"制造工艺竞争"（Manufacturing Technology Competition），通过扩大投资规模和提高生产组织能力及质量管理水平，增加花色品种，提高产品质量，降低生产成本。第三类是"营销技巧竞争"（Marketing Technology Competition），运用营销技巧和促销手段，提高商标信誉、产品"形象"和消费者的心理满足。第四大类是"要素成本竞争"（Factor Cost Competition），即通过降低生产成本，向市场推出价廉物美的产品。从各国企业竞争的结果来看：德国的优势是新产品开发，最佳产品是精密机械、高档轿车；日本的优势是制造技术，最佳产品是电子产品；美国的优势是营销手段，最佳产品是好莱坞影片和音乐电视。

其次，企业的国际竞争说到底是人才的竞争。出类拔萃的精英人才在任何国家都是一种稀缺资源。企业能否持久地吸引和凝聚最优秀的人才，则是竞争成败的关键。如果打开各国成功企业的"黑盒子"，不难发现它们的共同点是尖端人才的最佳组合。美国著名计算机芯片生产企业英特尔（Intel）公司把"一群发奋的天才"聚合在一起，创造奇迹。日本松下电器的成功在于科学地把"成千上万的普通人组织在一起共同创造奇迹"。

再次，各国企业在组织方式上千差万别，自成一体。美国企业注重个人作用，分工很细，职责分明，但协作力差。日本企业以"小组"为单位，工种分得粗，每个人都是身兼数职，互相协作，注意发挥"团队精神"，但缺乏美国式的"崇尚个人奋斗"。

综上所述，一个国家在国际竞争中最有可能取胜的是"四要素"环境特别有利的那些行业。一个国家可以在某些行业遥遥领先，但同时在其他行业远远落后。事实上，一个国家最有希望称雄世界的行业是其国内最强盛的行业，是那些创汇高的行业。这种行业在美国是金融和娱乐业，在瑞士是银行业，在意大利是时装业，在日本是电子产业。而跨国公司则应关注这些国家优势产业。

二、企业跨国化

（一）企业的跨国化与世界经济的整体联系

1. 企业由国内经营向跨国经营发展

人类社会由低级向高级发展，一个国家的企业由内向外发展，这是历史发展的必然趋势。企业首先立足于国内市场，占有一定的市场份额，然后打入国外市场，占领国外市场。当代跨国公司使传统的以国内生产、对外交换为特征的贸易导向型国际分工向以国际化生产、跨国经营为特征的投资导向型转换。

企业参与跨国经营，使世界经济发生质的变化，由国际贸易转向国际生产，由世界市场转向世界工厂。这样，国际化是企业经营内部化过程超越国界的表现。正如美国科斯（Konald Coase）教授在《企业的性质》一文中所指出的："企业和市场是两种相互替代的资源配置机制。"① 企业放飞于竞争的市场，在你死我活的商战中求得生存和发展的机遇。

2. 跨国公司与世界经济的整体联系

跨国公司是以世界市场作为自己活动的空间的，因而，必定在世界范围内形成整体联系。跨国公司的跨国经营与世界经济有着密切的关系，这些关系包括：

（1）跨国公司与母国政府的关系；

（2）跨国公司母公司与国内子公司的关系；

（3）跨国公司母公司与国外子公司的关系；

（4）跨国公司与东道国政府的关系；

（5）跨国公司与其他国家的关系；

（6）一家跨国公司与其他跨国公司的关系；

（7）跨国战略联盟内的跨国公司的相互关系；

（8）跨国公司与国际经济和金融组织的关系。

跨国公司与世界经济活动的整体联系就是在这些错综复杂的关系中形成的。图 2－2 形象地反映了它们之间的整体联系。

3. 世界经济给企业跨国化创造了良好的环境

世界经济给跨国公司生产国际化和资本国际化提供了良好的经营环境，表现在：

（1）国际商品市场和国际生产要素市场都非常发达；

---

① Coase. The nature of the firm. Economica，1973－11－04.

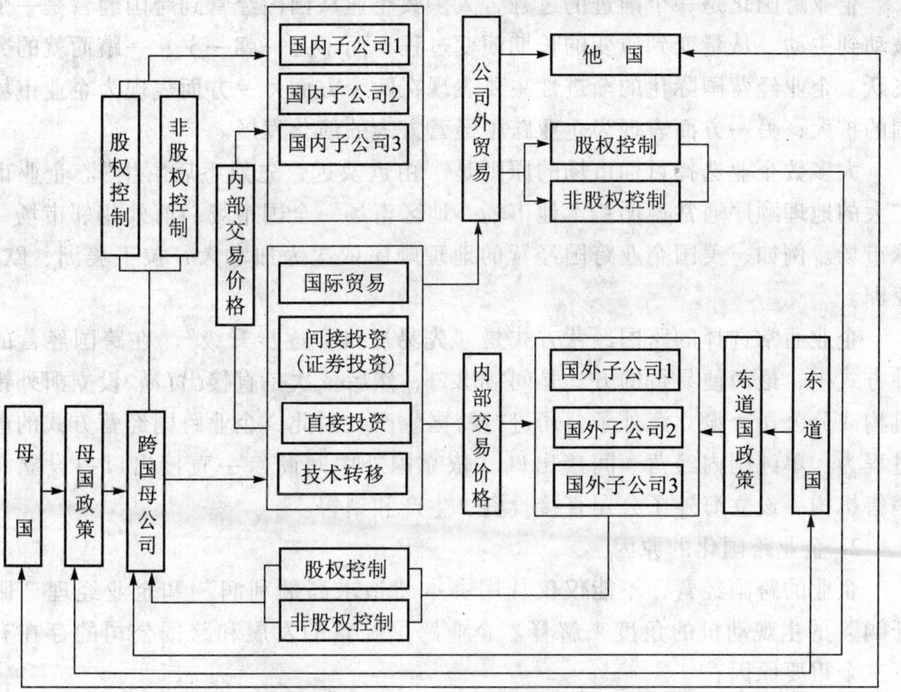

图 2-2 跨国公司经营活动的整体联系

(2) 国际金融市场成为世界经济活动的联系纽带；

(3) 跨国经营十分活跃，渗透到世界经济活动的诸多方面；

(4) 世界各国普遍实行开放政策，开放是为了发展，“请进来”是为了“走出去”；

(5) 国际经济组织非常发达，影响着世界经济活动。

(二) 企业跨国化的原因与过程

1. 企业跨国化是一个渐进的过程

国际分工的不断发展，世界经济联系愈来愈紧密，一个国家、一个地区的经济逐步成为世界经济的一部分。国际间资本流动加速，生产的国际化和资本的国际化日益加强和提高，跨国公司的国外直接投资日益成为企业跨国化的发动机。

企业走向世界的过程是由两个相互关联但又并不完全相同的过程构成的。一个是企业自身的国际化，也就是一个原先“土生土长”的地方性国内企业演变发展成为国际性企业的过程；一个是企业经营的国际化，也就是企业的产销活动由一国走向世界的过程。

企业跨国化是一个渐进的过程，大多数企业从国内经营到跨国经营是一个从被动到主动、从量变到质变的长期演变过程，而不是一朝一夕、一蹴而就的突然飞跃。企业经营国际化的渐进性主要表现在两个方面：一方面表现为企业市场范围的扩大；另一方面表现为企业跨国经营方式的演化发展。

大多数企业选择目标市场的原则是“由近及远，先熟悉后陌生”。企业市场扩大的地理顺序通常遵循：本地市场→地区市场→全国市场→海外相邻市场→全球市场。例如，美国企业跨国经营的地理顺序依次为加拿大、拉丁美洲、欧洲、亚洲。

企业通常选择的跨国经营方式是“先易后难，逐步升级”。在跨国经营的各种方式中，最简便易行的方式是间接出口，然后依次是直接出口、设立海外销售机构或分公司、设立海外子公司进行跨国生产。因此，企业跨国经营方式的渐进过程为：单纯国内经营→间接出口（依靠国外中间商）→直接出口→设立海外销售机构→设立海外子公司直接投资、生产和销售。

2. 企业跨国化的原因

企业的跨国经营，不能仅仅从用资本“追求高额利润”和企业经理“眼界开阔”的主观动机的角度来解释。企业跨国经营的发展和跨国公司的存在有以下三个重要原因：

（1）由于生产要素市场竞争不完全，存在着某种科学技术关键要素的垄断地位，所以拥有这种优势的跨国公司能顺利打开市场，令国外市场上的当地企业望尘莫及。

（2）由于这种特殊资产的交易成本极其昂贵，跨国公司不能通过市场来实现其价值，只有用直接投资控制当地企业生产的办法，把这种特殊资产的使用控制在企业内部。

（3）由于这种特殊资产必须结合国外市场的其他要素一起使用，这就使得拥有这种特殊资产的企业无法用出口方式来占领国外市场。

3. 企业跨国化的经营者

企业的跨国经营并不仅仅是企业的产品走向世界，也是生产要素和企业经理的经营观念走向世界。一般说来，人的冒险精神是与人们对自己驾驭风险能力的自信心成正比的。自信心越强，越是敢冒风险。从国内企业到跨国企业的演变，是一个错综复杂的过程，充满了未知数和不可预见的风险。企业管理人员既不能坐等自己具备了所有必要的知识和才能之后再打入世界市场，也不能对世界市场环境不加分析，盲目冒险。因此，企业管理人员一方面要面对数不清的未知数，另一方面又要意识到自身的知识和能力有限，这就是企业跨国化要解决的主要矛盾之一。解决这一矛盾的最佳方式是“摸着石头过河”，先从相对熟悉、风险较小的相邻市场开始，亦即所谓“熟悉的魔鬼好打交道”。随着经营范围的扩大和经验的增长，再逐步升级。

跨国经营创业者眼界的拓宽，也有一个从被动到主动的发展过程。这种被动地走向世界可以表现为“订单带动”、“客户带动”、“竞争带动”和“关键企业带动”等。

(三) 经济全球化条件下，公司和产品的“国籍”日益模糊化

1. 公司“国籍”日益模糊化

大型跨国公司凭借其拥有的巨额资产、庞大的生产规模、先进的科技水平、全球化的战略和现代化的管理手段，已经将其触角伸向世界各地，并形成了“无国界经营”的新局面。跨国公司的无国界经营已经有力地推动了世界经济全球化的进程。

公司“国籍”日益模糊化，亦称为公司“国家属性”模糊化，即跨国公司是一国的跨国公司，也是世界经济的跨国公司，跨国公司不仅要为母国的经济发展作贡献，更应该为整个世界的经济发展作贡献，特别是帮助发展中国家实现工业化以缩小南北差距。跨国公司这种国际化的特性来自于其股权的多国化。由于不同国家的跨国公司相互持股，建立“联姻战略关系”，公司的“国籍”日益模糊化了。其表现是：

(1) 公司股权多国化，相互持股

以日本汽车公司为例，当日本汽车大举冲入美国市场时，美国人却万万没有想到，美国通用汽车公司是日本五十铃公司的最大股东；美国福特汽车公司拥有日本马自达公司25%的股权，已成为举足轻重的大股东；美国克莱斯勒汽车公司是日本三菱汽车公司的主要合伙人。这些日本公司已不再是纯粹的“日本公司”了。因此，如果说日本汽车冲击了美国市场，那么美国资本也参与了这场冲击。

跨国公司的多国化股权决定了公司的国际性，假如跨国公司不具有国际性，而仅仅是民族国家的工具，它就不可能冲破民族国家的界限，成为可以独立发挥作用的权力中心。值得一提的现象是，在美日两国竞争愈演愈烈的同时两国跨国公司之间的联盟关系却在稳步发展，这说明了国际化的跨国公司其处世哲学首先考虑的是公司的利益和目标，而不是母国的利益和目标。

(2) 跨国公司已具有双重属性，即民族性和国际性

跨国公司的民族性是指跨国公司是民族经济发展的产物，也是民族经济的支柱。许多跨国公司的多数股权属于母国，其上层管理者也是母国公民，一般说

来，各国跨国公司都认同归属于特定的民族国家以便在必要的时候获得支持和寻求安全保护。由此可见，不属于任何国家的跨国公司是不存在的。例如，雀巢公司的海外销售额比重高达98%，但仍属于瑞士公司。

跨国公司的民族性，使民族国家可以采用某些手段对本国公司实行适度的调控。同时，民族国家对本国公司的对外扩张业务予以支持，既保护本国公司的利益，也利用本国公司作为国家外交政策的工具。

跨国公司的国际性是指其经济规模、业务范围和影响力已经超出某一民族国家的范围而国际化了。跨国公司的业务和利益遍布全球，其目标和利益常常凌驾于母国和东道国的目标和利益之上。

相关链接

高度国际化的跨国公司，将把与产品销售有关的生产工序部署在国外，使其国外业务在整个公司业务中的比例越来越大。例如，荷兰飞利浦公司的海外销售比重为93%，瑞士通用电器为85%，德国拜耳公司为84%，西门子公司为50%以上。更有甚者像美国耐克公司，在本国不设工厂，仅有7 800名职工专门负责产品设计、监制和销售，而由分布在世界各地的40多个工厂生产。由于利益的驱动，跨国公司对母国和东道国都有某种依附感。跨国公司并非自动地、单一地与母国利益永远保持一致。

(3) 跨国公司对主权国家的挑战

由于权力资源的变化影响到各国及其他国际行为体行为方式、地位的变化，跨国公司可能会对国家主权造成挑战。其具体表现如下：

① 跨国公司凭借强大的经济实力、先进的科学技术、灵活多变的经营策略、四通八达的信息网络，可以摆脱母国和东道国的控制。

② 跨国公司通过各种手段，直接参与到东道国和母国的政治活动之中，要么直接施加压力，要么培植代理人。

③ 跨国公司常常采用“公司公民”的管理策略和“公司外交”的国际战略，在全球员工中培植对公司的忠诚优于对国家的忠诚的理念，企图淡化员工的国籍和种族的观念，使他们成为“公司公民”。

2. 产品“国籍”模糊化

国际分工和国际交换是社会生产力发展到一定阶段的必然结果，是生产社会化和国际化的必然趋势。部门内国际生产专业化的发展和“国际综合性产品”在当代国际贸易中比重的日益增加，是当代国际分工深化的一个主要标志，而跨国公司的发展更强化了这种趋势。

国际综合性产品（International Conglomerate Product）是指跨国公司在与产品生产过程有关的国家里组织专业化生产，而又通过跨国公司内部贸易把这些国家的生产活动和工序联系在一起。因此，在有关的每一个国家的国内生产流程，也就成为跨国公司在世界范围内的总的生产流程的一个组成部分。在此基础上生产出来的产品，也就成为一种“国际综合性产品”。

国际综合性产品的出现，标志着传统观念上的某国产品受到了重大的冲击，模糊了产品的“国家属性”。那些由“多国籍”元件组成的产品是诸多生产要素在全球范围内实现优化配置的产物。

马克思和恩格斯合著的不朽之作《共产党宣言》中指出：“资产阶级，由于开拓了世界市场，使一切国家的生产和消费都成为世界性的了。”① 当代跨国公司的发展使许多产品的生产和销售也成为全球性的了。事实已经证明，真正有竞争力的产品无一不是国际综合性产品。

相关链接

国际综合性产品

日本生产的电子计算器，电子芯片来自美国，外壳是印度制造的，在新加坡或印尼组装，然后在日本的横滨或神户印上“日本制造”的牌子。世界著名的美国奥迪斯电梯公司业务覆盖222个国家和地区，有1 400多个办事处，6.8万个维修点，它生产的411型多门电梯，总机系统由康涅狄格州乏明屯市生产，平滑机在日本生产，新颖电梯门为法国生产，电子设备为德国生产，辅助工程设备则在西班牙生产，最后由奥迪斯公司总部负责总组装，贴上“美国制造”标签，销往世界各地。

① 马克思，恩格斯．共产党宣言．马克思恩格斯选集，第1卷．北京：人民出版社，1995：276.

> **相关链接**
>
> 欧洲几个国家联合研制的大型民用飞机“空中客车”（Airbus）也是国际综合性产品的典型。为研究开发“A—320”型飞机的发动机，美国联合技术公司的怀特尼分公司、英国的罗伯尔—罗伊斯公司、意大利的菲亚特公司、法国 MTV 公司以及三家日本公司共同组建了七公司财团，联合为此项目集资。参加“空中客车”系列干线飞机生产的公司有：法国航空航天工业公司、德国空中客车有限公司、英国航空航天公司、西班牙的卡萨公司（飞机制造公司）、荷兰的福克公司、比利时的空中客车公司和意大利的阿莱尼亚公司。由上述各国公司生产的零部件集中在图卢兹法国航天航空工业公司进行总组装。法国生产的元件占“A—320”型飞机元件份额中的 40%，占“A—330/340”型元件份额中的 37.9%。

综上所述，人们可以得出以下三个结论：第一，国际综合性产品集世界先进技术之大成，是任何单国企业的产品都无法比拟的，它是资源、工艺、技术、管理等要素最佳配置的产物。第二，一个著名的产品要百分之百地“本国化”是难以做到的，而且也不经济。第三，经济全球化打破了企业和产品的国籍，推动了经济的高速发展。一个国家贸易和投资的开放度与经济发展的速度成正比。

第二节　跨国公司在国际化经营中的地位和作用

跨国公司是全球生产国际化和资本国际化加深的产物，跨国公司的发展已成为当代世界经济国际化的重点。

一、世界经济国际化与跨国公司全球经营相结合

（一）世界经济国际化表现为生产国际化和资本国际化

1. 生产国际化和资本国际化的含义

世界经济国际化的进程是由两个密切联系、不可分割的过程组成，即生产国

际化和资本国际化。

生产国际化（Production Internationalization）指生产社会化高度发展，生产过程跨越民族国家疆界，在国际范围内形成一个整体，每个国家的生产都成为这个整体中相互依赖和相互补充的一个组成部分。生产国际化的发展主要表现为新技术革命突飞猛进，生产力的发展更加冲破国界的限制和束缚，不仅部门之间而且部门和生产工艺内部的生产协作和生产专业化的程度也大大提高，开始了生产国际化的新阶段，使各国的社会再生产日益成为一个错综复杂的过程。

资本国际化（Capital Internationalization）指资本越出民族国家的界限，在国际范围内不断地运动的过程。资本国际化的发展主要表现为各国资本的循环和周转不受民族和国家的影响，以全球为其活动场所。

资本国际化和生产国际化是同一过程的两个方面：生产国际化是生产力的国际扩张；资本国际化是资本主义生产关系的国际扩张。它们构成了整个资本主义经济生活的国际化。实践表明，生产和资本国际化日益加强的趋势是互为条件、互相促进的，生产国际化是资本国际化的发展基础，资本国际化是生产国际化的发展动力。

世界经济国际化的发展表现在：国际贸易增长快于资本主义工业生产的增长；发达国家对外直接投资的增长又快于国际贸易的增长。

2. 世界经济国际化是跨国公司发展的前提

跨国公司的规模与其业务活动的国际化程度密切相关，公司的规模越大，它对国外子公司的依赖程度就越大，对世界经济的影响也就越大。因此，由美国、西欧和日本组成的三边委员会以及著名的“勃兰特委员会报告”都赞同把资本主义世界经济看成一种跨国公司体系的观点。他们认为，“全球相互依赖”和“跨国思想”的概念，是新的国际经济秩序的核心理论。事实雄辩地证明，跨国公司是第二次世界大战后旧的国际经济秩序的受益者，它们在很大程度上控制着世界资本主义的经济和政治生活，在货币金融、科学技术、商品市场等方面处于霸主地位。它们在世界范围内生产和再生产一种不平等的依赖关系，并企图使之永远保持下去。

资本追求剩余价值的本质，驱使它不仅要在国内千方百计地扩大自己的活动场所，而且要超越国界向国外扩张。第二次世界大战后，资本的国际扩张改变了以往商品国际交换和工业资本生产活动以本国为基地的传统方式。称之为“企业帝国”的跨国公司对外扩张的主要形式是对外直接投资。它促进了国际分工的深化、生产国际化程度的提高和整个世界经济国际化的发展。

目前，以跨国公司为主体的国际资本流动对世界经济产生越来越大的影响，使世界经济结构正在发生引人注目的变化。

（二）世界经济国际化的主要特征

跨国公司的发展对世界经济国际化的推动表现在以下两个方面。

1. 加强了世界各国经济的相互依存

生产资本在世界范围内的相互渗透，各国诸生产要素（生产手段、劳动力和劳动对象）来自世界市场，使资本主义生产真正具有国际规模。跨国公司的对外直接投资，成为各国经济相互联结的重要纽带。各国跨国公司相互交错的直接投资，形成各国经济相互交流、相互渗透和相互依赖的新格局。跨国公司从全球出发，力求使诸生产要素尽可能有效地结合，这就在客观上促进了生产过程中劳动的节约、劳动生产率的提高和生产成本的降低，从而推动着世界经济的增长。各国经济相互依赖的关系，把各国生产活动纳入了世界生产体系，各国资本循环和周转的国界被冲破了，从而使生产、交换、分配和消费社会再生产的各个环节更加错综复杂。

2. 加剧了世界各国经济发展的不平衡

跨国公司的发展，国际资本的迅速增长及其频繁流动，促成了无国界的经济体系的出现。这种特殊的经济体系加深了各国经济的国际交错，各国经济发展不平衡也由此更突出。

美国曾依仗其科学技术方面的领先地位，稳执世界经济及贸易的牛耳。由于美国陷入军备竞赛和军事冲突，其经济发展受到拖累，美国在世界国民生产总值中所占的比重由第二次世界大战后初期的50%已降到23%；在世界出口贸易总额中，美国曾占1/3，现已降到11.5%。相反，作为后起之秀的西欧和日本在世界国民生产总值和世界出口贸易总额中的比重迅速上升。西欧在第二次世界大战中经济遭到极大破坏，现在它们的经济实力在总体上同美国大体相当，而在世界出口贸易总额中已占50.2%。日本在20世纪60年代只占世界国民生产总值的4.5%，现在已上升到14%，在世界出口贸易总额中也已占10.5%。资本主义世界好比一列火车，美国这个火车头此时已经没有力量把它拖上山去。为了摆脱矛盾，美国和西欧、日本之间的离心力量越来越大，具体表现在不仅传统的贸易保护主义政策不断加强，而且出现了名目繁多的新贸易保护主义。

相关链接

美国新贸易保护主义措施之一是：美国依据1988年《贸易和竞争综合法案》迫使有关贸易伙伴对美国开放市场，以保护其贸易利益。美国频频运用“超级301条款”和“特别301条款”来维护美国的贸易利益。

“超级301条款”是根据美国1974年贸易法中的“301条款”修订的。它要求政府从1989年起，每年在4月30日以前确定一个美国认为在实行“自由贸易”方面做得不够的国家名单，并向国会提出报告，指出这些国家和地区在哪些领域影响了美国市场或对美国未开放市场，然后在规定的时间里（一般为一年）通过谈判，迫使这些国家和地区同意采取开放措施，否则将对其进行报复。

“特别301条款”是专门针对知识产权保护问题的。美国认为，它们的许多产品，包括书籍、音像资料、计算机软件等知识产品，被进口国大量仿制和复制，从而影响了美国的经济利益，因此制定了“特别301条款”以保护美国人的版权、专利和商标等知识产权。

日本从表面上看是世界上最开放的市场之一。日本平均进口税只有3.6%，低于欧盟的5.6%和美国的5.4%。日本很早就通过法令，给予外国投资者更多税收方面的好处、贷款方面的保证及其他一些优惠待遇，但是日本的进口在逐年减少，外国在日本的投资只有日本在外国投资的1/20。日本的贸易保护主义很有特色，欧美企业打入日本市场会遭遇以下五大障碍：一是房地产价格太高，外国投资者难以接受；二是日本消费者对商品的质量和服务十分挑剔，生产商和经销商稍有不慎，便被拒之市场之外；三是雇佣具有适当工作能力的员工很困难；四是语言和沟通方面存在很大问题；五是日本具有复杂的销售网络，外国企业面临很大的销售困难，尤其是各种各样的转包商关系非常复杂，令外国公司望而生畏。总之，日本的贸易保护主义是“看不见的”，是心理上的封闭。

3. 各国经济危机的同步性更加明显

在世界经济国际化的条件下，经济危机的转嫁机制具有国际性的影响，尤其是那些竞争能力差的国家抵御危机的能力更差。跨国公司作为连结各国经济的重要纽带，已经变成了使经济危机在整个资本主义世界迅速扩大和空前加深的途径。为了追求超额利润，发达资本主义国家通过它们的跨国公司尽量把危机转嫁到子公司所在的东道国。同时，跨国公司奉行的垄断价格体系使通货膨胀蔓延到世界各国，并且越来越严重，已经成为当代世界资本主义经济的一大隐患。

科技的发展、各国竞争的加剧和各国经济的进一步开放，促进了全球经济一体化。全球经济一体化推动了各国经济相互联系、相互渗透、相互竞争、相互协调和相互依存。同时，它重构了企业的经营环境，由过去单一的国内环境转变为复杂的国际环境，这样扩大了企业经营舞台，出现了矩阵式的生产和销售网络。例如，世界首屈一指的民用飞机制造公司——美国波音公司在125个国家进行飞机零部件生产，然后集中在美国西雅图组装，并把飞机输往世界市场。

二、世界经济国际化中的跨国公司

（一）跨国公司是世界经济国际化的主角

跨国公司发展迅速，规模宏大，它们的分支机构遍布世界各地，它们的年营业额高达几十亿、几百亿甚至几千亿美元，它们的资产额和销售额可以与世界许多国家的国民生产总值相比，而且它们的绝对规模和相对规模仍在不断扩大。早在1973年联合国经社理事会在《世界发展中的多国公司》报告中就指出：跨国公司引人注目的发展已“成为国际经济关系中的一个重要现象”，成为“当代国际经济关系中的重要角色之一”。1992年联合国跨国公司中心在《1992年世界投资报告》中进一步阐明“跨国公司”是“世界经济增长的引擎”。

跨国公司的发展使得政府与企业之间的关系发生了根本的变化。这表现在：一方面，市场经济活动与特定国家地区之间的地理联系已经削弱，影响企业选择生产、经营区位的决定因素，越来越多的是政策因素，而非地理因素。大公司经营活动布局的自由度加强，使得政府控制产业政策的能力削弱。另一方面，越来越多的经济活动被纳入跨国公司的全球战略的体系，跨国公司的规模就越来越大。世界上许多国家的国民生产总值还不及一个大型跨国公司的年营业额。

（二）跨国公司的发展促进了世界经济国际化

跨国公司在当代经济国际化中占有一种特殊的地位，它的演变和发展有力地促进了世界经济国际化和各国经济的发展，具体表现在以下几个方面：

（1）跨国公司通过无所不包的公司战略和错综复杂的网络结构，从事以公司内部分工为特征的国际生产活动，开创了一个一体化的国际生产体系，跨国公司又是这一体系的主要组织者。

(2) 跨国公司物化了一整套促进世界经济增长的要素，包括资本、技术、信息、管理与经营诀窍，以及进入国际市场的网络。

(3) 跨国公司在激烈的国际竞争中，不断地研究与开发新技术、新工艺和新产品，技术垄断已越来越成为跨国公司控制世界经济和国际贸易的基础。客观上这种技术创新推动了世界科技革命的进程，深化了新的国际分工。20 世纪 90 年代以来，技术开发速度更快，特别是微电脑、新材料、生物工程等方面有更多的新产品，其中大部分创新由跨国公司完成、运用并转让。

(4) 各国加强贸易保护主义政策，增设名目繁多的贸易壁垒。目前回避贸易摩擦最有效的办法就是跨国公司的国外直接投资和技术转移。跨国公司通过实行出口替代，在投资东道国就地投资，就地生产，就地销售，绕过壁垒。

(5) 许多发展中国家实行贸易自由化和市场开放的经济政策，但缺乏资金、技术和管理经验仍然是今后经济发展中长时间面临的主要矛盾。跨国公司可以给发展中东道国提供一揽子的有形和无形资产，以刺激其经济增长。同时，外国公司的经营示范、知识效能及各种其他机制，都是刺激经济增长的因素，都会提高东道国企业的经济增长潜力。

各国经济都在增长，促进经济增长的基本要素是相同的，如：一国的生产活动中储蓄和投资的能力；开放、吸收和利用技术的效益；参与国际贸易的程度；改善劳动者的素质，提高人力资源的生产力；实现工业化的程度，以及采取有效保护环境的措施。上述诸因素如能很好地发挥功效，就能保证经济长期稳定地发展。而这些要素的实现都与跨国公司全球经营战略密切相关。

由此可见，跨国公司是世界贸易的大宗商品供应者和购买者，又是国际资本的拥有者和借贷者，同时也是全球性生产的组织者。目前，国际贸易、国外直接投资、国际货币流通和国际技术转让，无不主要通过跨国公司进行。跨国公司是当代各种形态资本国际运动的主要承担者。

第三节　跨国公司在世界市场上的竞争优势

跨国公司是国际竞争和国际垄断相互作用的产物。跨国公司的演变和发展，既推动了国际竞争，又发展了国际垄断。

一、跨国公司国际竞争优势

（一）跨国公司营造了国际竞争的新格局和新特点

世界市场上的国际竞争格局表现为：一方面是发达工业国家之间的竞争，包括自由贸易竞争和国际垄断竞争；另一方面是发达工业国家与发展中国家的竞争，竞争主体始终是发达国家，其具体代表是西方跨国公司。

随着当代国际经济关系的变化，国际竞争格局越来越呈现出多元主体和多种关系相互交错的态势。这种国际竞争具体表现为四股竞争力量的激烈较量：第一，发达工业国家之间的竞争；第二，发达工业国家与发展中国家之间的竞争；第三，发展中国家之间的竞争；第四，地区经济集团之间的竞争。

国际经济竞争中，跨国公司已经成为国家竞争中的主体。跨国公司的参与给国际竞争注入新的内容：一是跨国公司之间的竞争；二是跨国公司与非跨国公司之间的竞争；三是跨国公司母公司与子公司的竞争；四是各国跨国公司子公司之间的竞争。

当代国际竞争的格局和内容的变化，使国际竞争呈现出新的特点：

（1）国际竞争的广度和深度已达到空前未有的程度，涉及世界经济的方方面面，且愈演愈烈；

（2）国际竞争主体之间经济关系朝着公开、公平、互利的方向发展；

（3）国际市场上的竞争逐步由传统的价格竞争转向非价格竞争；

（4）各国竞争的主体受到政府的干预和保护。

（二）跨国公司的国际竞争地位

跨国公司在世界经济国际化中的地位，还可以从宏观、中观和微观三个层面进行考察。

（1）宏观层面。世界经济发展中的经济增长速度、金融货币体系、劳动就业等，都与跨国公司经营战略有关。

（2）中观层面。资源利用、能源供应、工业结构等问题，都与跨国公司的投资计划密切相关。

（3）微观层面。企业的经营、技术改造、营销安排等，都与跨国公司的经营方式和经营策略紧密联系。

（三）跨国公司的竞争优势

跨国公司是由规模宏大的厂商组成的。它集诸种职能于一身，被称为拥有“一揽子的功能”。跨国公司既能进行国际贸易，又能进行国际生产；既从事商品转移，又从事资本转移、技术转让和信息传播。在当代世界经济中，跨国公司具有强有力的竞争能力，主要表现在以下几个方面。

1. 拥有巨额资产，经济实力不断增长

跨国公司采用股份制，以少量的自有资本控制他人的巨额资本。大公司利用自己手中的金融资本，把触角伸向世界市场的各个角落。目前，跨国公司资产额已达数十亿、数百亿美元，甚至有超千亿美元的“富人俱乐部”。

2. 富有开创力和应变力

许多大型跨国公司趋向于综合型多种经营，凡是有利可图的没有它不经营的，就是说“从导弹到方便面”，几乎无所不包。这样做的好处是：回旋余地大，便于以丰补歉，软硬搭配，互相配合，协调行动，把生意做活。跨国公司形成生产多种产品的综合体系，使企业保持持续的开创力和应变力。企业开创力是其发展之道，企业应变力是其生存之道。没有生存就不能发展，没有发展，更无法生存。尤其在宏观经济不景气时期，企业稍微欠缺应变力，即无法与人竞争。

3. 仰仗研发，始终保持技术领先

跨国公司的基本经营优势在于技术垄断。通常公司拨出其销售总额的4%～10%用于研究与开发新技术、新工艺、新产品。由于跨国公司按照纵向一体化（Vertical Integration）的模式进行投资布局，新技术的使用和关键设备的生产都集中在母国或位于西欧和北美的嫡系子公司，而分散在世界各地的子公司只是进行一种配套性的和市场适应性的生产，因此，新技术产品不大容易被其他竞争对手所仿制。

跨国公司技术垄断的特点是：它不是静态的成果垄断，而是在企业内部实行技术开发与转让过程的流动性垄断。技术作为无形资产不同于有形资产的重要特点之一，是它具有多次性和多方面的使用价值，而且每次使用不仅不会降低反而可能提高其使用价值。新技术在子公司经过几次间接转让，便可获得几次技术转让费用。这种分期分批的技术转让战略，无疑可以延长技术独占时间。技术资源的价值和使用价值只有在两种情况下失去其优势：一是更先进的技术诞生；二是丧失了垄断性占有。为此，公司应设法加速推行经营多样化和市场内部化，使技术垄断呈现多样化和流动性的特点。

4. 发挥企业内部化优势

跨国公司企业内部化，是为了克服市场的不完备，在企业内部创造市场。① 企业的内部化市场作为一般市场的替代物，是用企业组织的“有形之

① J. H. Dunning, A. Rugman. The influence of hymer's dissertation on theories of FDI. American Economic Review. 1985. 5: 228.

手”来替代外部市场的“无形之手”。跨国公司内部交易越频繁，单位组织成本就越低；公司内部化交易越广泛，追加的组织成本相对来说也就越少。公司内部化市场的形成与发展，成为国际企业经营多样化、国际化和分权化的内在动因之一。企业内部化，一方面有助于扩展内部的供需领域，避免由于向海外产业转移而带来的空缺；另一方面亦有助于新兴的发展中国家的子公司得到新技术和新产品，扩大其产品的出口，同时，又可以起到缓和贸易摩擦的作用。目前跨国公司的内部交易约占世界贸易的1/3，并且随着公司规模的扩大，呈现上升的趋势。

5. 获得规模经济的优势

跨国公司在全球范围内配置生产力，能享有资源来源和商品销售的全球统一调配的好处。公司通过投资计划，科学安排生产活动，可以把生产过程按规模经济的要求，分配到投入成本最低的地区，充分利用当地廉价的生产要素，达到利润最大化的目的。

6. 利用限制性贸易做法，巩固其垄断地位

跨国公司利用市场上的优势地位，进行一系列限制竞争、垄断市场的活动。它们以正式的、非正式的或者口头的协议，规定生产设备和原材料的购买来源，限制产品生产的种类和数量，限制产品的出口量，商定商品的出口价格，划分销售市场和分配销售渠道等。跨国公司的限制性贸易做法，目的在于瓜分市场，操纵市场价格，排斥竞争对手，确保垄断地位和获得高额利润。

总之，跨国公司经营的好坏，一方面取决于公司综合利用自己的竞争优势的能力，另一方面取决于是否适当地选择了跨国经营方式。公司的部分优势是一个动态的因素，随着科技的发展、生产结构的变化、产品的更新换代，有些原有竞争优势逐步变为劣势，劣势也会转变为优势，其关键在于公司的决策人员是否善于因势利导，避凶趋吉，选择最佳的跨国经营方式。

二、跨国公司在国际贸易中的垄断地位

当前世界已进入一个无国界竞争的新时代。在世界市场上，商品、劳务、资本、技术、信息的竞争不受国界的限制，也不受那些老的地理政治分野的限制。

（一）跨国公司推动了世界市场全球化

世界市场全球化主要表现在以下四个方面。

1. 市场范围的全球化

全球经济的出现，带来了市场范围的全球化，也带来更大的机会。随着时间

和空间的缩小，创造财富的范围在扩大。

2. 竞争的全球化

除了西欧和美国外，后起之秀日本已成为国际贸易的主要力量，还有新兴的发展中工业国家和地区也已能生产在世界市场上有竞争力的廉价优质的产品。据世界银行的统计，巴西、中国香港地区、韩国和新加坡现在已居世界工业制成品出口前十几名之列。

3. 产品的全球化

跨国公司的产品已不只是满足狭隘的地区市场和国内市场，而是以争夺全世界消费者和世界市场为目标。

4. 产品价格和数量的全球化

世界消费水平和消费结构的变化，要求商品多样化、高级化和优质化。这将迫使企业不断缩短产品生命周期，加速产品更新换代，调节产品的价格和数量。因此，大公司就要从所占市场份额和规模来控制全球市场。

跨国公司根据其全球战略部署生产配置和贸易流向。“局外企业”的经济实力远逊于跨国公司，在国际生产和国际贸易上很难向跨国公司的垄断地位挑战。但跨国公司虽已是羽翼丰满的国际企业，垄断再强大，也不可能囊括一切，完全排除竞争。大企业之间的相互渗透使主要工业部门你中有我，我中有你。在世界市场上，过去那种可称之为板块式的势力范围划分已逐步转化为一种可称之为矩阵式或网络式的市场划分，这是当代国际贸易的一个重要特点。

总之，世界市场的全球化，使各国经济上的相互依存在相互竞争和协调中实现。竞争是长期的、普遍的、绝对的，而国际协调是暂时的、局部的、相对的。

（二）跨国公司通过国外直接投资控制国际贸易

跨国公司的对外直接投资不仅加强了资本的国际流动，而且带动了资本货物的出口，从而形成跨国公司控制大部分初级产品、制成品和技术贸易的局面。

1. 控制初级产品贸易

初级产品出口大部分都掌握在跨国公司手里。例如，许多年来，7家跨国石油公司控制着北美和原苏东社会主义国家以外所生产和销售的原油的43%；6家跨国公司拥有世界铝矾土生产的46%、氧化铝生产的50%和铝制品生产的44%；7家跨国公司拥有资本主义世界铜生产的23%；2/3以上的铬为9家跨国公司所掌握，镍为4家、钼为4家、铂为2家跨国公司所掌握。虽然初级产品生产因国有化运动在收回所有权方面取得长足的进展，但是在加工和销售方面，跨国公司仍处于主导地位。

2. 控制农产品贸易

农产品的生产技术、加工、销售和分配，仍由跨国公司所控制。跨国公司在农产品世界贸易中所占的份额从40%到90%不等。被称之为“五大谷物巨人”的5家跨国谷物公司——卡吉尔、大陆、邦奇、达孚、安德烈公司，控制着世界绝大部分谷物的加工和分配，并控制美国谷物出口的90%，15家棉花跨国公司控制着世界棉花贸易的85%~90%，塔特·莱尔公司控制了欧洲共同市场蔗糖进口的95%，6家跨国公司控制世界烟草贸易的85%~90%，雀巢和通用食品2家公司控制着世界咖啡贸易的20%，4家大公司控制了可可贸易的60%~80%，8家大公司控制着西欧和北美茶叶市场的90%，以美国联合商标公司为首的3家跨国公司控制着世界香蕉贸易的70%，尤尼莱佛公司控制了世界食用植物油和人造黄油销售的1/3。

3. 控制工业品贸易

在制成品贸易方面，少数工业国家控制着绝大部分机器、设备和运输工具的贸易，占资本主义世界机器和设备出口的91%、进口的74%。少数跨国公司控制着许多重要的工业制成品的贸易。例如，以通用汽车为首的几家跨国汽车公司控制了资本主义汽车生产的97%，其中，美国的国外汽车产量占国内产量的59.2%。以法国通用电器公司为首的12家动力设备跨国公司控制着世界动力设备贸易。11家最大的农机跨国公司的销售总额占世界农机总销售额的70%以上。美国的3家大公司控制了人造丝销售的2/3，其中杜邦公司一家即占销售总额的37%。50家药品工业公司控制了世界药品工业的75%~95%，其中最大的4家占25%~50%。

4. 控制高科技产品贸易

高科技产品领域更是跨国公司一统天下。10家跨国公司控制了世界半导体市场，美国公司在世界计算机市场上所占的份额为75%~80%，日本、美国、瑞典和德国4国跨国公司控制了世界机器人生产和销售的73%，而日本一国即占世界的一半。

5. 控制技术贸易

在技术贸易方面，一方面跨国公司在研究开发和运用新技术方面占绝对领先地位，另一方面跨国公司之间以及母公司和子公司之间的技术交流往往也占到很大的比重。据统计，世界上最大的422家跨国公司掌握和控制了资本主义技术生产的90%和技术贸易的3/4。

三、跨国公司操纵垄断价格，获得高额利润

（一）运用卖方垄断价格与买方垄断价格，获取高额利润

跨国公司依仗经济实力，操纵垄断价格，在国际贸易中获取高额垄断利润。垄断价格是特种价格，它由卖方垄断价格和买方垄断价格组成。卖方垄断价格是高于商品的国际价值的价格。跨国公司向发展中国家推销工业制成品和转让技术的价格，就是卖方垄断价格。买方垄断价格是低于商品的国际价值的价格。跨国公司从发展中国家采购的初级产品的价格，就是买方垄断价格。

在两种垄断价格下，均可取得垄断高额利润。垄断价格的上限取决于世界市场对于国际垄断组织所售的商品需求量，下限取决于生产费用加国际垄断组织所在国的平均利润。由于垄断不排除竞争，故垄断价格也有一个客观规定的界限。

相关链接

据联合国统计，在菲律宾，跨国公司出售成品药的利润高达1 000%。3家跨国公司控制了世界香蕉生产和销售的70%，中美洲香蕉生产国从香蕉生产中所得到的收益只相当于跨国公司销售额的11%，其余都为跨国公司所获得。许多发展中国家依赖矿产品的销售作为出口收入的主要来源，然而，它们的外汇收入只占最终产品价格的一小部分。据统计，消费国为矿产原料支付的价格，只有1/10到1/7是归于矿产生产国，其余的大部分为跨国公司所占有。

（二）运用垄断与竞争两手获取高额利润

在生产国际化和资本国际化的过程中，不仅需要资本自由化，而且需要贸易的自由化。跨国公司凭借自己的竞争优势和实力，支持和极力主张自由贸易。这是因为在自由贸易旗帜下，有助于推行跨国公司的全球经营策略，获得更大的实惠和利益，亦有助于促进世界贸易的发展。

在经济不景气、投资疲软、需求停滞时，争夺世界市场的竞争加剧。为了摆脱困境，跨国公司之间明争暗斗，相互之间的离心力量越来越大，各类贸易保护义政策也层出不穷，与此同时，垄断和竞争是相辅相成的。在国际贸易中，跨国公司从垄断地位出发进行强有力的竞争，而竞争的结果又加强了垄断，最终使其

获得垄断高额利润。

◇问题与思考

一、名词解释题

1. 经济全球化
2. 综合国力
3. 国际综合性产品
4. 买方垄断价格
5. 卖方垄断价格

二、填空题

1. 美国、欧洲、日本等工业发达国家对世界的瓜分不再是“火和箭”，不再是领土的占领，而是________和________。

2. 经济全球化的要求是________、在全球范围内进行资源优化配置和实现统一的“游戏规则”。

3. 国家竞争优势四要素是指________、________、________以及企业战略和组织。

4. 跨国公司具有双重性，也就是民族性和国际性。民族性是指跨国公司是建立在民族经济的基础上；国际性是指________已经超出某一民族国家的范围。

5. 国际综合性产品，是将有关国家的国内的生产流程联系起来，其产品的特点是________。

6. 在当代国际经济关系中，有四股竞争力量：① 发达国家之间的竞争；② ________；③ 发展中国家之间的竞争；④ ________。

7. 国际化企业提高国际竞争力，应在微观层面上加强企业的经营管理、________、营销的安排。

8. 在世界市场上，跨国公司操纵垄断价格，获得高额利润。垄断价格是一种特殊价格，它是由________和________组成。

三、是非题

1. 当今世界各国无一例外地参与国际分工和国际交换，知识和产品的交流已成为世界经济全球化进程中的重要因素。（ ）

2. 生产要素是企业生存和发展的必要条件。生产要素分为基本要素和高级

要素，前者是一种给定的先天条件；后者是后天开发的，它难以模仿和超越。( )

3. 大多数目标市场选择的原则是“由远及近，先陌生后熟悉”。( )

4. 在国际市场上，通常是一国产品比国际综合性产品具有更强大的竞争力。( )

5. 国际综合性产品是靠企业相互之间元器件贸易联系起来的，而不是通过有关国家的生产流程联系起来的。( )

6. 世界名牌产品几乎是百分之百的“本国化”。( )

7. 经济全球化打破了企业和产品的国籍，这表明一个国家贸易和投资的开放度与经济发展的速度成正比。( )

8. 各国经济活动越来越多地纳入跨国公司的全球战略体系，一个大型跨国公司的年营业额超过许多国家的年国内生产总值。( )

四、问答题

1. 何谓经济全球化？

2. 世界各国如何通过提高其综合国力和增强国家竞争优势来促进经济全球化的发展？

3. 试从企业自身的国际化和企业经营的国际化两个方面说明企业跨国化是一个渐进的过程。

4. 在经济全球化条件下，为什么公司和产品的“国籍”会日益模糊化？

5. 什么是生产国际化和资本国际化？它们与跨国公司的发展有什么关系？

6. 如何理解“跨国公司是资本主义经济国际化的主体”？

7. 试问当代跨国公司在世界市场上的竞争优势表现在哪些方面？

8. 试述跨国公司如何操纵垄断价格来获取高额利润。

◇案例分析

Google如何管理“知识工作者”

“知识工作者”是由美国管理学大师彼得·德鲁克创造的。他说，知识工作者相信，他们获得薪酬是因为效能，而不是为了每天从早晨9点工作到下午5点。精明的企业会“扫清知识工作者前进道路上的一切障碍”。

与大多数科技公司一样，Google的许多雇员都是工程师，他们用以下10项原则来促使知识工作者发挥最高效能。

• 挑选新人。应聘Google公司，面试者至少需要同6位考官面谈。这些考官有的来自管理层，有的可能是面试者未来的同事。每个考官的意见都能影响最终结果，这使得聘用过程更加公平、要求更高。

• 服务周到。公司要解除员工的后顾之忧。正如德鲁克所说，公司的目标是“扫清知识工作者前进道路上的一切障碍”。公司不仅提供标准的一揽子工资外福利，还满足勤奋工作的工程师们几乎所有的生活要求——一流的就餐条件、健身房、按摩室、洗衣、理发、洗车、班车。总之，要让他们轻松地兼顾工作和生活。

• 一起办公。在Google，几乎每个项目都是团队项目，因此，团队成员之间必须沟通，有效沟通的最佳途径是让团队成员在一间办公室里办公。其结果是，Google的几乎每个员工都与他人共用办公室。当一位成员需要与同事协商问题时，只要开口就立即能办到，不存在电话留言，没有任何电子邮件延误。当然，公司还有许多会议室可供人们进行详细讨论。与知识渊博的同事坐在一起是一种令人难以置信的高效学习体验。

• 提倡协作。由于团队所有成员之间的距离都在几英尺之内，进行协作相对比较容易。除彼此之间物理距离较短之外，Google员工每周还通过电子邮件向团队的所有其他成员发送一段上周工作摘要。这使每个人都能便捷地了解同伴们的工作进展，并与团队工作保持同步。

• 共享创意。Google员工对公司信息工具的使用频率非常高，其中最突出的是网络。几乎每个项目和每项任务都有专门的内部网页，这些网页都被编入索引，项目成员只要需要，就能随时查阅。

• 鼓励创新。Google的工程师们最多可以把20%的工作时间花在自选项目上，就是希望让有创意的人发挥创造力。Google有一个不太秘密的“武器”：点子邮件表。这个软件是全公司范围的建议箱，无论是关于泊车方式还是重要的应用程序，员工们都可以在此发表意见。该软件使人人都对建议进行评论和打分，并把最佳建议传达到最高管理层。

• 群策群力。Google坚持的观点是“众人拾柴火焰高”，在作出任何决策之前，都要征得最广泛的共识。在Google，管理者的角色是充当各种观点的集大成者，而不是独断专行的领导者。形成共识能使团队更加同心协力，使决策更加周全。

• 宽容氛围。彼此宽容已成为Google员工的行动准则。像所有其他组织一样，员工们发表意见时也会情绪激昂，但没有人摔椅子。Google刻意培养一种相互尊重、彼此宽容的氛围，而不是人人惟命是从。

• 数据决策。Google 建立了专门的系统用来处理因特网和公司内部网的信息，几乎每项决策都以量化分析为依据。公司的几十位分析员在数据中耕耘，跟踪最新趋势，以使员工们跟上时代潮流。

• 高效沟通。公司每周都要举行全体员工大会，宣读各项通知，介绍有关信息或解答问题。这让管理层和知识工作者能对彼此的想法有所了解。在 Google 内部，信息传播相当广泛，但严重的泄密事件却很少。对员工而言，只有深受信赖，才能满怀忠诚。

Google 在企业管理中采取了哪些人性化的措施，为什么这些人性化措施能使企业员工发挥最高效能？

第三章

企业国际化竞争的战略与策略

学习目标

掌握跨国公司的全球战略的含义和意义；跨国公司制定全球战略的基本原则；跨国战略联盟的含义及主要特征。熟悉企业跨国经营的所有权策略；跨国战略联盟的形式和战略目标。了解跨国公司的产品策略和市场选择策略。

第一节 跨国公司的全球战略

一、跨国公司全球战略的含义、意义和优越性

（一）全球战略的含义

跨国公司全球战略（Global Strategy of Transnational Corporation）又称为跨国公司国际专业化生产战略，它是跨国公司从20世纪70年代以来采取的一种全新的经营策略。跨国公司以加强其在世界市场上的竞争力为目标，在全球范围内建立专业化的生产和销售网络，分工制造零部件，定点加工装配，定向销售产品。

西方经济学家罗伯克（Robock）和西蒙斯（Simmonds）在《国际商业与多国企业》一书中指出，跨国公司的全球战略是“在作出重大业务决策时，据以考虑全球性的机遇、全球性的抉择以及展望未来全球效果的计划”。一项全球性

战略的制定，意味着决策者不受任何民族和国家的障碍来考虑世界市场和世界资源的分配，而不是单纯孤立地考虑某一个特殊国家的市场和资源。一项全球战略目标，是要在多国基础上取得最大的经济效益，而不是计较国际业务活动中一时一地的得失。

跨国公司的全球战略目标，就是为了在技术日新月异的新时代角逐中取胜。企业必须从全球经营的总体考虑，有计划地谋求最大的利润和最小的风险。

企业或公司的跨国化过程，是一个逐步演进的过程。这里不排除有些企业或公司通过战略选择，跳过某些阶段，直接进入跨国经营。通常企业跨国经营要经历以下几个阶段：

(1) 从事进出口业务活动，进口所需的原材料、燃料和零部件，出口工业制成品。这种进口原料加工出口成品的贸易结构，是公司或企业走向国际化的初级阶段。

(2) 公司设置商品出口部，摆脱对出口代理商的依赖，开始对外直接推销商品。

(3) 公司在国外投资建立零部件装配线，开始在海外进行生产性活动。

(4) 公司在国外直接投资，输出资本、技术、人员和管理，建立永久性的生产设施，就地生产，就地销售或向第三国销售。

(5) 公司从"全球战略"出发，统筹安排国外子公司各项业务活动，在总公司和子公司之间及子公司与子公司之间建立一种网络关系。

商品贸易、直接投资（国外生产）和技术转让，是跨国企业跨国业务的三个组成部分。至于公司是采用输入原料在本国生产，然后加工出口成品，争夺世界市场，还是将资金和技术直接投向海外市场，就地生产，就近销售，或是进行技术转让，获取高昂的技术提成费，这些均由母公司进行中央控制和全盘统筹。

跨国企业的一个重要特征是它不以本国市场为导向。一旦企业走上了跨国化道路，跨国公司便实行生产资料支配权在国际范围内高度集中和生产单位在世界各地广泛分布相结合的原则。

全球性企业经营的基本策略是：第一，跨国公司的生产设施和经营活动遍布全球，以期为本国和国外市场提供双重服务。第二，跨国公司在与产品生产过程有关的每一个国家里组织专业化生产，同时，又通过内部交易把这些活动联系起来。第三，一切业务经营主要根据母公司在全球范围内获得最大利润、总体市场情况和企业总的发展作出决策。

（二）全球战略的意义

跨国公司全球性的动机与战略，也就是公司经营和分工的内部化（Internalization)，即资金、技术和零部件的流动与转让大部分是在公司内部进行的，如母公司与子公司、子公司与子公司之间的经营。在这里，各国之间的分工反映了跨国公司内部的分工，同时，跨国公司也就把国际贸易的很大一部分变成跨国公司的内部交易。

全球战略使公司的经营具有较大的灵活性和机动性。公司可以充分利用遍布全球的生产、销售、金融、信息和研究发展的网状组织，随心所欲地调配各种资源，谋求利润最大化。具体表现在以下几个方面：

(1) 跨国公司可以充分利用世界各地的资源来组织生产，降低生产成本，提高产品竞争能力；

(2) 它可以利用子公司所在国的先进技术，专业化生产某种特殊的产品部件，然后集中到有利的地点进行装配，使其最终产品集各国技术之大成；

(3) 它可以利用各国汇率和利率的差异，在母公司与子公司、子公司与子公司之间统一调配资金，以扩大资金来源、减轻利息负担以及赚取利息和汇率的差额；

(4) 它可以通过海外直接投资，充分利用产品生命周期的理论，将一国淘汰产品或即将淘汰的产品，转移到尚未开发的或正在开发该产品的国家，以延长其产品的生命周期，寻找新的市场机会；

(5) 它可以利用各子公司技术之长，进行专项技术开发，由总公司统一安排，集中控制，技术成果由各子公司分享，从而保证了公司的技术优势地位，还减少了研究开发费用；

(6) 它可以利用各国税率的差异，将公司的所得由高税区转向低税区，达到合理避税的目的。

跨国公司之所以区别于其他类型的公司，是因为它具有全球性的动机和战略，是以争夺全世界消费者和全世界市场为角逐目标的。通过对外直接投资，跨国公司在世界范围内进行扩张，在世界范围内进行生产力配置。它把研究与开发、采掘、提炼、加工、装配、销售以及服务等再生产和流通环节，像章鱼的触角一样伸向世界各地，而最高的决策权仍保留在跨国公司的总公司手中。总公司对整个跨国公司的投资计划、生产安排、价格体系、市场安排、利润分配、研制开发方向以及其他重大决策，实行高度集中统一的管理。子公司根据母公司的全球战略部署制定各自的经营计划和措施。

总公司下属机构的战略部署包括各种可能的抉择，明确地区、产品的发展规模和优先顺序，以及向新地区、新领域扩张的具体步骤等。由此可见，跨国公司的业务活动已经不是简单地对市场有利机会和不利条件的直接反应，而是经过周密策划的有计划的行动。在全球战略的指导下，公司内部的各个部门，彼此密切配合，互相协作，形成一个整体，所有国内外的分公司和子公司的活动，都服从于跨国公司的整体利益，彼此互相配合，交流技术，互通信息，共担风险，分享盈利。这是保证公司实现全球战略的关键。公司这种管理与控制体系，一则能使总公司高度集权地统一指挥，使海外子公司服从于整个跨国公司的全局利益；二则能使各海外子公司的业务活动保持其主动性，能使它们对迅速变化的环境作出适时的灵活的反应。

（三）全球战略的优越性

1. 多国公司的优势在于全球战略

具有全球战略的多国公司与一国公司相比，其优越性表现在：

（1）公司活动的范围扩大，应付风险的能力增强；

（2）公司拥有的资源丰富，可提高公司在市场上的竞争能力；

（3）公司可利用各国市场的差异，采用“贱买贵卖”的手法，谋取最大限度的利润；

（4）跨国公司实行全球战略，增加了母公司与子公司、子公司与子公司之间各种原料部件、半制成品及产品的内部交易，从而扩大了国际贸易量。

事实证明，跨国公司的各个附属公司由于努力实现共同的战略目标，它们的经营效果比母公司及东道国的当地公司要高得多，应付危机的能力也强得多。

2. 全球战略使公司产生强大的协作力

在全球战略下，公司增强了全球统一调配的作用，使分散在各国的各附属公司协同作业所产生的力量大于未使用共同战略之前所有附属公司的力量之和，即所谓协作力。这种协作的力量能起到提高公司机能、争取时效和降低成本的功效。

跨国公司的这种协作力具体表现在：

（1）公司可以利用全球性生产的有利条件，在各国子公司之间进行调配，分享生产设备、技术转让、原料供应、人员培训和信息交流等好处。

（2）公司可以利用世界各地的资源来组织生产，并可委托母公司或兄弟公司在海外市场代为营销。也就是说，它们可以共用同一套销售机构、销售渠道、储运设施、宣传广告和销售人员等，不必各自另搞一套。

（3）公司可以将研究开发机构集中控制，统一安排新产品的试制和推广，从而可以在技术上保持优势，并减少研究开发费用的支出。

（4）公司可以统一采购所需的原材料和零部件，凭买主独家经营的地位与供应商交涉，寻求最低的买价、最佳的进货条件。

（5）公司设置财务调度中心或海外总管理处，负责统一调度全公司的借款、放款、保兑、外汇、内部转移定价等业务，有利于整个公司及时融通资金，降低利率，保证外汇安全以及最大限度减低捐税。

二、跨国公司全球战略的制定

(一) 全球战略的基本原则

跨国公司在制定全球性经营战略时，通常依据以下四个方面的基本原则：

(1) 公司战略目标应有现实性和长远性。公司选择的发展目标，既要考虑内部资料条件和外部环境因素，又要能够展示经过努力可以实现的远景目标，使整个公司从上到下，从海内到海外，一有时间概念，二有任务指标。

(2) 公司战略目标应系统化和合理化。制定公司发展目标时，应该使各个目标之间保持连贯性和一致性，尽量避免矛盾和利益得失，否则将失去其指导作用。

(3) 公司战略目标必须数量化和指标化。行之有效的公司发展目标不仅要有定性要求，还要有定量指标，这样既便于子公司贯彻执行，又便于母公司检查和考核。

(4) 公司战略目标必须包含具体的政策和措施。战略目标所勾画出的公司前景，是要靠具体的政策和措施来实现的，同时，每项政策和措施又要反过来体现公司发展目标的利益和要求。

公司的发展目标主要包括：公司基本经营思想、公司基本任务以及公司综合目标和具体目标等。公司基本经营思想表明公司的性质与指导原则。公司的基本任务或目的表明公司经营的范围和性质。公司的综合目标则表示，在公司基本思想指导下，公司在战略规划期间所欲达到的目的和方向。至于公司的具体目标，包括利润指标、投资收益、销售收益、市场份额、股份红利、质量控制、降低成本、产品研制、人事安排、树立形象、政府关系、环境保护等。另外，加强旨在实现公司目标的组织、人员、设备的经营结构，并为此而合理分配资源。前者主要是革新机能，后者主要是统筹机能。

大多数公司往往是以利润作为最重要的目标。但不能简单地规定获取利润的指标，因为利润只是公司经营的结果，它并没有为公司提出前进方向，而其他各个具体目标完成的好坏会直接影响利润指标。衡量利润大小，主要由投资收益率、销售收益率和股份红利率来计算。其计算公式为：

$$\text{投资收益率} = \frac{\text{纯利润}}{\text{全部资本}} \times 100\%$$

$$\text{销售收益率} = \frac{\text{纯利润}}{\text{总销售额}} \times 100\%$$

$$股份红利率=\frac{纯利润}{全部股份}\times 100\%$$

（二）全球战略的主要内容

1. 确定战略规划的时间

战略规划的时间过长或过短均有弊端。时间过长，会由于世界经济的急剧变化而失去意义；时间过短，又达不到战略指导的意义。通常，战略规划短则三五年，长则10年、20年。战略规划中还应包含数量和质量上的目标要求。首先，在战略规划的期限内，对全公司的任务、目标、增长策略、产品投资组合、研究与发展方向等方面，作出总体战略安排。然后，各部门或地区根据总体战略，结合各自的情况，制定相应的战略大纲。最后，各附属公司制定具体的战术或工作性计划。这样，整个公司从上到下，既有时间概念，又有数量和质量概念，便于公司在管理中的控制和监督。

2. 对公司内部因素进行分析

对公司内部因素的分析，目的在于了解自己的优势和弱点，在实际业务活动中扬长避短，始终保持竞争优势。对公司内部因素分析的主要项目包括：管理水平、生产能力、市场营销、财务状况、研究与发展、对外部环境约束的应变能力等。

3. 对公司外部环境进行分析

对公司外部环境的分析，目的在于了解在现有的国际环境下当前和未来的市场机会和局限因素。对外部环境分析主要是对宏观经济形势、政治形势、工业发展、技术水平、法律制度、财务制度、竞争对手、销售渠道和目标市场等因素进行逐项和综合的分析。

4. 制定公司的发展目标

经过对公司内部因素和外部环境逐项和综合的分析后，明确了公司的现状和发展方向，然后在此基础上制定公司的发展目标。通常，公司制定发展目标时，主要考虑四项原则：

（1）发展目标要富有现实性和鼓动性。

（2）目标要求数量化和层次化。数量化，即既有定性分析，又有定量分析，用数量方法将发展目标表示出来；层次化，即按发展目标的重要程度，分出轻重缓急，使之层次分明。

（3）目标各部分要协调一致。

（4）要有保证目标实现的具体政策措施。

5. 拟定公司的发展战略

公司发展的具体战略包括：进入战略（进入国外市场的方式及程度）、市场选择战略、产品战略、所有权战略等。

6. 公司战略目标的实施

公司及时地按照生产量、销售量、利润量与生产成本等目标，检验实施效果，分析实施战略计划过程中发生偏差的原因，及时进行修正或改为实施应变计划等。

相关链接

西方著名经济学家威廉·戴姆赞（William A. Dymsza）的国际性战略规划与控制模型图（见图3－1）可作为跨国公司规划战略的参考。

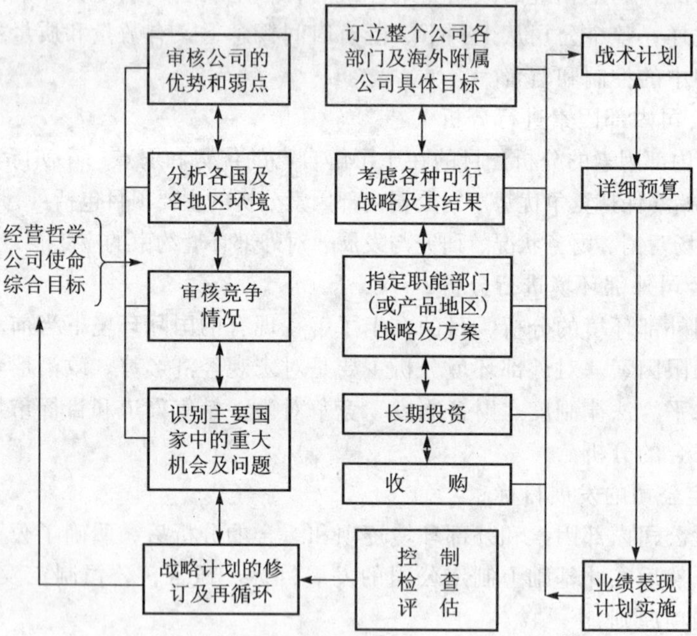

图3－1 国际性战略规划与控制模型

（三）全球战略的制定程序

公司制定全球战略的标准程序可分为14个步骤：[①]

① S. H. Robck, K. Simmonds. International business and multinational enterprises. 4th ed. Homewood: Irwin, 1999: 400.

（1）确定战略目标的有效期；

（2）评估整个公司全球综合的和在每个国家的竞争实力；

（3）预测目标期内每年对产品和劳务的需求；

（4）确定竞争重点和总的策略；

（5）确定目标期内每年每个国家的销售指标；

（6）确定进行生产和开展其他经营活动的国家以适应目标期内的销售目标；

（7）列出那些在生产上具有潜在优势的国家；

（8）估测可供选择的生产地的投资金额和经营成本，测算从这些地方将产品输送到潜在市场所需的运输及关税费用；

（9）绘制目标期内公司的最佳布局及后勤结构体系；

（10）预测国家风险；

（11）计划实现目标每年所需追加的投资金额；

（12）估测预期的现金流量及净现值；

（13）预测目标期内可达到的最高和最低的投资限度；

（14）及时协调投资计划和销售指标。

三、跨国公司战略的动向

（一）跨国经营战略的新趋势

在全球战略指导下，许多大公司率先适应经济全球化的新形势，进行了战略调整、业务重组和结构改革。这三个方面同时进行并且相互补充。

（1）企业战略调整。近10年来欧美工业发达国家经济活动的内容和方式发生了变化，知识已成为主要生产要素，信息业已成为主导产业，因此，企业经营重点从一般制造业向服务业转变，从硬件产品向软件产品和系统产品转变。

（2）企业业务重组。企业突出核心业务，发展相关多元化业务。

（3）企业结构改革。企业贴近客户，减少层次，精简人员，增加灵活性和适应性。

通过大规模的战略调整和业务重组以及结构改革，跨国公司的全球化程度进一步提高。为了整个公司利益的最大化，跨国公司把价值增值链的不同部分安排在最能发挥其作用的世界各地。其安排原则是：

第一，在拥有丰富的自然资源和廉价高质量的劳动力资源的地方投资建立制造业中心（Manufacturing Center）。

第二，在科学技术发达的地方建立研究开发中心（R&D Center。），以利用当地的技术开发适销对路的商品。

第三，在服务业（尤其是知识密集服务业，如金融、保险、财会、法律、咨询）发达的地方以及靠近制造中心和研究开发中心的地方投资建立营运中心（Operating Center）。例如，中国香港地区、新加坡成为众多跨国公司在亚太地区的营运中心，就是因为当地拥有良好的运输、通讯和金融服务。

相关链接

进入《财富》杂志世界500强的日本丰田汽车公司，曾以国际汽车市场占有率10%作为自己的经营战略。丰田公司在增强对国际市场的参与意识的过程中，主要在海外战略、环境意识和尊重股东三个方面更新经营观念。

丰田推进在海外的当地生产和采购以“造福当地”；加快实施环境对策以“贡献社会”，采取更加尊重股东、维护股东利益的全新的经营战略。由于实施新的经营战略，2005年丰田汽车公司营业总额已达到1 726.16亿美元，位列《财富》世界500强第八位，与全球第一大汽车制造商通用汽车（1 935.17亿美元）的销售收入已相差无几。

（二）企业管理机制的新变化

拥有全球战略的跨国公司，企业规模越来越大，经营范围越来越广。企业进一步将所有权和经营权分开，这有利于企业经理功能专业化，但也面临管理理论的“道德危机”，即管理者有可能不关心公司的业绩，而是利用职权谋取私利，损害股东利益。因此，如何在两权分离的条件下在企业法人治理结构中建立有效的制约监督机制，是当前现代企业管理中的重大问题。

投资者对企业管理人员实施种种监督和约束，以防止管理人员侵权。欧美跨国公司强调市场的作用，依靠活跃而富有竞争性的经理市场、产品市场和资本市场对经理人员施加有效的压力。股东们通过自己在证券市场上的股票交易活动来控制经理人员。如果股东们对公司的经营业绩不满，就会“用脚投票”，以抛售公司股票来对企业经理人员施加压力。股东们也可以采用间接的办法，如让公司经理人员向他们定期报告财务信息。股东们还可以限制经理人员出任董事会的比例，如美国政府规定经理阶层在董事会成员中的比重要低于50%。

为了克服管理上的“道德危机”，促使经理关心股东利益，投资者设法建立了新的监管机制，其主要内容有：股票的认购权证制、外来者的接管和企业职工内部持股制。

1. 股票的认购权证制

这是一种类似于一般选择权的买卖，只是认购的标的物为公司股票。实质上这是一种把报酬与业绩连结在一起的做法。取得认购股票权后，要分好几年逐步兑现认股的权利，至于认股价格则是原先就商定好的，通常比约定当时的股票价格低得多。董事会用股票认购权证代替现金，作为给经理的报酬，这会在很大程度上激励经理去管好公司。如果公司经营好，股市价格上升，经理报酬将颇丰厚；如果公司经营不善，甚至搞垮了，经理手中的认购权证可能会分文不值。

2. 外来者的接管

一家公司经营不善会使公司的价值与股票的价值远低于应有的价值，这给外来者以可乘之机，他们低价大量收购股票，并控制公司，然后换上适当的经理，使股票大涨而大赚一笔。当一家公司高层经理受到这种敌意接管的威胁时，就会事先防范，战战兢兢地把公司经营好，以免遭到敌意性接管。由此可见，这种接管，一方面为企业更换无效率的经理提供了一种有效的方法，促成了经理市场的良好运作；另一方面，给受到接管威胁的企业经理提供了一种重要的约束机制。

3. 公司职工内部持股制

所谓公司职工内部持股制，即公司将部分股权分售给企业职工，这是一种新的企业文化发展的趋势。其好处是：

（1）企业股东、经理和职工的利益被有意地紧密联系在一起；

（2）职工入股制将由经理人员单方面说了算的等级制企业改造成更为合作的、具有激励机制的企业，既可调动员工的积极性，也在一定程度上起到了制约经理行为的作用。

总之，拥有全球战略目标的跨国公司，要逐步实现生产全球化和资本全球化，变全球经营为全球竞争优势，就需要利用全球经营提供的价值创造机会，并且对付各种相关的挑战。

第二节　企业的所有权策略

全球策略的另一个重要内容是所有权选择策略（Ownership Strategy）。所有权问题是跨国公司业务中一个棘手的问题，处理好坏是企业成败的重要因素，其关键在于公司希望拥有国外子公司所有权的程度。国外子公司可以由多国籍公司独资经营，即百分之百地拥有企业所有权，也可以与当地私人和政府合资经营，共同拥有企业所有权。若是合资经营又涉及公司占合营企业多数股权（Majority Ownership）或是少数股权（Minority Ownership），或者是对半参股（Equal Ownership）。实际上，股权策略涉及国外子公司的承诺和要求，倘若母公司对子公司股权参与程度很低，该子公司在母公司的全球战略中将无足轻重，公司将不会向它提供先进技术、管理诀窍，不再研究与发展它的业务。

一、所有权与控制权

（一）公司对所有权的选择

在不同的国家里，公司对所有权的选择也不尽相同。有些国家制定政策和法令对外国子公司的所有权予以规定。如墨西哥和印度，通常要求外国公司在合资企业里，以少数股权参与。他们规定外资不得超过50%，以保证东道国掌握主权。有些国家只限定外国公司产品和技术，而参股可以讨价还价，可以独资经营，也可以多数参股。还有许多国家欢迎外资，给外国公司在所有权的问题上留有相当大的选择余地。《中华人民共和国中外合资经营企业法》规定，外资最低不能低于25%，高的则没有上限，即使全部是外资也可以。但是，外资的比例高好还是低好？这要看产品外销和内销的比例。如果外销比例大，可以高一点；如果主要是内销，企业外汇收入很少，外资比例就不宜过高。

（二）所有权与控制权的关系

所有权和控制权是有联系的，股权持有者虽然可以通过持有股权多少来影响公司的重大决策和重要人员的任命，但控制权还远远超过这一范围。

东道国政府通过对企业的宏观控制影响跨国公司子公司的决策，规定外国权益的最高限额和当地股东的最低限额、当地原料在产品中应占的比例、产品定价、转移定价、利润汇回比率、劳资关系、工人的解聘、外籍人员居住条例等。东道国政府的这些规定往往给外国子公司的独资经营带来种种不便。

另一方面，跨国公司对国外子公司的管理、控制可以通过各种方法来实现。

因此，所作的实际控制并不必然地与所有权格局或与形式上的合同安排相一致。例如，跨国公司希望尽可能地像控制所属独资企业一样地控制合资企业，即使外资处于少数股权的地位，它们仍可以通过种种手段来影响国外子公司，如控制生产、工艺、技术和销售渠道，或掌握资金的来源及运用的手段，或选派经理人员（包括技术、财务等专业人员），或在合资企业合同中规定外国公司享有少数否决权，或在董事会名额分配上处于优势地位，或把经营管理置于另外规定的经营合同之下，等等。

（三）公司采用弹性所有权的原因

以往很长一段时间里许多跨国公司持有一种顽固的态度，即在任何时候、任何情况下，坚持百分之百的股权。但是，在新的情况下，很多跨国公司在所有权战略方面，不再坚持独资经营，而是采取弹性策略。其主要原因是：

（1）随着合资企业经验的增长，无论发达国家还是发展中国家的东道国政府，对要求增加企业所有权的压力越来越大。有的东道国的民族主义情绪日益高涨，有时合资经营成为惟一可以选择的进入市场的战略。

（2）跨国公司本身对合资企业的看法趋向于更加灵活和实际。越来越多的跨国公司逐渐认识到在国际业务中所有权不等于控制权，关键是多国籍公司能在多大程度上掌握独占的地位，如技术、产品管理和市场权力等，从而影响国外子公司的决策。

据有关资料显示，进入21世纪后美国海外投资公司颁布的新的投资项目中，大部分是合资经营，其次是有2~3个国家参与的合资企业，第三位是有国际金融公司参与的合资企业。

二、影响跨国公司选择所有权策略的因素

（一）影响所有权策略的内外因素

在许多国家，对外国公司所有权的政策是由国家行政和法律加以规定的。印度、墨西哥规定，合资企业中的外方不能处于控制企业的地位，这样就影响了外国公司的所有权选择。但在另一些国家，跨国公司可以拥有较大的选择权。

有些大公司为了贯彻其经营思想和做法，设法控制合资企业。比如，可口可乐公司扩大产品销售行之有效的方法是不惜巨资进行广告促销，但许多国家，尤其是发展中国家，限制运用这种耗费惊人的广告促销战略。为此，可口可乐公司只能选择能控制合资企业的多数参股形式，或在合同中注明只要它参与合资企业，就必须控制销售经营权。

影响跨国公司选择所有权策略的内外因素有以下一些。

1. 内部因素

（1）公司在技术、产品、管理及市场营销等方面占有多大程度的优势。优势越突出，对国外子公司所有权的确定的发言权越大。

（2）母公司的财力和管理资源是否充裕，如若不是，采用合资企业形式便于利用当地资源。

（3）公司产品策略的要求。凡是母公司执行产品多样化策略的，就适宜于在国外搞合资经营；反之，经营产品集中的公司，销售和生产产品的决策，需要相对集中在超国家或地区的水平上，避免产品在许多出口市场上碰头，因此，公司不宜采取合资经营形式。

（4）公司的应变能力及速度。

2. 外部因素

（1）东道国对外资所有权的政策规定及当地民族主义的情绪；

（2）东道国合伙者的合作能力及经营效率；

（3）东道国合伙者在当地金融市场上的集资能力；

（4）当地市场上的竞争者及竞争情况；

（5）母国政府对跨国公司海外经营的政策是采取鼓励还是限制的态度。

（二）跨国公司撤资形式及其原因

跨国公司从其全球战略出发，可能对某个投资市场追加投资，增加所有权，也可能对某一个投资市场减少投资，撤出股份。撤出投资系指一家跨国公司主动或被动地清理或出售全部或部分国外投资。通常有三种方式：一是出售资产（或售出股份），二是清算停业，三是被东道国征收。这些方式中，有主动也有被动。主动和被动撤出投资具有不同的意义。从企业经营角度看，撤出投资并非是"坏事"，它可能是外部经营环境、投资机会、经营意图和经营业绩的综合反映，它是全球经营的一项积极决策。统计数字表明，大多数公司的撤资行动是主动的。

跨国公司撤走投资的形式及其原因主要有以下四个。

1. 主动撤出投资

撤资原因：总体地或长期地利润偏低；东道国生产条件和市场经营状况不佳；当地政府管制加强；合作伙伴关系恶化；企业经营业绩持续下滑；东道国外部环境恶化，企业无法再生存，等等。

2. 进攻性的撤出投资

公司鉴于最初投资的运行情况，需要推行积极的合理化经营措施，往往必须放弃某地的投资，以便加强另外的投资。造成这种撤资的因素是：公司经营计划的调整和加强；对公司资源和市场机遇的重新评估；公司重要业务受挫；管理阶层的经营思想和经营方法的调整等。这种撤资行动，就公司而言，是一种进攻性的战略，但东道国往往不能接受。

3. 有计划地撤走投资

通常情况下，东道国接受外国公司投资前，要求其保证经过一定时间后才能放弃投资。这就是所谓的“计划放弃投资”或“协助实现国产化后撤出投资”。东道国的这种规定，也是市场准入和继续经营的先决条件。

4. 被动撤走投资

这主要指由于东道国实行国有化或本地化而引起的征收或没收。这种情况主要发生在20世纪60年代和70年代，目前已大大减少。

总之，跨国公司追求的是利润，灵活多样的股权策略只是经营战略的灵活反应。而不管采取何种股权合作形式，选择合适的合伙对象是合资企业的关键所在。据哈佛大学跨国公司中心的一项研究报告证实：国际合资企业的失败率达30%~40%，失败的最大原因在于对合伙者的选择错误。若无合适的合伙对象及相应的法律保证，跨国公司就倾向于建立独资公司或实行契约式经营。同时，它之所以采取灵活变通的所有权策略，一是迫于世界经济政治形势的变化和同行业间竞争的加剧，二是由于跨国公司的发展、规模的扩大和管理水平的提高，使它有能力采取灵活的经营战略。

第三节 企业的国际战略联盟

国际战略联盟是由经济全球化导致的一场巨大而深刻的经济变革，是新的国际分工的全球化发展。它使得国际竞争在更高的层次上、更大的范围内，向更深的程度全面展开。

一、国际战略联盟的含义及其主要特征

（一）国际战略联盟的含义

跨国战略联盟（Cross-border Strategic Alliance），又称国际战略联盟（International Strategic Alliance），是指两个或两个以上的跨国公司为实现某一战略目标而建立的合伙关系。这种战略联盟是通过外部合伙关系而非通过内部增值来提高企业的经营价值。这种合伙关系，试图跨国地利用与整合各成员的可供资源和经济实力，发挥并加强它们的竞争优势，以便对新出现的技术变革和市场机遇作出

反应。

一家跨国公司可以是一个或多个合作伙伴在几个不同的领域内结成联盟，同时又在其他领域内与之展开竞争，这样既可以避免通过外部扩张即资产重组、兼并和收购而带来的两败俱伤，又可以避免诸如债务增加、股权稀释、企业凝聚力降低等企业合并的后遗症，还避开了威胁企业生存的巨大风险，同时以最小的成本获得最大的企业内部和外部扩张。

目前跨国联盟已成为跨国公司进行技术合作和技术转让的一种新形式。由于技术尤其是尖端技术开发的高风险、高成本以及新产品的快速淘汰，越来越多的跨国公司与一些有相关技术优势的公司达成协议，组成战略联盟，来共同承担技术的开发成本，获取新技术并更好地利用稀缺的技术人才。由此可见，战略联盟的目标主要是获得先进技术和管理经验，进入新市场，以及增强产品的竞争力。这种跨国战略联盟主要集中在高新技术产业。

（二）国际战略联盟的主要特征

国际战略联盟与传统的国际合资经营、合作方式有着根本的区别，其主要特征有如下几点。

1. 战略联盟合作形式具有较大的灵活性和随意性

战略联盟与合资经营企业在合作方式上完全不同：传统的合资经营企业是一个独立的经济实体，对于资金投入、资源的承担、管理结构和利润分享均有法律上的约束性协议规定，是一种股权式的紧密型结合；而新型的战略联盟各方签订的则是一种非约束性的“谅解备忘录”，是非股权式的松散“联姻”。联盟契约仅仅表明合作各方的共同战略目标以及在生产和销售方面协调行动，其共同目标的实现全靠协商而非法定的权力与义务。联盟成员之间的这种松散的合作关系，可以随时因外部技术和市场的变化进行调整。

2. 战略联盟实现了“柔性竞争”

战略联盟将来自不同国家、不同企业的不同所有者组合在一起，使其形成了“你中有我，我中有你”的关系。它是竞争对手的合作，在合作中竞争，改变了传统的竞争与合作对立的观念，形成了所谓的“柔性竞争”。加盟的各方都有自己的目的，以对方之长补己之短，防御性地分配市场，进攻性地开辟市场。

3. 战略联盟实行全方位合作，组织结构创新

战略联盟不只局限于合资企业的相互参股、资本流动，还拓展到技术、市场、资金、人才、信息等方面的全方位合作。它把分散在各国的研究开发、生产加工、市场营销及售后服务等价值增值链诸环节上具有特定优势的不同企业联合起来，实行分工合作，优势互补，资源互用，利益共享。这样，加盟者既可从对

方获得各自所需，又确保各自的独立性。这种联盟结构不同于跨国公司内部一体化模式，使生产要素的流动扩展到国际生产一体化的范围。

4. 战略联盟是一种深层次的合作形式

战略联盟是以技术、信息、知识共享为核心的利益共同体。联盟改变了以往企业自行研究开发新技术、新工艺、新产品的传统做法，而采用技术、知识共享的形式，使之更加适应现代技术的研制开发、产业化和国际化的需要。

（三）国际战略联盟成功的条件

一个成功的战略联盟应具备以下几项前提条件：

（1）联盟自始至终应贯彻“双赢”的经营原则，使每个合作伙伴在互利基础上达到各自的经营目标。

（2）每个企业按不同的联盟建立不同的合作部门，并采用创新的组织机构适应其联盟资源的管理要求，实现最佳的资源配置，获取最大的经济效益。

（3）各个合作伙伴分享共同的价值观，在自主平等的基础上友好协商解决一切重大问题。

（4）建立不同的决策体系，科学地授予和有效地行使权力以推动各成员的共同参与。

可见，在国际战略联盟中，竞争和合作是不可分割的。

二、组建国际战略联盟的主要原因

世界市场上，竞争是客观存在的，竞争法则是物竞天择，适者生存。企业跟着市场走，这也是客观规律。世界市场上的竞争体现在四个方面：一是“产品开发竞争”，指的是新产品创造发明的速度，在竞争中要取胜主要取决于科研水平和创新能力；二是“制造工艺竞争”，即产品质量和成本的高低，竞争中要取胜靠的主要是投资规模、生产组织能力和质量管理水平；三是“营销技巧竞争”，指的是品牌声誉、产品“形象”和消费者的心理满足，竞争胜负主要取决于广告宣传、促销手段和营销组织管理；四是“要素成本竞争”，即生产要素的获取及其成本的高低，竞争胜负取决于企业的综合实力。

随着国际市场竞争愈演愈烈，大公司为保持和发展生存空间，纷纷利用“联姻”的办法，弥补公司技术、市场和竞争力之不足，增强公司的竞争力和生命力。

（一）技术互补是加速组建战略联盟的重要原因

跨国公司若要保持技术竞争的优势，或从一种优势转向另一种优势，就必须加强研究与开发的力度。但新技术、新产品的研究开发费用昂贵，即便像跨国公司这样的大公司，独家企业亦难以应付巨额投资开发费用，只得借助于“联姻”，互补和分享最新的知识、有效协调的产销网络和灵活转换产品结构的能力。

相关链接

目前世界市场上盛行的国际战略联盟是以技术联盟和营销联盟为主，其中一半左右为跨国研发。当代科技发展突飞猛进，产品生命周期缩短。西方经济学家指出，第二次世界大战前，一个新产品经历研制→投产→上市→衰退的全过程，大约需要20年；21世纪初期，数据处理行业中一半以上的产品生命周期为3年，半导体工业不足3年更新换代一次，电脑产品每隔半年就有新产品上市。

（二）组建国际联盟的外部原因

1. 应对日趋激烈的市场竞争

市场是企业生存和发展的必要条件，自从20世纪70年代能源危机以来，世界经济持续走低，经济不景气，低速增长，许多耐用消费市场饱和，竞争激烈，贸易保护主义抬头，这一切增加了跨国公司的市场进入的压力。

2. 应对市场需求结构的变化

世界市场消费需求结构发生变化，各种产品的差异性扩大，市场日益细分化，迫使各国跨国公司改变传统的大规模标准化产品生产的模式，逐步走向个性化、小批量的生产模式。

3. 加盟有助于扩大市场份额

跨国公司为了确保现有市场和扩大潜在市场份额，惟有走加盟的道路，促成优势互补，才能加强自己的市场渗透能力。

4. 企业跨国联合，增强企业竞争力

增强企业竞争力是促成跨国战略联盟的又一个原因。过去跨国公司用兼并的方法，击败竞争对手，增强经济实力。但有时对手的实力与自己旗鼓相当，不相上下，双方共同争夺某些资源和市场，又各不相让，正面厮杀，其结果是鱼死网破，两败俱伤。现在跨国公司另辟蹊径，采用企业跨国联盟的方式，与昔日的对手携手合作，在合作中继续开展新的角逐。

总之，国际战略联盟成为跨国公司国际化经营的主要方式，其原因主要在于现代科技已将产品推向高技术化，使得一些大公司也望而却步；资源投入增加，提高了生产成本；产品生命周期的缩短，要求加大研究开发的力度；消费水平的提高，迫使产品向高精尖方向发展；贸易保护主义的加强，使得市场经营风险增长；汇率变动频繁，市场变化莫测；引进核心技术更加困难等等。这些因素促进了跨国战略联盟的兴起和发展。

三、国际战略联盟的形式和战略目标

（一）战略联盟的形式

一家跨国公司根据其不同的战略意图和不同联盟伙伴所具有的特定比较优势，可以构成各种不同的联盟方式。通常联盟形式有以下三种。

1. 公司契约式联盟

它是通过契约规定各方的权利和义务，而不是按资金实力决定它们在联盟中的地位。常见的形式有技术互换协议、生产合作协议、许可证协议及销售代理协议等。

2. 合作备忘录式联盟

它是通过签订合作备忘录相互交流信息、提供技术咨询服务、交换特许权、介绍客户等，建立一种比契约形式更松散的合作关系。

3. 国际协作式联盟

它是通过对合作各方有效的联系，迅速调动各方资源，分头开发高新技术项目。

（二）战略联盟的战略目标

1. 扩大技术交流

各国不同的企业有其技术之长和技术之短，企业利用结盟方式，扩大技术交流，实现优势互补。成功的例子包括韩国三大汽车集团利用与美、日汽车公司联手，获得了先进的汽车制造技术，迅速发展成为世界主要汽车生产国和出口国。

2. 促进共同开发

科技发展已进入一个新技术开发费用越来越昂贵的阶段，促使企业利用各自的技术优势，共同开发新产品，降低开发费用。美国福特汽车公司与日本马自达汽车公司联盟，发挥前者精密的设计能力和后者完美的工艺质量，两家公司联合开发的新型越野吉普车曾成功地获得美国“汽车新潮”最佳奖。

3. 缓解国际纠纷

半导体工业在世界市场上竞争十分激烈，因技术使用权问题公司间经常发生摩擦和纠纷。例如，意法合资经营企业 SGS—汤姆逊电子公司起诉日本东芝公司侵权，日本公司为防止事态扩大而对其不利，主动提出签订半导体专利的相互特许交换协议，以缓解矛盾激化。

4. 避免过分的竞争

20 世纪 90 年代美欧日厂家在芯片生产上展开激烈的竞争，大有不共戴天之势，为避免两败俱伤，美国国际商业机器公司（IBM）与德国西门子公司（Siemens）联合日本东芝公司，三方合作开发新一代的 256 兆位芯片。

目前跨国公司战略联盟的发展趋势不可逆转，尽管公司加盟有利又有弊，但权衡利弊，还是利大于弊。因此，西方经济学家用“与狼共舞”去形容结盟的相互关系。结盟若能使成员之间的差异和矛盾得到缓解和缩小，战略联盟也就会得到巩固和发展；结盟若不能使成员之间的矛盾和冲突得到缓解和缩小，反而激化和扩大，联盟成员便可能甩掉旧的伙伴，去寻找新的伙伴，联盟就会因之而解体。

第四节　国际化经营的产品策略

市场和产品是跨国公司全球战略的重要组成部分。没有一家公司的产品能永远保持其市场，专利有期限，竞争者会跟进，新的科技发展会迫使老产品“退休”。因此，每一家公司都应有一个能赶上市场需要的产品总体规划，多国性产品策略就是这样一种规划。

一、产品策略的含义和形式

国际化经营的产品策略（Product Strategy）是指一家公司进入新的产品经营状态的连续次序或路线。跨国公司依靠先进的技术和控制这种技术的能力，占有市场的一定份额，产品则是其各项技术的组合。跨国经营产品策略有 8 种基本形态，见表 3-1。

表 3-1　跨国经营产品策略基本形态

	国内开发	国外开发	国内生产	国外生产	国内市场	国外市场
1	√		√		√	
2	√			√	√	
3	√		√			√

续表 3-1

	国内开发	国外开发	国内生产	国外生产	国内市场	国外市场
4	√			√		√
5		√	√		√	
6		√		√	√	
7		√	√			√
8		√		√		√

跨国公司究竟采用8种基本形态中的哪一种，主要考虑的因素是：产品生产过程的复杂程度，国外市场的需求，运输成本和关税税负等。

产品策略包含三项基本内容：

(1) 产品的市场。市场表示产品销售的地理方向，根据市场的不同特色，销售不同的产品而采用不同的销售方式。

(2) 产品的技术。产品代表了一定的技术或包含着一定的技术成分。产品技术的高低是决定企业能否有利可图的一个重要条件。为此，企业总是千方百计地开发新技术。

(3) 产品生产。根据市场的需求，投入先进技术，进行合理的生产配置，使其产品的数量和质量在国内外市场上具有竞争力。

二、产品与产品信息的市场营销策略

产品在市场营销中，通常采用五种不同的产品—信息传递策略（Product - Communications Strategy）。

（一）同一产品、同一信息传递策略

有些公司在市场营销中，不仅对产品采取标准化策略，而且对包括品牌名称、包装、分配、广告词句等亦采取标准化策略。例如，可口可乐——Cocacola。柯达——Kodak，壳牌——Shell 等。这种全球标准化策略的好处是可以大大节省生产成本、研制费用和广告销售费用等，形成统一的全球性形象并可获得生产方面的规模经济，便于存货控制。其缺点是忽略了产品在不同市场上的不同需求。

（二）产品延展、信息传递适应的策略

有些从某一主要市场（或母国中心市场）发展出来的产品，在其他市场上虽“转换用途”，但使用情况不变，信息广告词句、拓销主题仍可适用。例如，

作为交通工具的自行车与作为娱乐工具的自行车其广告宣传词虽然不同，但其推销主题方向仍一致。公司实行这种策略，其好处是可以节省生产成本、研制费用、存货成本，只需略作广告宣传改动。

（三）产品适应、信息传递延展的策略

为适应当地市场不同的使用情况，对有些产品的功能作适当修改，但产品信息传递方式方法仍然不变。典型例子是闻名世界的快餐麦当劳（McDonald's）的汉堡包和炸薯条。它们具有统一的品质、统一的营销程序以及适应各地口味的特色。根据《人人商业》杂志的介绍，麦当劳“出炉的薯条一定不存放超过 7 分钟，汉堡包不超过 10 分钟”，世界各地的麦当劳几乎完全一样，世界各地的顾客走进当地的麦当劳快餐店，完全清楚他们可以得到些什么。

（四）双重适应策略

多国籍公司根据各地市场不同的需求情况，采用完全适用当地情况的产品及产品信息传递策略。

（五）新产品发明策略

当产品的延展或适应策略都不发生作用时，公司则根据当地消费者的需要及支付能力生产和销售新的产品。此种策略的特点是因地制宜，适应性强。

三、产品扩展策略

（一）公司扩大产品市场销售的方法

随着国外业务的扩大，跨国公司越来越重视产品扩展策略的制定，不断淘汰旧产品，开发新产品。

跨国公司为了扩大其在世界市场上的产品销售份额，通常采用以下三种扩大市场销售的方法：

(1) 在现有目标市场上，采用无差异营销、差异营销和集中营销等各种营销手段来扩大市场份额。

(2) 在现有目标市场上，改造老产品，使其逐步升级换代，或推出新产品，扩大市场份额。

(3) 打入别的市场，开发新市场。

（二）公司扩大市场销售采用的新策略

1. 产品促销手段由内向外延伸

跨国公司将在母国销售的产品、营销方式原原本本地运用到国外市场上，这样既简单又方便，同时，也节省推销费用，因而可降低成本。如可口可乐公司、百事可乐公司在世界市场上都采用与母国相似的促销手段，它们的广告和促销活动的主题也与母国基本一致，并都取得了比较满意的效果。

2. 产品延伸，促销手段改变

当某一产品在不同的市场上销售，有不同的用途，满足不同的需要时，跨国公司销售这一产品便应采用不同的销售方式和不同的广告宣传手段。如自行车在发展中国家，作为交通工具使用，而在发达国家，作为娱乐器材，因此，在这两个不同市场应采用不同的方法宣传自行车的不同用途。

3. 产品改变，促销手段不变

当一个产品在世界各国市场上的用途完全一样，但使用条件不同时，也可以采用统一的促销手段。如埃克森石油公司（Exxon），按世界各国不同的气温条件，适当改变汽油的配方，但广告宣传采用统一的标准化的主题内容，即“请把老虎装进你的油箱，你的车就会跑得像猛虎一样快”。这样的促销手段很成功。

4. 产品、促销手段的双重改变

当某一产品被用作某一特定的用途并且其应用的环境条件不同时，产品和促销手段也都随之变化，以适应市场的需要。如节日的贺卡，在美国和欧洲市场上，对同一产品使用时略有差别，就应采取不同的促销方法。美国人习惯用现成文字的贺卡，签名即可，因此美国推出的贺卡大都有祝词；欧洲人喜欢在空白的贺卡上亲笔写上自己对朋友的祝福，因此宜推出空白贺卡。

5. 产品创新

市场的魔力在于竞争，竞争取胜的关键在于技术创新和不断地向市场推出新产品。

因此，跨国公司的产品扩展策略，就是要处理好产品选择和促销手段之间的关系，其核心问题：一是对产品的需求和功能的改变；二是不同市场上产品使用的不同条件，以及潜在消费者的偏好和购买的能力；三是产品和促销手段变化之后所引起的成本变化。跨国公司只有在分析产品情况、市场组合、企业生产能力之后，才能制定出最佳的营销策略。

相关链接

跨国公司从营销角度考虑，注意产品的多样化、级差化和同步化。产品多样化可以体现大公司的经营优势，也是降低风险的重要方法。如可口可乐、麦当劳、肯德基、雀巢、宝洁等都采取了“全球产品——地方口味”（Global Product and Local Tastes）的营销策略。首先，产品具有全球性的形象，成为“世界产品”。然后，推出系列化产品，适应不同消费者的需要，如肯德基为适合日本人口味，取消土豆泥，改为凉拌卷心菜，少放糖。产品级差化，即将产品分为不同的档次、款式等，也就是市场细分化（Segmentation）。产品同步化，也就是在经济水平相近、消费相类似的各国推出同种产品，此时，一国推出的产品会诱发另一国购买，即示范效应（Demonstration Effect）。

第五节 国际化经营的市场策略

跨国公司选择目标市场，以此决定投资、供应和生产所在地，并将其归入全球战略。这样目标市场就成了全球性战略的“战场”。

一、公司增长策略

跨国公司在制定了发展目标和具体战略之后，还要选择增长策略，以便确保预期目标的实现。可供公司选择的增长策略有密集型增长策略、一体化增长策略和多元化增长策略。

（一）密集型增长策略

密集型增长策略（Intensive Growth Tactics）是指当公司的生产和销售尚有发展潜力时，采取积极的措施，开辟新的业务领域，增加新的花色品种，使公司的经营多样化，从而全面扩大生产和销售。

（二）一体化增长策略

一体化增长策略（Integrated Growth Tactics）是指公司在购、产、销三方面实现一体化，使得公司在原料供应、加工制造和市场销售等方面实行统一经营，从而使生产和销售能力大大提高。一体化增长策略的具体形式有以下三种：

1. 前向一体化策略

前向一体化策略（Forward Integration Tactics）是指公司扩大自己的经营范

围，将过去销售的产品，变为自己生产另一类产品的原料，从而扩大业务经营。如石油加工提炼业，利用原油作原料，向前延伸，生产化工产品、药品、化妆品、农药、化肥等。

2. 后向一体化策略

后向一体化策略（Backward Integration Tactics）是指公司通过收买或合并原料供应公司，从过去由供应商提供原料改变为自己生产原料，实行供产联合。如汽车制造厂原来靠购买轮胎、玻璃等，现在改为自己生产。

3. 水平一体化策略

水平一体化策略（Horizontal Integration Tactics）是指公司通过收买或合并同类企业，扩大生产规模。

跨国公司实行一体化增长策略的好处是：使其建立牢靠地控制在前后生产过程中或销售系统上与其有联系的部门的地位。

（三）多样化增长策略

多样化增长策略（Diversified Growth Tactics），即公司通过创建新的生产设施或兼并别的企业，经营与公司原有业务没有联系或联系不大的跨行业的业务，形成生产多种产品的综合体系。这样，使跨国公司能够保持“持续的”开创力和应变力。公司的开创力指发展之道，应变力指生存之道。尤其是在宏观经济处于不景气时期，公司稍微欠缺应变力，即无法与人竞争。

在全球战略的指引下，公司制定增长策略，选择最佳产品投资组合。也就是说，公司应当选择能够产生最大经济效益的产品或业务进行投资，对按产品分工的各部门、各地区实行区别对待。

二、市场选择策略

企业跨国经营首先要选定目标市场，然后选择“市场进入”策略，这是经营成败的重大决定因素。通常企业进入国外市场有三种不同形式：出口方式，又可分为间接出口和直接出口；技术转让方式；国外直接投资方式，又可分为合资和独资。

市场选择策略的基本内容包括：市场评估、竞争评估、市场选择的交替策略。

（一）市场评估

1. 市场评估的含义

市场评估，即对各个不同市场的需求和竞争情况进行预测，在此基础上指出各个市场的发展方向及相应措施。

2. 市场评估的方法

市场评估的任务，是对市场增减变动情况作出精确的预测。在作这样的预测时，通常使用一种完整的系列的预测方法。常用方法有三种：

（1）在对来源于世界各地子公司资料分析的基础上，作出科学的市场评估。

因为这些临时收集的资料来源分散，输入资料需要较长时间，并且各子公司提供的资料和对当地市场前景的评估必然带有一定的倾向性，若不加以分析和筛选，就不利于全球市场评估。

（2）跨国公司在平时定期对各地市场发展情况进行跟踪调查，对市场前景作出预测，以有利于公司重新安排市场策略。

（3）公司通过相关的国际机构获得所需的较完整的资料，对市场前景作出相应的评估。

实践中，跨国公司常同时采用这三种方法以尽可能获得较多的资料，不同资料相互补充，可以为正确的市场评估奠定可靠的基础。

3. 市场评估的步骤

无论采用什么样的方法进行市场评估，通常都需要有以下三个步骤：

（1）收集和整理基本预测数据，包括以往市场的实际需求、需求指标和决定需求的因素。数据来源于有关国家和国际机构的资料和报告。开始时分散进行，进展可能较慢，以后由各子公司不断提供情报，建立起一套计划体系，有计划地收集各个市场的资料。

（2）评估这些基本数据。从宏观上，评估市场所在国的国民生产总值及增长趋势。从微观上，评估其市场需求情况，估计这些需求指标和决定需求的因素在今后将起什么作用。

（3）作连贯性的预测。从来源广泛的资料中作出的预测，往往会造成自相矛盾的结果，因此需要对各种不同的数据进行连贯性的预测，才能保证预测的正确性。

另外还需注意，对市场潜力的分析，可为建立全球战略提供部分所需的情报，但对开展国外业务机会的调查，远比一般性的市场调查更为重要。因为人们都知道，只有通过对前景较好的市场进行市场机会调查，对各家相互竞争的公司的金融、经济、技术等方面进行选择性的分析，才能制定出最佳的市场选择战略，这样全面的评估称之为“市场机会分析”（Market Opportunity Analysis）。

（二）竞争评估

从本质上讲，战略是竞争的代名词，无论采取哪种战略，其结果总是与竞争对手的成败密切相关。在多数情况下，竞争是直接的，短兵相接的。而对一些公司来说，竞争是间接的，且有一定的回旋余地。但无论如何，对公司来说，竞争都是实实在在的。理想的战略是要争取在竞争中如何使公司的境况接近于间接的竞争状态，以便获得优势地位。

公司的竞争评估要求对成本和价格进行不间断的观察和分析，以便很清楚地看到各公司在不同时期所处的竞争地位。这种动态的监视，不仅要对本公司的竞争地位作出客观的评价，而且还要对国外竞争对手的成本和价格一清二楚，在此基础上才能制定出具有创造性和灵活性的应变策略。

（三）市场选择

1. 选择市场的策略

经过市场需求与竞争评估之后，进入市场选择，以决定是否进入目标市场和扩大目标市场的业务。公司进入市场的动机不同，选择市场的重点也会不同，但是扩大销售、占有更大的市场份额的目标是不变的。市场选择理论指出，目前市场选择策略有三个方面的转变：

（1）由市场集中扩张方式向市场分散扩张方式转化；

（2）由防御性竞争姿态向进攻性竞争姿态转化；

（3）竞争活动向所在地市场转化：母国市场→中立地区市场→竞争对手的母国市场。

2. 集中目标，“定时出击”策略

当市场已发展成为世界市场，竞争已成为全球性竞争，企业应当寻找自己的道路，把精力集中在自己最占优势的方面。许多跨国公司已把企业研究开发集中在创造价值的某些环节、某些产品或劳务重点部门上，有时甚至放弃过去主要的但现在份额已下降的业务，及时转向有发展前途的新领域和新业务。

1965 年，英特尔集团的创始人之一摩尔预言，电脑微处理器芯片的记忆容量，每 18 个月将增一倍。这项广为人知的“摩尔定律”，成为英特尔公司上下奉为圭臬的企业目标。年复一年，英特尔推出新产品的速度决定了整个电脑业的步伐。结果，1987～1997 年间，英特尔公司凭此为股东创造出年平均增长 44% 的收益。之后整个公司几乎年年盈利，其盈利是世界大电脑公司之总和。

英特尔公司推出的是“定时出击”（Time-pacing）策略，即企业身处无法预测的剧变的市场中，有计划、有意识地推出新产品、新服务或进入另一个新领域、新市场。这种策略具有规律性和节奏性，而且完全主动。“定时出击”策略对企业管理中两个极关键却常被忽略的过程特别有用。一是管理转型（Managing Transitions），即从一个活动转到下一个；另一个过程是管理节奏（Managing Rhythm），即步调的变换。企业按部就班地出击，就能激发一种自我动力；企业能有效地实现管理转型，则能维持源源不绝的动力，且又不错过任何重要的节拍。

“定时出击”策略就像节拍器，为企业变革创造了可预期节奏。这种预期节奏造就了企业文化中一种强有力的心理冲击。为了实现预期目标，企业上上下下会产生一种往前冲的紧迫感，而且个人和团队的能量更容易集中于共同的目标。

“定时出击”策略适用于企业的各个领域。英特尔公司不仅作到每 18 个月向市场推出新产品，还作到了每 9 个月增加厂房设备。英特尔不断地更新设备和扩大产量，有效地阻止了竞争者进入芯片市场，而且，即使英特尔一时无法满足市场的需求，竞争者也无法分一杯羹。

对英特尔的成功经验，其他行业的企业紧跟效仿，形成了明显的“带头羊效应”。3M 公司每年盈利的 30% 来自新产品，网景公司要求每 6 个月推出一次新产品，英国航空公司每 5 年创新一次座舱服务，明星咖啡连锁公司每年全球新开 300 家连锁店等等。

◇问题与思考

一、名词解释题

1. 全球战略
2. 市场评估
3. 所有权策略
4. 产品策略
5. 国际战略联盟
6. 摩尔定律

二、填空题

1. 跨国公司是世界经济活动的主体，其国际化业务的三个重要组成部分是商品贸易、________和________。

2. 跨国公司实行集中决策，分散经营的方针，其中生产安排、________、价格体系、生产安排、利润分配和________等重大决策，由总公司统一管理。

3. 跨国公司为了公司利益最大化，把价值增值链安排在最能发挥其作用的世界各地，要安排好三个业务中心，即________、研究开发中心和________。

4. 外资企业与当地企业（或政府）合资经营企业，其所有权形式可分为________、________和对半参股。

5. 国际战略联盟已成为当代企业国际化经营的重要形式，通常国际战略联盟的形式有________、________和________。

6. 随着科技的发展，市场上的老产品要“退休”，新产品不断出台，跨国公司实施的产品策略包括产品市场、产品生产和________。

7. 跨国公司在购、产、销三方面实行一体化，一体化增长策略有前向一体化策略、后向一体化策略和________三种形式。

8. 根据市场选择理论，目前市场选择策略有三个方面的转变，即由市场集中扩张方式向市场分散扩张方式转变；由________转变；竞争活动向所在地市场转化。

三、是非题

1. 跨国公司实行生产经营权在国际范围内高度集中和生产单位在世界各地广泛分布相结合的原则。(　)

2. 跨国公司的业务经营分布在世界各地，投资、生产、营销、研发等的决策权也随之分布在世界各地。(　)

3. 一家大型国际公司的战略发展规划应包括：进入国外市场战略、市场选择战略、产品战略、所有权战略等内容。(　)

4. 公司职工内部持股制，是公司董事会体现企业民主化的一种做法。(　)

5. 在跨国公司的经营业务中，股权持有者可以通过持有股权多少来影响公司的重大决策。因此，所有权等于控股权。(　)

6. 有时竞争对手的实力旗鼓相当，双方共同争夺某些资源和市场，又各不相让，其结果是鱼死网破，两败俱伤，还不如采取联盟形式，加强共同的竞争优势。(　)

7. 国际战略联盟是通过内部增值，而非外部合作关系来提高企业的竞争力。(　)

8. 国际化经营企业的市场选择策略包括三项内容，即市场评估、竞争评估、和市场选择。(　)

四、问答题

1. 何谓跨国公司全球战略？跨国公司制定全球战略的意义何在？

2. 试述跨国企业的所有权与控制权的关系。

3. 影响跨国公司选择所有权策略的因素是什么？

4. 什么是跨国战略联盟？

5. 跨国公司为什么要组建跨国战略联盟？

6. 当代企业在世界市场上的产品扩展策略有哪些？
7. 可供跨国公司选择的增长策略有哪些？
8. 企业应从哪些方面着手进行跨国经营的市场选择？

◇ *案例分析*

宝洁公司的品牌效应

美国宝洁公司（Proctor & Gamble Co.）创始于1837年，由普洛克特（Proctor）和盖博（Gamble）开始，制作、销售肥皂和蜡烛。1879年，宝洁公司发展了可与高质量进口白皂媲美的廉价香皂“象牙皂”，在随后的年代中，宝洁公司不断创出新的产品和品牌。宝洁公司在《财富》杂志全球最大的500家公司排名中名列前百名，是500强中历史最悠久的一家跨国公司，是一家名副其实的“百年老店”。宝洁公司以其品牌和名牌在中国和世界各地开展激烈的竞争。宝洁公司是世界最大的日用消费品公司之一，所经营的300多个品牌的产品畅销世界各地，其中包括洗发、护发、护肤用品、化妆品、婴儿护理产品、妇女卫生用品、食品、饮料、家居护理及个人清洁用品等。

在国际市场上宝洁公司的跨国经营是有特色的。宝洁公司通过推行企业品牌和产品品牌达到地区扩张和行业扩张的目标。宝洁公司采用收购与兼并建立起核心产品。近年来，宝洁并购了世界上许多知名公司，其产品畅销世界各国。

宝洁公司通过收购与兼并建立起核心的产品系列。1982年收购Norwich Eaton药品公司，进入非处方和处方药品市场和健康护理领域；1987年收购Blendax系列产品生产线；1989年收购Noxell公司及其著名化妆品牌Clarion产品，由此进入化妆品和香水市场；1990年收购Shulton的产品线，拓展了男性个人护理市场；1991年收购著名的化妆品品牌Max Factor和Beatrice，进一步在国际范围内拓展其化妆品市场；1996年收购著名的美国婴儿尿片品牌Baby Fresh，加强了其在婴儿保洁用品市场上的地位；1997年收购Trambrands公司，拓展其在女用保洁用品领域的全球业务。

宝洁对其产品实行品牌策略。品牌策略可有多种选择：如个别品牌、统一品牌、分类品牌、企业名称加个别品牌等等。统一品牌策略，即该企业的所有产品使用同一个品牌，使用这一策略的优点是便于企业形象的统一，资金、技术的集中，减少营销成本，易于被消费者接受，便于迅速推出新产品，但统一品牌不利于产品的延伸和扩大，统一品牌的缺点在于任何一种产品的失败，都会损害整个产业及公司声誉，即一荣俱荣，一损俱损。如采用分类品牌策略，即不同类别的产品采用不同品牌，这种策略虽营运成本较高，但可避免统一品牌中的风险集中的缺点，而且运作灵活，有利于市场细分。宝洁公司名称为P&G，但这个名称没有成为任何一种产品的商标，而是根据市场细分洗发、护肤、化妆品等几大类，以各自的品牌运作。1988年8月，宝洁公司与中方组建了广州宝洁有限公司，生产宝洁品牌海飞丝洗发香波。宝洁公司在中国市场根据中国消费者的需求和中国文化的特点，相继推出各种品牌，香皂用的是“舒肤佳”，牙膏用的是“佳洁仕”，卫生巾用的是“护舒宝”，洗发液用的是“飘柔”、“潘婷”、“海飞丝”3种品牌，洗衣粉有“太渍”“洗好”、“欧喜朵”、“波特”、“世纪”等不同品牌。要问世界上哪个公司的牌子最多，恐怕非宝洁公司莫属。分类品牌的频频出击，带来了品牌效应，宝洁公司在消费者心目中已成为实力雄厚的企业。保洁公司不断通过技术创新，推进产品升级，进一步树立产品品牌和名牌形象。高科技和技术创新已成为跨国公司产品领先世界潮流的主动力。

试分析宝洁公司为何运用企业并购方式扩大其经营的产品，又为何采用分类品牌策略扩大品牌效应。

第四章

企业国际化经营中的国际资本流动

学习目标

掌握国外直接投资的主要特点；国外直接投资的两种类型；国外证券投资的特点。熟悉跨国并购的三种类型；股权式合资企业与契约式合资企业的区别。了解非股权经营最常见的三种形式；合资经营企业合同的主要内容。

第一节　国外直接投资

近一二十年全球国外直接投资发展很快，其增长速度已超过了国际贸易，已成为世界经济增长的主要引擎。跨国公司是国际直接投资的主要承担者。

一、国外直接投资的动因

（一）国外直接投资的模式

1. 国外直接投资的含义

国外直接投资（Foreign Direct Investment）是指外国投资者以控制企业经营管理为核心、以获取利润为目的的在国外创立一个永久性企业的投资行为。其典型的形式，一是在国外创办分公司及子公司，二是在东道国取得对一家现有的厂商企业的控制权。

所谓“永久性”是相对的，投资者可以按照自己经营的意图决定企业经营的期限，少则几年，多则20~30年，甚至于50年以上。

跨国公司进行国外直接投资最大的特点是投资者对海外企业拥有控制权。所谓“控制权”是指投资者对所投的企业持有一定的股份，因而能够行使投票表决权并在经营管理中享有发言权。直接投资所进行的是直接的“股权投资”，投资的目的是为了取得所投企业的经营管理权。①

在国外直接投资的两种典型形式中，新建比收购难度大。新建（Green Field）是指从无到有建立新企业或新工厂，形成新的生产设施，具有新的生产能力。

收购（Acquisition）是指一公司收购另一公司的股权或资产，从而达到接管（Takeover）另一公司的目的。收购通常又有两种形式：

一是吸收兼并（Merger），即一家或几家公司统一并入一家续存公司（Surviving Company）。

二是创新合并（Consolidation），即参与合并的公司全部消失，组建一家新的公司，新公司拥有各参与公司的全部资产，并承担其全部责任和债务。这种收购业务常见的方式有两种。一种叫公开收购，即TOB（Take Over Bid），是指大公司按高于股票市场的价格收购对方公司有表决权的股份。由于这种收购方法手续简便，因而在收购过程中被广泛采用。另一种叫杠杆收购，即LBO（Leverage Buyout），是指先由大公司设立一家虚拟公司，然后由该公司出面向银行借款，或自行发行债券。前一种做法，该虚拟公司用将被收购公司的资产作为抵押，从银行那里筹集所需的款项。后一种做法，该虚拟公司自行发行债券，从社会上筹集所需的资金。跨国公司采用LBO方式的好处在于，不需亲自出面收购别的公司，并可以避免短期内发生大量负债而引起股东对公司经营状况的不满。

在国外直接投资的政策管理和统计中，有些国家把拥有10%以上的股权视为直接投资，也有些国家把拥有25%以上的股份资本视为直接投资，因此，国际上尚没有一个统一的判别直接投资最低股份的标准。

从资本移动形式考察，国外直接投资已不是单纯货币资本的转移，而是货币、技术、设备、企管知识和经验等要素的一揽子转移和组合。在当今经济全球化趋势日益加强的情况下，越来越多的国家把它看作是发展经济和开展技术合作的一种重要形式，因而更加重视它在世界经济中的地位和作用。

---

① 参见S. H. Robock, K. Simmonds. International business and multinational enterprises. 4th ed. Homewood: Richard D Irwin, 1999: 5~6.

2. 国外直接投资的模式

就投资动机来看，国外直接投资有自然资源导向型、市场导向型、劳动力导向型、战略导向型等各种具体形式：

(1) 自然资源导向型投资（Resources Oriented Investment）是指企业为了保障自然资源的供应、克服某些资源投入的不足，在全球范围内寻找资源。这种资源寻求型的投资，一则可以对资源供给的量和质进行有效的控制，二则能够有效地减少市场竞争中价格波动的风险。

(2) 市场导向型投资（Market Oriented Investment）是指企业为了扩大产品在世界市场上的销售规模而进行的跨国资本投放。具体做法是企业将产品制造过程中的某些环节转移到产品的销售市场进行就地加工组装，就地销售。这样做有利于绕过关税壁垒和非关税措施，降低生产成本，增加竞争能力，扩大市场份额。

(3) 劳动力导向型投资（Labor Force Oriented Investment）是指企业以寻求劳动力、降低劳动成本、提高效益、增加利润为目的的跨国资本投放。以工业发达国家为基地的跨国公司工资成本相对昂贵，而发展中国家人力资源丰富且工资成本低，生产场地的转移有利于降低成本、增加利润。

(4) 战略导向型投资（Strategy Oriented Investmint）是指大企业着眼于全球竞争力而进行的投资。这种因战略因素所冒的投资风险，可能会使预期经济效益最终成为泡影，因此，其决策应是慎之又慎，其决策过程从战略到财务各个环节应是周密计算，以防万一。这是短期利益和长远利益的对立统一，也是上述模式的综合和升华。

(二) 国外直接投资的流量与总量

1. 直接投资的流量

在联合国和各国政府的统计工作中，最常使用的是直接投资流量和直接投资总量这两个概念。它们不仅反映了国际资本流动状况，而且也说明了某种类型国外资产的变化。

一般来说，直接投资流量可分为两种：一种叫直接投资流出量，即是指一个国家在一年内的国外投资总支出量，记入在该国国际收支平衡表上；一种叫直接投资流入量，是指一个国家在一年内的吸收外国投资量。

国际货币基金组织统一规定各国编制直接投资流量统计标准，其具体内容包括：

(1) 在海外分支机构进行的投资；

(2) 取得直接投资的普通股份；

（3）公司之间的债权关系；

（4）尚未分配的盈利或利润的再投资。

从国际货币基金组织统计标准中可以看出，第（2）项和第（3）项带有证券投资的某些特点。将它们列入直接投资，说明了投资者通过持有海外企业的股权或向海外企业贷款，已达到了可以控制某个企业的程度。尽管国际货币基金组织制定了统一的标准，但在各国政府的实际操作中存在着差异，如英国对海外投资和外国在英国投资的统计中就不包括石油业、银行业和保险业的投资，日本和意大利的直接投资流量统计中不包括利润再投资。

2. 直接投资的总量

按照资本存在的形态划分，投资总额包括固定资产、流动资产、无形资产和开办费。按照资本来源划分投资总额包括企业的自有资本和借入资本。

直接投资总额是指在一定时间内本国企业在国外进行直接投资的累计金额，或在一定时期内外国企业在本国进行直接投资的累计金额。由于各国统计方法的不同，绝大多数国家都在国际收支年度报表中列出直接投资流量，但往往不列出直接投资总额，仅有少数几个工业国家编制直接投资总额，它们是美国、英国、德国、意大利、加拿大和日本等。此外，由于各国编制方法不尽相同，可能会出现同一企业的直接投资总额在母国和所在国的统计数字不完全一致。

国际经济组织定期公布国际直接投资有关的统计资料，这些组织包括联合国贸易与发展会议（United Nations Conference on Trade and Development，简称UNCTAD）、国际货币基金组织（International Monetary Fund，简称 IMF）和世界银行（World Bank，简称 WB）等。

二、国外直接投资增长的原因

（一）全球国外直接投资的现状

近年来联合国贸发会议的《世界投资报告》表明，当代全球经济的核心是一个受跨国公司推动的日益一体化的国际生产体系。20 世纪末国外直接投资的增长速度创造了历史记录，21 世纪初国外直接投资的增长势头开始下滑。2000 年全球国外直接投资达 1.4 万亿美元，2001 年为 8 240 亿美元，2002 年为 6 510 亿美元，连续三年呈下降趋势。2003 年上升至 6 530 亿美元。2004 年为 7 750 亿美元，2005 年为 8 970 亿美元。

目前的国外直接投资中，发达国家为 5 730 亿美元，占全球国外直接投资的 64%，美国是发达国家中的第一投资大国，欧洲的对外投资下降，尤其法国和德国的投资下降更快。亚洲地区 2002 年吸收国外直接投资为 1 730 亿美元，2003

年上升为990亿美元，占全球国外直接投资的11%，中国吸收国外直接投资高达600亿美元，在发展中国家中连续15年占第一位，其次是韩国、越南、泰国、阿塞拜疆等。非洲吸收外资有所增加。拉美、加勒比海地区下降，原因是阿根廷、巴西、墨西哥吸收外资下降。中东欧稳中有升。特别值得一提的是印度，印度2002占全球吸收外资第15位，2003年为第6位，2004年为第3位。

《世界投资报告》显示，随着对外直接投资不断创造新记录，经济一体化进程不断加快，一个复杂的国际生产体系已随之出现，它的出现对发展中国家究竟有哪些益处，发展中国家可能为此付出何种代价，发展中国家政府可能奉行什么样的外国直接投资与跨国公司政策，是《1999年世界投资报告》的主要研究课题。在吸引外资方面，国家面临的挑战是要创造既有助于吸引外资又能使本国经济从中获得最大收益的政策环境。

（二）全球国外直接投资增长的原因

跨国公司是国外直接投资的主要承担者，垄断企业对外扩大的最终目的是追求高额利润。

1. 生产国际化带动国外直接投资，降低生产投入

大企业的生产规模不断扩大，没有一个国家能在原材料和中间产品投入物方面臻于自给自足，而大企业在国外投资生产可以解决本国原材料供应不足的问题。另外，产品大规模生产势必加深各种产品的社会生产专业化。这种大规模生产趋势的延续和生产专业化的加深是一对不可克服的矛盾。这是因为大规模生产的规模经济要求使得专业化产品的国内市场容量变得狭小，要克服这对矛盾就要求各有关大企业在世界市场联系下进行专业化分工，实现生产国际化。各国企业生产专业化和协作化的加强，又便于组织大规模生产，把生产集中在条件最有利的国家和地区，这将有利于在世界范围内提高劳动生产率和降低生产成本。跨国公司对外直接投资体现了分头生产、集中装配或加工、定向销售经营方针的要求。随着生产国际化的加深，专业化逐步由部门之间转向部门内部，具体形式有零部件生产专业化、不同型号产品专业化、生产工艺过程专业化。

2. 贸易的不完全性大大促进资本的流动

在国际贸易中，贸易的不完全性主要表现在两个方面：

（1）贸易集团的形成，对内取消关税，减少关税壁垒，对外具有更大的排他性。如欧盟建立关税同盟，内部削减乃至取消关税，使欧盟内部贸易迅速增长，大幅度地减少了对美国商品的进口，严重打击了美国的出口贸易，迫使美国企业增加对欧盟投资，夺回失去了的市场。美国对西欧的直接投资占其总额的比重有持续上升趋势，已成为欧洲市场的主要投资国。

（2）各国加强贸易保护主义政策，增设名目繁多的关税与非关税壁垒。为了回避贸易摩擦，贸易受阻的出口国采用对外直接投资方式绕过贸易壁垒，实行出口替代，在出口对象国就地投资、就地生产销售，日本便是一例。日本企业是出口主导型的，它使日本的贸易顺差逐年扩大，在西方各国贸易摩擦中越来越树大招风。而美国和欧洲国家既对国外进行投资，同时又接受来自国外的投资，体现了资本的相互渗透。日本却是一个封闭式的市场，接受其他国家投资的比例很小，也就容易遭受其他国家贸易保护主义的报复。正因为如此，从 20 世纪 70 年代后期以来，日本各大企业开始在欧美及其他国家投资建厂，生产汽车、电机、家用电器等。这样客观上推动了对外直接投资的增长。但是，国外直接投资并没能减缓贸易摩擦，而是加深了同行业之间的竞争。这是垄断对抗的结果。

3. 企业"追随潮流"，竞相争夺有利的投资市场

"追随潮流"（Band Wagon Effect）是指一旦有一个企业要向国外扩张，同行业的其他企业为了确保国内外市场的地位，也竞相向国外扩张。西方经济学家把一个企业的行动在同行业企业群之间引起的连锁反应称之为"垄断反应逻辑"。根据美国 187 家巨型跨国公司进入国外市场的资料，跨国公司对某一地区的直接投资，呈现出"一窝蜂"现象，而且，凡是密集程度越高的产业，此种现象越明显，同时，这种产业的获利性及稳定性也较高。如在号称产业粮食的半导体工业中，日本企业要在美国投资生产半导体，美国企业亦必须用在日本进行直接投资的办法与日本企业抗衡。这是因为美国企业如果不这样做，日本企业就会在日本市场上牢固地构筑起防线，而为了与日本企业抗衡，美国企业就必须在有发展前途的市场上站稳脚跟。这种"一窝蜂"争夺市场的现象，有时也会发生在第三国市场上。例如，西欧企业在新兴的发展中国家投资汽车装配业，美日企业毫不示弱，也会在那里建立类似产品的生产线，以抵消竞争对手在该市场可能获得的特殊优势，即使因此所进行的投资本身并无短期利益可言。

4. 国外投资利润率高，吸引大公司的投资

西方经济理论认为，进行国外投资是为了向外输出过剩资本，或是为了绕开关税壁垒，如果利润率低于国内，则对外投资是不可能的，除非另有其他特殊的目的。即使有的大企业为了占领某一特殊市场不惜冒投资亏本的风险，那也只是一时一地的做法，绝不可能是长期的、普遍的政策。

5. 跨国公司积极地向朝阳工业投资

目前世界上存在四大朝阳产业，即 IT 产业（信息技术产业）、金融保险业、旅游业及其相关产业、与人的健康相关的医疗和健身产业，这四大产业发展潜力巨大。据联合国贸发会议的统计，目前全球 100 家大公司主要分布在汽车、电子

和电器设备、石油化工、化学制药等行业，拥有资产总额超过4.2万亿美元，其中海外资产1.8万亿美元，每年的销售额为4万亿美元，在海外员工总数超过600万人。这些公司在全球跨国公司海外资产和销售总额中的比重分别为15%和22%。

三、国外直接投资的主要特点

跨国公司与对外直接投资是密不可分的，它是随着对外直接投资的迅速发展而相应发展起来的一种新型的国际企业组织。当然，并非所有进行对外直接投资的都是跨国公司，只有通过对外直接投资建立其全球网络的国际企业才算是跨国公司。对外直接投资是寡头垄断企业发展与扩张的必然结果。对外直接投资是具有某种特殊优势的寡头垄断企业为追求控制不完全市场而采取的一种经营方式，其主要特点有如下几个。

（一）跨国公司是对外直接投资的主要承担者

跨国公司是经营对外直接投资的国际垄断企业。跨国公司全部要素生产力（Total Factor Productivity，简称TFP）是由资本（K）、劳动力（L）、技术（T）构成的。跨国公司的发展需要在全球各地市场组织这些要素。其中资本有机构成（K/L）和技术密集度（T/L）两个变量可以作为衡量跨国公司经济效益和社会效益的重要指标。

在对外直接投资中，跨国公司借助于“参与制”，以少量的自有资本控制他人的巨额资本，使跨国公司国外子公司所拥有的资产大大超过其对外投资的累计总额。据美国商务部报告证实，跨国公司国外子公司的资产额相当于其对外直接投资累计额的5~6倍。

当代跨国公司已逐步做到国外子公司销售额大于公司的对外贸易额，也就是说，名副其实的跨国公司应当是属于“国外投资型”的，而不是属于“出口型”的。

（二）对外直接投资主要国家的相对地位发生明显变化

美国跨国公司在国际投资中的地位相对削弱，德国和日本的地位增强。在20世纪60年代，美国的对外投资累计额曾占到世界总额的50%以上，德国和日本合计也不过占4%。目前，美国跨国公司对外直接投资的绝对值依然高于德国和日本，但增长速度就不如它们了。

日本1992~1996年连续5年在海外投资方面名列前茅。日本海外净资产额，即政府与企业海外资产总额减去债务后的净值，1996年达到了创记录的8 980亿美元。日本海外净资产占其GDP的比重为1/5。这表明日本的财富是先靠出口赚外汇，然后再将出口所得投向海外资本市场，进一步积累财富。这种方法值得研究。但进入20世纪90年代后，因资本市场进一步泡沫经济的影响，日本海外投资增长速度明显下降。

（三）对外直接投资规模大

跨国公司规模大，国外投资实力雄厚。从经济学角度讲，企业海外投资规模若达不到行业最小规模的临界值，那是资源的一种潜在浪费，企业无法获得超额利润，产品难以升级换代，从而缺乏竞争力。世界上的一些巨型跨国公司，如通用汽车公司、埃克森石油公司、福特汽车公司、国际商业机器公司、英荷壳牌石油公司等拥有的资本超过许多国家的国民生产总值。有时一个投资项目就有几十亿甚至上百亿美元。这些庞大的“无形帝国”，对世界经济起着举足轻重的作用。

（四）对外直接投资的区位配置明显地向发达国家倾斜

发达国家跨国公司的资本双向对流迅猛增长，约占国际直接投资的80%左右。其中美国、欧盟和日本“大三角”对外投资和吸收外资各占世界投资的75%和55%。

一个国家吸收外资与对外投资之间存在着内在的联系。邓宁（John H. Dunning）教授在其《国际生产折衷理论》一书中提出了国家对外直接投资发展模式分为四个阶段：（1）一个国家吸收大量的外资；（2）一个国家以吸收外资为主；（3）一个国家进入吸收外资与对外投资并重阶段；（4）一个国家以对外投资为主。衡量一个国家在国际双向投资中的地位取决于其对外投资与吸收外资额的大小，也就是其净对外投资额（Net Outward Investment），而净投资额的大小取决于该国经济发展水平和综合国力的强弱。就美、欧、日“大三角”而论，美国和欧盟已进入吸收外资与对外投资并重阶段，而日本以对外投资为主，吸收外资明显不足。

在第二次世界大战后的相当长一段时间里，跨国公司主要是掠夺发展中国家自然资源，因而外资在发展中国家发展很快。20世纪60年代，投资重心转向西欧。1975～1979年发展中国家的外国直接投资占世界直接投资流量的比重为26%，1982年为35%，1984年又降至22%，后又从1997年的37%骤降到1998年的28%。从总体上说，目前发展中国家仅占世界直接投资的1/4左右，并且主要集中在少数几个新兴的发展中国家或地区，如中国、巴西、墨西哥、南非、印度、新加坡和马来西亚等。

（五）投资的部门结构发生变化

这种变化主要反映在对发展中国家的投资上。跨国公司对发展中国家的投资最早集中于种植业、铁路和公用事业；后来，国际矿业公司和石油公司发展采掘业，在拉丁美洲、中东和非洲投资开发各种丰富的矿产品和石油资源；20 世纪 70 年代，投资转向制造业；在新技术革命推动下，无论是在发达国家还是在发展中国家，高新技术产业、银行业、金融业、保险业等无形产业颇受跨国公司资本的青睐，而发展中国家拥有劳动力和自然资源优势的传统产业却相对“失宠”。

（六）对外直接投资与国际贸易、国际技术转让相互交织，多维并进

如果说，人们把商品输出看作是资本主义发生发展的特有现象，则应把资本输出看作是第二次世界大战后资本主义成熟的一个特征。现代大型企业的国际地位从商品、资本和技术三方面衡量，这三者已经被认为是当今国际经济关系发展中的三大范畴。一个国家或一个国际企业发展经济光有产品不行，还应有技术和资本。

商品市场、技术市场和资本市场三者之间有明显的区别，但也有密切的联系。在跨国公司实际业务中，这三者有显著的同向性，即一般来说商品交换多，技术和资本的往来也多；商品贸易增加，资本和技术交流也随之增加，反之亦然。因为资本投资增加本身，往往带动商品贸易和技术转让的进一步发展。

（七）企业内部化分工部分取代原有的国际分工

过去，各国根据比较成本优势，往往集中生产某些产品，然后通过国际交换，获得比较利益。资本主义国际分工长期以来形成工业发达国家以资本密集型产品与发展中国家的初级产品及一些劳动密集型产品进行交换的局面。而现在，跨国公司通过对外直接投资，在与产品生产过程有关的每一个国家里组织专业化生产，而又通过内部交易把这些生产活动联系起来。这就是所谓的公司经营内部化，即资金、技术和零部件的流动与转让大部分是在公司内部进行。在这里，各国间的分工反映了跨国公司内部的分工；同时，跨国公司也就把国际贸易的很大一部分变成为跨国公司的内部交易。从实践上看，跨国公司内部交易占国际贸易的比重迅速增长，目前已达 1/3 以上。

（八）新兴的跨国公司浮出水面

近 30 年来，世界市场上美国、欧洲和日本跨国公司仍占主导地位，一些“新兴工业化”发展中国家和地区的大公司也开展了对外直接投资。发展中国家“新兴跨国企业”的出现，打破了传统国际资本单向性、垂直性的格局，扩展了南南投资，开创了由南向北逆向发展梯度的“上游投资”。发展中国家母公司在国外主要经营制造业，其中 90% 采用合资企业，有 65% 以上是分布在那些比母公司所在国制造业增值低的国家。紧随发展中国家跨国企业的异军突起，一些社

会主义国家的“红色”跨国企业也登上了国际投资舞台。

第二节 国外直接投资的基本类型

世界市场上，企业进行国外直接投资有两种基本类型：其一是收购兼并当地企业；其二是投资创建国外新的企业。

一、跨国并购当地企业

（一）并购当地企业的方法

1. 跨国并购的含义

跨国并购（Cross-border Merger and Acquisition）是指一国企业通过以现金、证券或其他形式购买取得其他企业的部分或全部资产来取得对别国企业控制权的一种跨国的经济行为。它可以实现资产转让、资源优化配置和资本的低成本高效益的目的。并购的关键是控制当地企业的产权。产权是指企业财产的所有权及由此派生出来的财产支配权、处置权、经营权和受益权等。财产的转移要实现保值和增值的目的。

跨国并购又可细分为横向并购、纵向并购和混合并购三种类型：

（1）横向并购。是指通过行业内的优势企业对弱势企业的并购组成横向托拉斯，集中同行业的资本，并使企业在市场上获得一定的控制力。这种并购的目的一方面在于生产规模扩大和新技术的应用有助于企业达到最佳的经济规模，取得规模经济效应；另一方面则因为并购造成垄断，降低了市场竞争程度，企业从而可以获取高额垄断利润。

（2）纵向并购。是指被并购企业的产品处于并购企业的上游或下游，是前后生产工序或生产与销售环节之间的关系。这种并购的目的在于：第一，通过并购实现生产一体化或生产销售一体化，有助于保持生产的连续性，减少中间环节，节省销售费用；第二，并购加强了垄断，降低市场竞争程度，有助于提高利润。

（3）混合并购。是指并购各方企业分别属于不同的产业部门，它们之间没有特别的工序、生产、技术联系，进行这种并购的目的是谋求生产经营的多样化、降低经营风险。

2. 并购的关键是取得企业的控制权

一家企业收购兼并另一家企业，取得企业的控制权，也就是接管（Takeover)，达到企业经营权转移的目的。在公司并购过程中，买方即收购者，是“进攻性公司”；而卖方即被收购者，是“目标公司”。

并购作为公司买卖行为，根据对象不同可分为两种：资产并购（Asset Acquisition）和股权并购（Stock Acquisition）。通常并购是股权并购，就是一家公司通过收购目标公司已发行在外的股份或认购目标公司发行的新股等方式进行投资。从理论上讲，收购者取得目标公司51%的股份，就取得了对目标公司的绝对控制权，可直接对目标公司的业务行使决策权。在实践中，如果目标公司的股份很分散，收购者可能只需要拥有目标公司20%甚至更少的股份，就能以最大股东的身份进驻董事会，取得控制权。

3. 衡量并购经济效应的指标

衡量公司的并购是否成功，可用“1+1>2效应”来进行检验。所谓“1+1>2效应”，是指并购完毕后两个公司总体效应要大于两个独立公司的效应之和，其中最重要的莫过于产品市场的扩大、营销费用的降低、管理费用的节省等。典型的例子是，1989年日本索尼公司并购了美国最大的制片公司——哥伦比亚影片公司，索尼公司的战略意图就是要借助哥伦比亚公司的技术优势占领高清晰度电视机和录像机市场，以达到“1+1>2效应”。

为了使并购达到最佳的经济效应，一定要弄清楚被并购公司出售企业的真实原因，在详细占有可靠情报的基础上，对目标公司的经营状况及发展后劲进行科学的分析。若目标公司由于“缺乏竞争力，无法生存下去了”而出售，这样的公司无疑不能成为并购对象。

根据资本主义自由竞争、优胜劣汰的规律，吞并别人现存企业，既可以节省新建和扩建企业的时间，又可以减少建立生产供应和销售系统的成本。

4. 并购的两种基本方式

收购兼并当地企业的基本方式有两种：一是投资者通过股票市场参照股市价格购买当地企业的股票；二是投资者通过谈判购买国外原有企业的部分或全部资产。前者为“股权参与”或“资本参与”，后者则是纯粹的收购企业。巨型跨国公司“像一条凶恶的大鲨鱼，在国外不停地吞并大小企业”。这种收购兼并，既取代了一部分国际贸易，又起到了促进国际贸易发展的作用，同时也加强了跨国公司的生产和销售网络，推动了资本和生产的国际化。

投资者并购当地企业股权的多少会直接关系到它对国外企业的经营控制权。最基本的原则是根据自身的投资意图和东道国的外资企业法，来决定企业股权参与的程度。通常的股权参与策略有：（1）购买全部股权，完全控制当地现有企业；（2）购买多数股权，取得经营决策权；（3）购买少数股权，不取得经营决策权。

相关链接

20世纪90年代末，跨国并购已成为企业扩大国外直接投资的重要方式，其中，1998年企业并购创历史最高记录，如表4－1所示：

表4－1 1998年世界十大企业兼并案

公司	行业	总额（亿美元）
埃克森公司/美孚公司	石油/天然气	863.55
旅行者集团/花旗集团	保险/银行	725.58
SBC通信公司/亚美达科通信公司	电信	723.57
贝尔大西洋公司/通用电话电子公司	电信	708.74
美国电话电报公司/英国电信公司	电信/电视	682.80
国民银行/美洲银行	银行	616.33
英国石油公司/美国石油公司	石油/天然气	543.33
戴姆勒—奔驰公司/克莱斯勒公司	汽车	395.13
美国家庭用品公司/孟山都公司	医药/化工	391.15
西北银行公司/富国银行公司	银行	343.52

（二）收购兼并当地企业的利弊

1. 并购当地原有企业的利弊

跨国并购当地现有企业与创建新的国外企业，各有利弊，权衡利弊得失是大公司全球战略的需要。

（1）采取并购方式的有利之处

① 可以迅速取得对国外企业的控制权，推行其跨国经营的意图。

② 可以直接接管和利用当地现有企业的生产设备和人才资源。

③ 可以迅速扩大经营范围，提高经济效益。

④ 可以吸收当地的先进技术，提高产品的数量和质量。

⑤ 可以利用当地现有企业的销售渠道，扩大产品的销售。

总之，并购国外企业的最大好处是可以使投资企业较快地进入国际市场，即它能使企业不必经过艰难的创业阶段，直接进入有利可图的投资市场。

相关链接

据日本综合商社的经验，直接投资兴办企业，从项目考察、谈判签约、安装设备到开张营业一般需要2年时间。若收购现有企业则可以节省选址建厂的时间，可以立即运用现有企业的经营资源，具有省时、省力和迅速进入目标市场并大大缩短投资回收年限的好处。通常它只需要半年时间足以调整好经营目标，经过“换血”和“输血”，再有1～2年的时间完全可以实现既定的规模效益，这要比创办新企业缩短2～3年的时间，而商场即战场，时间就是金钱。

（2）采取并购方式的不利因素

① 投资者难以正确估计并购活动的实际效益，这是因为：会计制度的不同、财务报表的错误、不公开的企业内部不良因素等会直接影响最终效益。

② 并购业务中的实际支出往往超过原始估价，并购后需要大量后期投资，以补充前期费用。

③ 投资者究竟是以高价并购经营状况良好的“有希望”的企业，还是以低价购买倒闭企业，潜伏着并购决策的风险。

④ 东道国对外国投资者并购活动有种种限制，如反托拉斯法、外资比例、被并购企业的行业限制等。

2. 并购当地原有企业应具备的条件

国际并购必须具备两个基本条件，一是市场上有可供收买的对象，二是企业有收买他人企业的实力。

（1）实施并购的企业外部条件

① 企业竞争法则决定，许多部门的企业难逃自然界有生有灭的规律支配。经济不景气，企业经营不善，迫使一部分企业步履艰难，回天无力，濒临倒闭，企业倒闭为国际并购创造了客观条件。

② 国际并购与产业结构的调整密切相关。在产业结构优化中，优胜劣汰，经营业绩优良的跨国公司其生产规模的扩大、技术档次的提高、生产投入的增加都离不开全球资源的供应，同时，产品的销售要面向世界各地市场。因此，大公司只得依靠国际收购，实现“全球化公司”的目标。

③ 20世纪80年代中期以来，各国政府普遍实行优惠的外资政策，客观上对

国际并购浪潮推波助澜。政府的优惠政策包括：废除任意没收的产权法，建立良好的法律环境和经营秩序，具有稳定的货币和金融制度，鼓励企业私有化，等等。

（2）实施国际并购必须具备的企业内部实力

① 按国家而论，通常中等发达国家就具备资本输出的条件，可以进行国际并购业务。就企业而论，至少要有5∶1的收购资本，即并购企业是被并购企业经济实力的5倍。一般说来，此比例越高，实力越强，越能顺利实现并购业务，否则难以承受并购后的重负。

② 并购企业的融资能力。企业并购资金可以由两种途径获取：一是公开并购，即收购企业用自有资金按高于股市的价格收购对方企业有表决权的股份。如果自有资金不足，还可以用被并购的企业的资产作抵押，从银行筹集所需的款项。二是杠杆并购。并购企业凭借其资信，事先私下设立一个虚拟公司，然后由该公司出面向银行借款，或自行发行债券，筹集资金。这是一种利用杠杆的原理以小取大、以少量自有资本（一般为5%～15%）借用他人的巨额资本的办法，即用银行贷款或发行债券（85%～95%）来收购他人企业。

③ 并购企业的综合实力。综合实力是指并购企业具有自主经营能力较强、市场营销网络广而深、技术和产品更新换代快、国际资信度高等基本条件。因为这种并购不是简单的资金流动，而是包括资本、技术、管理技能等要素的总体移动。只有拥有先进的技术和科学的企管技能才是并购成功的基本保证。

二、投资国外创建新企业

创建国外企业，其形式可分两种：一是建立国际独资企业，二是建立国际合资企业。国际独资企业的形式有国外分公司、国外子公司和国外避税地公司。国际合资企业的形式有股权合资企业和非股权经营。

（一）国际独资企业

国际独资企业系指外国投资者遵照东道国的法律，在东道国境内设立的全部资本为外国投资者所有的企业。外国投资者对该企业具有全部所有权和控制权，并对企业承担全部责任和风险。

1. 创立独资企业具有的优势

投资者设立国外独资企业的优势是：

（1）投资者拥有完全的自主权和经营决策权，可以对企业进行严密的控制。母公司可以根据其全球战略的需要，随时调整海外公司的经营活动，获取最大的经济效益。

(2) 投资者对专利、专有技术、特许权和企业的管理实施严格的保密和垄断，可以减少扩散而带来的损失。

(3) 投资者独享经营成果，免除共同投资者由于企业经营管理和利润分成而引起的摩擦和冲突。

2. 独资企业在东道国经营的不利因素

独资企业在东道国经营中也存在一些不利的因素：

(1) 独资公司在东道国具有当地国籍和法人资格，但仍被当地人视为来自外国的异己力量，在投资方向和经营范围上受到一定的限制。

(2) 东道国对设立独资公司条件苛刻，审批严格，尤其是发展中的东道国要求它们投入高新技术、承担出口义务以及逐渐转让股权，即对其实施“渐退政策”。

(3) 独资企业要求一切业务自行办理，对资本的要求高，业务经营的外部环境生疏，企业经营风险大。

3. 独资企业的形式

投资者在国外创办独资企业，其形式有国外分公司、国外子公司和国外避税地公司。

投资者究竟应在国外建立子公司还是分公司，取决于它对这两种形式差异的认识及其对海外经营利益的影响。子公司与分公司的区别在于：

(1) 创建手续不同。分公司创办手续比较简单，各国政府只要求履行申请登记程序，领取营业许可。子公司的建立必须按东道国的法律，经过比较严格的审批手续，方能取得东道国国籍。

(2) 法律地位不同。分公司在东道国不是一个独立的法人实体，没有东道国国籍，被当地视为外国公司，它是外国总公司（或母公司）的一个组成部分。子公司是由母公司独家投资的按照东道国法律注册登记的独立法人，具有东道国国籍，能够独立从事工商业经营活动。

(3) 税收负担不同。分公司和子公司在东道国税收负担的差异，是影响跨国公司作出选择的重要因素。分公司与子公司税负差异主要表现在以下几个方面：

第一，公司所得税课征的渠道不同。分公司营业所得（或损失）与总公司收入合并课税，不管分公司所得是否汇回母公司，都应与母公司所得合并课税。而子公司须在东道国纳税，其经营所得不能并入母公司所得中合并课税。

第二，利润分配的负担不同。分公司所得是总公司所得的一部分，在东道国分公司无权分配利润，因此分公司也不存在什么利润所得税的问题。东道国通常对分公司课征营利事业所得税，而子公司除了缴纳公司所得税以外，还应缴纳利润汇出税。

第三，费用分摊不同。分公司理应分担总公司的管理费用，于是可以降低在东道国的营利事业所得税。而子公司是独立的法人，自主经营，不必分摊总公司的管理费。

第四，分公司往往被课征附加税。一般说来，分公司在东道国被课以较子公司低的税款，因而有些国家为了使分公司税负等同于子公司的税负，常常对其额外加征附加税。

第五，享受税收优惠不同。分公司在东道国被视为外国公司，往往无法享受各种优惠待遇。而子公司在东道国被视为当地企业，可以享受当地政府给予的税收减免或捐税缓缴等优惠待遇。

(4) 业务经营受到限制程度不同。分公司受到的限制往往比子公司多。因分公司是外国公司，子公司是当地公司，所以分公司开展业务的难度比子公司大。各国政府对外国分公司的限制通常表现在两个方面：一方面不准外国分公司从事加工制造业，另一方面严格限制分公司的金融业务。因此，跨国公司的国外分公司转向从事进出口贸易。

(5) 东道国法律对分公司和子公司业务经营的作用不同。当地法律对分公司的影响大于子公司，主要表现在：第一，在与银行往来方面，分公司的资产全部属于总公司，分公司在向当地银行借款时，要求由总公司出面办理抵押，因此，较难获得银行贷款。第二，在贸易保险方面，由于同样的原因，分公司较难得到当地保险服务。第三，在税务稽核方面，分公司有时被要求提供总公司的账册，以便查账。与此相反，子公司不会遇到类似的麻烦。

由此可见，分公司和子公司在法律地位和经营范围等方面有着明显的区别。跨国公司通常根据东道国的法律规定、税负状况和投资经营的目的，决定子公司与分公司的选择策略。但目前世界上大多数跨国公司倾向于选择子公司形式。

(二) 国际合资企业

国际合资企业（International Joint Venture）是指跨国公司与东道国企业依照当地法律在其境内共同投资，共同经营一家企业。合资经营企业是当代国际经济合作中最普遍的投资方式。若没有当地企业参与，只是几个外国投资者共同投资建立的企业，东道国将它视为外资企业，不给予其合资企业所能享受的各种优惠，这种形式的企业被东道国视为外商联合投资（Consortium Venture)，属于外商独资企业的范畴。

国际合资企业常见形式有两种：股权式合资企业与契约式合资企业。虽然这两种形式的合资企业都是由外国投资者和东道国投资者共同组建的企业，但是两者在投资方式、法律地位、组织形式、管理模式、利益分享、责任风险等方面都有所不同。

1. 股权式合资企业

股权式合资企业（Equity Joint Venture），是由两个或两个以上国家的国民或企业按照所在国的法律联合起来，由各方提供资金、设备、技术知识，共同经营的以盈利为目的的企业，主要是指合资经营的股份有限制公司。它是独立的法人，具有起诉、被诉和借款的行为能力。

股权式合资企业要求投资各方以股权方式共同投资建立企业（或公司），而公司的全部资本划分为若干等额的股份，股份可以在社会上公开发行和自由转让；公司以其全部资产对公司的债务负责，股东的责任只限于他们各自的出资额；绝大多数的公司所有权和管理权相分离。股权式合资企业是遵照东道国的法律设立的经济实体。

2. 契约式合资企业

契约式合资企业（Contractual Joint Venture），亦称之为合作经营企业，它是由跨国公司和东道国投资者根据东道国的有关法律以各自的法人身份共同签订合作经营合同，在合同中对合作各方的投资条件、经营方式、收益分配、责任风险作出明确的规定。这种投资方式的基本特征是：合作各方权利和义务的基础是合同，而不是股权。

契约式合资企业的基本形式有两种：一是“法人式”合作经营企业，即合作各方依据合同组建经济实体，该企业具有法人资格；二是“非法人式”合作经营企业，即合作各方通过合同组建一个松散的合作经营联合体，它不具有东道国的法人资格，也没有独立的财产所有权和处置权，资产所有权仍然归合作方各自所有。

3. 合作经营企业与合资经营企业的区别

在实际业务中，合作经营企业与合资经营企业有着明显的区别：

（1）企业的组织管理模式不同。合作经营企业中的“非法人”模式通常没有一个统一的组织管理机构，多采用灵活的管理方式。有的合作经营企业设有一个联合管理委员会，协调合作各方的利益和经营意图。有的合作经营企业在确定权利和义务的前提下，委托其中一方或第三者负责进行日常经营管理工作。而合资经营企业实行董事会领导下的总经理负责制，有一个权威的统一的组织管理机构。

（2）股权安排与责任风险负担不同。合作经营企业，尤其是“非法人”模式的合作经营企业方式下，企业没有注册资本，没有安排股权比例，合作各方的责任与风险通过合同具体规定，一旦合同完成，合作关系就告终止。但是，合资经营企业，合资各方有一个明确的股权安排，根据各方的出资比例，分享利益，分担责任风险。

（3）收益分配与投资回收方式不同。合作经营企业方式下，合作方按合同规定进行收益分配，分配方式比较灵活，如规定产品分成、收入分成或利润分成的比例等。合作经营企业的投资回收方式也比较灵活：合作经营者可以从经营收入中回收投资，也可以从利润中提取一定的比例回收投资，或者采用提取折旧费的方式回收投资。但是，合资经营企业则按注册资本所规定的各方出资比例分配企业利润，股份多，分红多，反之，分红就少。合资企业项下，各方按规定从企业净利润中提取投资回报。

（4）纳税人和纳税方式不同。就纳税人而言，合作经营企业由合作各方按所在国不同的税法分别纳税，而合资经营企业按所在国的规定由合资企业统一纳税（即交纳公司所得税）。就纳税方式而言，合作经营企业通常实行累进比例税，并且一般不能享受减免税优惠待遇，而合资经营企业所得税税率通常实行比例税制。并且可以享受东道国的减免税优惠待遇。

（三）非股权经营

1. 非股权经营的含义

非股权经营是指跨国公司在东道国企业中不参与股份，通过向东道国企业提供技术、管理、销售渠道等与股权没有直接联系的各项服务（无形资产）参与企业的经营活动，从中获取相应的利益与报酬。

20 世纪 70 年代以来，非股权经营越来越多地进入发展中国家。因为发展中国家与发达国家经营环境存在明显的差别，发展中国家的经济政策、投资环境和市场完善程度不能满足跨国公司在股权参与方面的要求，这导致发达国家的跨国公司不愿花费过大的成本在发展中国家进行独资或合资经营，而是采用非股权经营的方式进入发展中国家。

与股权经营方式相比，非股权经营方式对发达国家的跨国公司来说，其好处在于：

（1）跨国公司不用在东道国直接投资，减少了经营风险；

（2）跨国公司不投入股金，不用承担东道国企业的财务风险；

（3）跨国公司靠转让技术、提供服务、合作生产来获取利润；

（4）跨国公司依仗其技术、管理、生产和营销上的优势对东道国企业实行一定程度的控制；

(5) 跨国公司不动用资金、不占有股份，不会激起民族主义的排外情绪，减少政治风险。

这种非股权经营方式对东道国来说，可以在更多地拥有对企业的控制权的基础上获得先进技术、管理经验、营销技巧和有关产品，从而更乐于接受。

在非股权经营下，发达国家的跨国公司对东道国企业可以实行积极控制和消极控制。所谓积极控制，是指跨国公司通过非股权形式将东道国企业纳入自己的全球经营网中，在某种程度上如同外国投资者享有股权控制一样。所谓消极控制，是指跨国公司将东道国企业经营活动与自己的国际化经营完全分离。因此，非股权经营对东道国企业的控制程度的弹性是很大的。实际上，非股权经营是对外直接投资的替代物，是过渡到合资经营企业的“热身赛”。

2. 非股权经营的形式

跨国公司的非股权经营形式很多，最常见的有许可证贸易、合同安排和技术咨询三种。

(1) 许可证贸易（Licensing）是指跨国公司在获得一定收益的情况下，授权东道国企业使用某种工业产权或技术。许可证贸易涉及的工业产权和技术通常包括专利、商标、专有技术或专门知识等内容。在许可证贸易项下，买卖双方要签订一项许可证协议，卖方在一定条件下允许买方使用其发明技术、商标、专有技术或专门知识，买方从卖方取得使用、制造、销售某种产品的权利，得到相应的技术知识，同时按协议支付一定的技术使用费，并履行有关义务。

许可证贸易具有风险小、成本低的优点，但也存在着一些明显的缺点，主要表现在：

① 买方有可能掌握购入的技术，使卖方失去技术垄断，增加新的竞争者；

② 由于卖方没有亲自参与东道国企业的经营管理，不能获得东道国生产和经营的经验，也无法控制市场；

③ 这种许可证销售收益受买方产品销售额大小影响很大，如果销售额太低，卖方收取的提成费可能无法弥补各项支出。

(2) 合同安排（Contract Arrangement）是指跨国公司以承包商、代理商、销售商和经营管理者的身份，通过承包工程、经营管理等方式参与东道国企业的经营活动，获取一定的报酬的经营方式。此类合同安排包括管理合同、制造合同、工程项目合同、交钥匙工程项目合同、分包合同与劳务输出合同等多种形式。

在合同安排项目下，跨国公司对东道国企业不参与股权，通过提供企业管理的经验和技巧，参与经营活动，获取利润报酬。

（3）技术咨询（Technical Inquiry）是指跨国公司对东道国企业存在的技术问题或技术论证方案提供咨询和论证等技术性服务。此类软件服务内容很广，有收集信息、预测趋势、拟定计划、制定方案、协助决策、承包项目、组织实施、验证实效等。

第三节　国际合资经营企业

国际合资经营企业是跨国公司与东道国企业共同出资、共同管理的企业，它通常分为股份有限制公司与有限责任公司两种形式。这两类公司的共同点是股东就其所认购的股份尽出资义务，并以出资额为限对公司债务负责任。这类公司的差别是：股份有限制公司股东人数较多，没有上限限制，全部资本划分为等额股份，且可以通过公开发行股票的方式筹集资金；而有限责任公司的股东人数不能过多，在法律上有上限限制，资本不必划分为等额股份，且不能发行股票。股份有限制公司适合建立较大的企业，但对公司发起人要求较高，且手续繁琐。有限责任公司则对法定资本要求较低，设立手续简单，是建立中小型海外企业的理想形式。

一、合资经营企业的基本概念

（一）股权式的合资经营企业

1. 合资经营企业的概念和基本特点

合资经营企业又称合营企业，是由两个或两个以上国家的国民或企业依照所在国的法律联合起来，由各方提供资金、设备、技术知识，共同经营的以盈利为目的的企业，主要指合资经营的股份有限制公司。它是独立的法人，具有起诉、被诉和借款的行为能力，国际上通称为“Joint Venture”。它的基本特点是共同投资、共同经营、共担风险、共负盈亏，是在“平等”、“互利”基础上的合伙关系。所谓“平等”，是指各方可能实力各不相同，但他们是平等的合作伙伴；所谓“互利”，是指根据股份的大小和对企业贡献的多少，合理分配盈利，而不是利润各得其半。目前世界上发达国家和发展中国家中合资企业发展都很迅速，在发展中国家尤其受欢迎。

建立合资企业有9项基本要素应予以考虑和安排，它们是：合资企业的功能、经营范围、投资比例、合资目的、合资期限、投资规模、国别区域、投资者的经营性质、外国投资者所在国家或地区的类型等。尤其重要的要素是合资企业的股权形态，它直接关系到企业的经营管理效率。

2. 合资经营企业的基本股权形态

合资经营企业的基本股权形态有三种：第一种多数参股（Majority Equity），即拥有51%以上的股权；第二种少数参股（Minority Equity），即拥有49%以下的股权；第三种对等参股（Equal Equity），即50%对50%的股权。股权形态是影响投资者对合资企业行使控制权的最重要的因素，一般说来，拥有股权多，控制权就大；反之，股权少，控制权就小。

投资者对合资企业的资本投入采用9种形式：现金、机器设备、原材料、专利权、专有技术、商标权、房地产、厂房、经营管理知识等。所有股金来源都经谈判商议折合为一定的股本投资入股。

（二）合资经营企业已成为当代国际经济合作的重要形式

1. 合资经营企业与其他合作形式的比较

合营企业已成为当今跨国公司进行国外直接投资的重要形式。它以协议形式将各方结合在一起。合伙各方既有对外经营方面的共同利益，又有企业内部控制权和利润分配问题上的矛盾。合营企业在对外经营方面利益上的一致性，使它与其他国际经济合作形式相比有较大的优越性。其优越性表现在：

（1）合营企业的利用外资属于直接投资，其引进外资的方式不同于外国贷款。后者为间接投资，债权方不参与企业经营，只求还本付息，以吃利息为主要目的；债务方利用外国贷款自行采购机器设备、技术专利，自产自销，自负盈亏。

（2）合营企业不同于商品贸易。商品进出口的买卖关系是一种临时性关系，一旦交易完毕，双方关系了结。而合营企业是一种相对固定的长期的合作关系。一般项目的合营期限原则上为10～30年，对于投资大、建设周期长、资金利润率低的项目，合营期可以延长到50年。

（3）合营企业引进技术的方式不同于单纯技术贸易。前者以技术作价入股，技术能否在企业生产中发挥最大的效能，直接关系到合伙各方的经济利益；后者只是将技术作为一般商品买卖，技术出售方不存在分享利益的问题。

（4）合营企业与补偿贸易也不同。在补偿贸易形式下，引进外国公司的机器设备，是一种商业信贷基础上的买卖关系，补偿的条件是在合同中商定了的，补偿完毕，双方关系终止。而且在补偿贸易合同执行过程中，接受贷款方是独立经营的。合营企业的机器设备是作价入股，按股分享企业利润。

在各种股权投资方式中，合资经营企业是最为普通的形式，跨国公司和东道国都乐于接受。跨国公司为了争夺国外市场，掠夺国外廉价资源，谋取高额垄断利润，在国外子公司所有权问题上，过去相当长一段时间里坚持独资经营，以便对企业实行严密控制，使技术和经营方针保密，减少由于企业管理和利润分成产生的矛盾。

但是随着发展中东道国的经济地位的日益加强，在国际经济合作中与跨国公司讨价还价的实力逐步增强，迫使跨国公司逐渐采取弹性策略，接受灵活的股权形式。

2. 跨国公司采取合资经营的好处

(1) 通过向合资企业提供机器设备、原材料、零部件等，实现资本输出带动商品输出的目的。

(2) 利用向合资企业提供技术专利、技术诀窍、管理技能等，带动技术知识的出口。

(3) 由于企业是内外合营，因此可以减少或避免东道国政府没收或政策变化的风险。

(4) 可以利用当地合伙者熟悉东道国市场情况和政策法律的优势，增强企业的竞争能力。同时，可以通过当地合伙者的关系，取得当地资金融通、物资供应、产品销售等优惠。

(5) 合资企业产品往往是东道国需要进口或当地市场紧俏的产品，这就有了一个潜在的和稳定的销售市场。

3. 东道国采用合资经营企业的好处

(1) 引进外国公司直接投资可以弥补经济发展过程中投资的结构性空缺，达到均衡发展的目的。同时，外国资本可以弥补本国建设资金的不足。

(2) 对企业来说，可以借用外部生产投入要素，引进技术设备，填补自身的技术空白，促进企业的技术改造和产品的更新换代。

(3) 可以利用外国公司的销售体制，将合资企业产品打入国际市场，扩大出口创汇，实现企业外汇平衡和对外资本金及利息的外汇支付。

(4) 可以通过吸收外籍人员参与企业的经营管理，提高企业的生产效率和管理素质。

(5) 可以给当地市场带来更多就业机会、原材料供应、配套协作企业的发展和税收增加等效益。

合资经营企业引进外国直接投资，实际上是实现分散性生产投入要素的聚合，达到分散的较小的生产投入要素所不能达到的发展规模。

二、合资经营企业组建和经营中的主要问题

要办好合资经营企业，首先必须选好合作对象，选择资信好、拥有先进技术、有经营管理经验、有可靠的资金来源、有庞大的国际销售网以及经济信息灵通的外国公司。

（一）组织合资经营企业的程序

设立合资经营企业应以东道国合资企业法为依据，按下列程序办理：

（1）在对外国公司进行比较选择的基础上，挑选出最佳的潜在的合作对象。双方签订“备忘录”、“意向书”之类的书面文件。

（2）根据双方签订的意向性文件，进一步作出“项目建议书”和“可行性研究报告”。

（3）可行性报告批准后，合营各方协商签定合资企业协议、合同和章程。

（4）审批机关审批申请书和全部文件，并答复审批结果。

（5）申请者收到批准书后，凭批准书向合营企业所在地政府办理登记手续，领取营业执照。

合资经营企业提交东道国政府审批的主要文件有：合资经营企业计划和方案；投资者的资信报告；合资经营协议和合同；工程项目可行性研究报告；工业产权证明文件；其他必要文件。同时还要注意申请是否具备法定程序等。

（二）合资经营企业的资本结构

注册资本、投资比例和出资方式三者组成合营企业的资本结构。

1. 合营企业的注册资本

注册资本是指各方认缴的出资额，即合营企业向东道国有关当局登记的金额。注册资本与借入资金的总和就是合营企业的总投资。通常合营企业中一般股权资本占总投资的40%左右，借入资本占总投资的60%左右。注册资本是合营企业对社会承担责任的基础和限度。因此，注册资本过小，外国合伙者承担的风险就小，东道国合伙者承担的风险相应增大，而且会减少东道国的税收。

2. 合营企业各方的投资比例

合营企业各方投入的股权资本在企业注册资本中所占的比例，表示它们在合营企业中拥有的股权大小。各国政府对外国投资者在合营企业中投资比例的限额，都在公司法和投资法中予以规定。许多发展中国家和地区，通常限定外国资本不得超过49%，本国投资应在51%以上，以免企业为外国投资者所控制。

经改革开放引进外资的实践，中国政府修订了过去制定的中外投资比例，实行上不封顶、限定下限的合资企业股权比例，规定外方投资最低限为25%。

相关链接

《中华人民共和国中外合资经营企业法》第四条规定："在合资企业的注册资本中，外国合营者的投资比例一般不低于25%。合营各方按注册资本比例分享利润和分担风险及亏损。"该法对外国投资者的投资比例只规定下限，没有规定上限，也就是说外国投资者的投资比例最高限可以达到100%。

3. 合营企业各方的出资方式

合营企业各方可以用现金出资，也可以用厂房、建筑物和其他生产资料或工业产权、技术诀窍、土地使用权等作价出资。在以机器设备等实物作价出资中，如何对实物进行估价或折价是谈判中的棘手问题。作价应由各方按公平合理的原则协商确定，或请各方同意的第三者评定。在评定中，应参照同类实物的国际市场价格。其中，工业产权（包括专利权、实用新型权、工业外观设计权和商标权等）、技术诀窍等无形财产权的作价，其可比性差，价格难以确定。

（三）合资经营企业管理职能的分配

1. 合营企业管理的重要性

合营企业是共同投资、共同经营的经济实体，企业经营管理的好坏是关系到合营企业生死存亡和能否发展的重要问题。管理的目的和重点是提高企业的经济效益。大多数发展中国家都有这样公开的政治目标，要求在若干年后合营企业的所有权和控制权应主要控制在当地人手里，当地人员将最终接管关键的管理业务。但是，大多数发展中东道国一开始便采取灵活策略，允许外国合伙者在日常管理、避免风险和增加效益等方面有较大的决策权。事实上，在许多合营企业里，很难做到企业管理职责完全公平地分享，合营初期，外国合伙者承担较大的管理责任，当地合伙者在共同管理中逐渐学会企业的管理和决策，提高独立管理的能力。

合营企业应自始至终十分重视生产的经营管理问题，并在实践中逐步完善合营企业的战略目标、资金预算、财务控制、信息报告和机构发展等管理程序。

2. 合营企业管理体制

合营企业实行董事会领导下的总经理负责制。董事会是合营企业的最高权力机构，企业的一切重大问题由董事会作出决策。董事会集中了对企业的指导和管理权。董事会名额的分配由合营各方参照出资比例协商确定。董事由合营各方委派，董事长是合营企业的法定代表。董事会的职权范围如下：

(1) 决定合营企业执行委员会，任免正副总经理、总工程师、总会计师、审计师等高级职责。

(2) 决定企业的组织机构、人员编制、职工的工资福利等。

(3) 批准企业注册资本的增加、转让、出售或抵押，以及颁发新股份。

(4) 审批企业生产计划、销售安排、新产品研究试制计划。

(5) 审议合营企业章程，规定企业的中止及解散。

(6) 处理企业一切重大业务活动问题。董事会会议的表决，一般性问题采取简单多数票决定，重大问题的决定，必须全体一致同意。

合营企业设经营管理机构，负责企业的日常经营管理工作。经营管理机构由总经理和若干副总经理负责，一般下设总经理办公室、生产制造部、财务行政部、供应销售部和技术发展部等。总经理执行和处理董事会的决定和决议，组织和领导合营企业的日常经营管理工作。在董事会授权范围内，总经理对外代表合营企业。

(四) 合资经营企业的财务管理及利润分配

合营企业的财务管理是筹措资金、调度资本、谋取利润的重要工具。合营企业设总会计师协助总经理负责主持企业的财务会计工作。合营企业会计采用国际通用的权责发生制和借贷记账法记账。企业还必须设审计师制度，负责审查、稽核企业的会计账目和财务收支，定期向董事会和经理会提出企业财务审计报告。

合营企业利润的分配原则是：

(1) 必须按照所在国合资经营企业法的规定缴纳企业所得税后才能进行分配。

(2) 分配前必须偿付企业各种债务。

(3) 分配前必须先提取三项基金，即储备基金、企业发展基金、职工奖励及福利基金。三项基金提取比例由董事会研究决定。

(4) 应参照合营各方的出资比例进行分红，占有的股份多，分红就多；占有的股份少，分红就少。

(五) 合资经营企业的采购权与销售权

合营企业的经营权是指合营企业的采购权和销售权，即控制企业的销售和采购渠道。

1. 采购权

外国合伙者对合营企业采购权的控制主要取决于东道国是否能够供应合格的

原材料和零部件，以保证产品质量和生产成本。若合营企业原材料和零部件国产化的问题不能解决，外国合伙者就会用外汇购买廉价的原材料，再卖给合营企业，从而取得了对合营企业的采购权。

2. 销售权

外国合伙者对合营企业销售权的控制，往往与其参与合资的动机有关。如果外国合伙者参与经营的战略是开拓东道国市场，则合营企业的产品主要销向当地市场，由于外国合伙者不熟悉当地市场的销售渠道，一般难以控制合营企业产品的销售权。如果是利用东道国廉价劳动力生产低成本产品开拓国际市场，则合营企业的产品主要销往国外市场，外国合伙者可以利用其国外销售网，控制合营企业产品的销售权。

（六）合资经营企业的期限、解散与清算

1. 期限

合营企业的合作期限根据不同行业和项目的具体情况，由合伙各方协商决定，合营期从合营企业领取营业执照之日起算。一般项目的合营期限短则 10 年，长则 30 年。

2. 解散

合营企业当出现下列情况之一时解散：

（1）合营期限届满。当合营企业期满终止时，一般做法是将剩余资产按投资比例分配给合伙各方，东道国合伙者再将外国合伙者分得的剩余资产按原来投资的货币买下来，以收回企业的所有权和控制权。

（2）企业发生严重亏损，无力继续经营。

（3）合营一方不履行合资经营企业协议所规定的义务，致使企业无法继续经营。

（4）因自然灾害、战争等不可抗力遭受损失，无法继续经营。

（5）合营企业未达到其经营目的，同时又无发展前途。

（6）合营企业协议所规定的其他解散原因。

关于合营企业的中止、解散，须经董事会全体一致通过方可作出规定，并由董事会提出终止申请书，报审批机关批准，接着还须进行清算。

3. 清算

所谓清算是指合营企业债务的清偿与剩余财产的分配。清算工作的主要内容包括：

（1）审核企业财产，编制资产负债表和财产细目表，提出财产作价和计算依据，制定清算方案，提交董事会会议通过执行。

(2) 了结一切债权与债务。

(3) 安排东道国合伙者继续使用外国合伙者允许使用的技术。

(4) 将清偿后的财产按出资比例分配给合伙各方。

(5) 清算工作结束后，提出清算报告，并报告审批机关，办理注销手续，缴销营业执照。

(七) 合资经营企业争议的解决及适用的法律

合营企业在合伙期间发生的所有分歧，应鼓励各方采取非正式的友好方式协商解决，并将解决争议的方式列入协议的仲裁条款中。如协商不能解决，可将申诉提交由争议各方代表组成的调解委员会调解。如经协商和调解无效，则可以根据合营企业协议中的仲裁条款，提请仲裁委员会进行仲裁。原则上可在东道国或第三国进行，多数情况下不进入国际仲裁。一般说来，仲裁过程始终贯彻当事人自愿的原则。裁决有终局性，具有法律效力，对当事人双方均有约束力。如合营各方之间没有仲裁的书面协议，发生争议的任何一方均可向法院起诉，请求法院裁定，裁定的关键是法律和法院的选择，可以选择东道国法律，或是双方都能接受的第三国法律，也可以是国际法。

合营企业的争议主要有三项：股权问题、经营管理问题和转让价格问题。其中以股权问题最为突出。

(八) 渐退政策

所谓渐退政策（Fade - out Policy）是指东道国准许本国国民或企业与外国投资者共同投资，共同经营企业，最终要求外国投资者将其股份转到本国国民或企业手里。渐退政策的基本要求是：当东道国合伙者已经有能力进行有效经营时，外国投资者拥有的或联合拥有的企业股权应逐步转归东道国合伙者所有，由其独立经营。①

外国投资者渐退的原则应是“因行业制宜”。轻纺工业项目，外国资本让出的期限可短一些，采矿业、重工业、高科技项目可以适当长一些。因为它们的发展周期长，需要有一个长期摸索和经营的过程。另外，在外资让出之后，还可以安排外国公司“以提供技术信息的形式”与东道国企业保持联系。

三、合资经营企业协议（合同）的主要内容

东道国企业与跨国公司在合资经营企业正式成立时应签订书面的合营企业协议（合同），以明确各方的责任、权利以及企业的大政方针。合营企业协议（合

① 钱俊瑞．世界经济百科全书．北京：人民出版社，1985：738．

同）的主要内容：

（1）签约各方。签约各方的名称，注册国家，法定地址和法定代表的姓名、职务、国籍。

（2）企业名称。合营企业的全名、法定地址、宗旨、经营范围和规模。

（3）经营目标，亦称目的性条款。表明各方创办合营企业的目的和主要目标，以及达到既定目标所采取的步骤。

（4）股份交纳。各方交纳股份的金额，占合营企业所有权的份额，以及他们的责任和义务。

（5）资本结构。合资企业的投资总额，注册资本，各方出资比例，出资方式，出资的缴付期限，以及出资额欠缴、转让的规定。

（6）资金筹措。包括投资原始资本以外的资金筹措计划，筹措资金总额及来源，以及对吸收贷款和发行债券、股票的规定。

（7）资金转让。合资企业应规定是否允许合营一方将其股份的全部或一部分转让第三者；合营另一方是否有优先权将股份买下，以及如何进行资金转让。

（8）会计审计。财务、会计、审计的处理标准和原则，以及业务报告的规格要求。

（9）计划管理。计划管理程序和内容，对企业的战略计划、经营计划、控制系统和信息系统的规定。

（10）技术保密。有关专利、商标的技术诀窍保护的规定。

（11）技术转让。对技术专利使用范围、技术使用费以及是否允许再转让的规定。

（12）管理机构。合营企业董事会的组成，董事名额的分配，以及总经理、副总经理及其他高级管理人员的职责、权限和聘用办法。

（13）物资供应。详细制表列明工程项目所需原材料、零部件和燃料的来源及劳务的供应。

（14）产品战略。合营企业产品短、中、长期的战略安排，以及新产品的研制开发。

（15）产品销售。规定企业产品的销售方向、销售渠道，产品的内外销比例以及营销方式。

（16）利润分配。合营各方利润分成和亏损分担的原则，企业留存的“三项”基金的额度及使用原则。

（17）资金汇出。说明允许外国投资者的原始投资及利润按何等比例汇出，如分得的当地货币按何种汇率兑换外币。

(18) 政策优惠。东道国政府允许合营企业享受哪些政策性优惠，例如，企业所得税减免、进口税减免、外汇管理的待遇及公用设施的提供等。

(19) 人事培训。合营企业对各层次职工的定期技术培训和考核的规定。

(20) 职工福利。有关职工工资、福利、劳动保险等事项的规定。

(21) 违约惩处。规定合营一方违反合同的责任及造成损失的处罚办法。

(22) 仲裁条款。有关仲裁地点、仲裁机构、仲裁程序以及败诉一方负责赔偿损失和诉讼费用等的规定。

(23) 法律依据。企业纠纷的处理遵循哪国法律、何种法律以及遵循何种国际惯例。

(24) 终止条款。合营企业的期限、解散及清算程序。

(25) 其他条款。包括：协议（合同）签字和生效日期；协议使用何种文字撰写，如用两种文字是否具有同等效力；协议的有关附件；说明协议中使用的词汇概念，等等。

第四节　国外证券投资

国外证券投资是资本流动的形式之一。目前，证券投资已经发展成为国际投资的一种主要形式。证券市场越发达，证券投资的流动性就越强。

国外证券投资包括证券投资和借贷资本输出。这种投资的主要特点是投资者不直接参与这些获得资本企业的经营管理。

一、国外证券投资概述

证券可分为狭义证券和广义证券。狭义证券是由股票债券和基金证券等组成，是一种有面值的并能给持有人带来收益的所有权和债权的证书。广义的证券除了包括股票、债券和基金证券以外，还包括货币证券、商品证券、不动产证券等。货币证券是指支票、本票、汇票等。商品证券是指提单等。不动产证券是指房契、地契等。

国外证券投资（Foreign Portfolio Investment）指投资者（公司法人或自然人）在国际证券市场上购买企业和政府的中长期债券，或在股票市场上购买上市的外国企业股票的一种投资活动。由于它属于间接投资，只是为了获取债券与股票的股息和红利报酬，所以对投资企业并无经营管理的直接控制权。

国外证券投资属于间接投资，投资者不参与企业的经营决策，因此，在投资前的正确决策尤为重要。国外证券投资决策就是要对投资对象的有关资料和数据进行分析、判断，作出科学的决策，把握好时机。

对外证券投资分析，就是要利用宏观、微观经济数据，对准备选购的各种证券的安全性、收益性、变异性、适应性进行分析与比较，综合评价证券的内在投资价值。具体指标有以下一些。

（一）偿还能力指标

这一指标衡量一个企业在不用变卖固定资产的情况下偿还债务的能力，其衡量标准包括流动比率和速动比率两种。

1. 流动比率

$$流动比率=\frac{流动资产}{流动负债}$$

流动资产与流动负债之差是企业营运资金净值，它用以判断企业流动资产的使用状况。流动比率的计算结果应等于或大于 2，这样流动资产的数量才足以保障最低限度的安全性。

2. 速动比率

$$速动比率=\frac{速度资产}{流动负债}$$

速动比率亦称之为酸性测试，因速动资产是流动资产减去存货，所以速动比率可用以评价一个企业在不依靠出售存货的情况下的偿债能力。计算的比率值越高，企业偿债能力就越强；反之则弱。

（二）效率比率

这是用以衡量一个企业进行资产管理的效率的指标，说明企业各项账面资产总额是否合理。该指标包括如下四方面。

1. 总资产周转率

$$总资产周转率=\frac{销售总额}{资产总额}$$

这一比率说明单位资产可以产生销售收入的大小。其比率越高，说明企业资产的利用率越高。反之则说明越低。

2. 固定资产周转率

$$固定资产周转率=\frac{销售总额}{固定资产}$$

这一比率表明一个企业固定资产的利用率，它是按固定资产使用年限不同说明其周转情况。

3. 存货周转率

$$存货周转率=\frac{销售成本（或净额）}{存货额}$$

这一比率表明在一定时期内存货的周转次数，用以说明一个企业的经营效率和产品的适应性。其比值越大，周转更新次数越多，说明该企业的存货占用资金就越少。

4. 平均应收账周转

$$平均应收账周转=\frac{\frac{应收账款}{销售额}}{360天}$$

这一比率表示企业收回应收账款的平均天数。其比值小，天数少，说明应收账款回收快；反之，说明该企业部分资金被赊账单位无偿占用期长。

（三）负债比率

负债比率亦称之为财务杠杆比率，是用以衡量企业以增加负债的办法增加企业收益的能力的指标。

1. 负债资产比率

$$负债资产比率=\frac{负债总额}{资产总额}$$

这一比率表示企业债务与资产的比例，说明企业的资产有多少是以借债形式取得的。对投资者而言，企业的这个比率越低，风险越小，收益也少；反之，风险大，安全性低。

2. 负债净值比率

$$负债净值比率=\frac{负债总额}{股东权益净值}$$

这一比率表明企业负债与股东权益的关系，用以衡量企业经营中所用资金有多少是属于股东的，有多少是借入的；股东要承担多大的经营风险，投资者要承担多大经营风险。这一比值越低，企业偿债能力越强，可以靠自有资金经营。常规指标不应超过2:1。

（四）盈利比率

盈利比率是综合反映企业经济效率的指标。

1. 销售收益率

$$销售收益率 = \frac{税后净收益}{销售总额}$$

这一比率表明单位销售额可能产生多少收益。其比值越高说明收益越好。

2. 资产收益率

$$资产收益率 = \frac{税后净收益}{资产总额}$$

这一比率表明单位资产额可以产生多少净收益。其比值越高说明企业经营越好。如果比值偏低，则意味着销售利润低，资产的利用率低，或者负债多，利息负担重。

3. 股东权益收益率

$$股东权益收益率 = \frac{税后净收益}{账面股东投入资本}$$

这一比率表明单位股东投资额可以取得多少红利，其比值高，持续时间长，则说明该企业盈利能力强，从而筹资者和投资者都增强了信心。

二、国外证券投资的主要特征

证券是代表资本所有权或债权的证明书。它自身没有价值，是一种虚拟资本，只是代表取得利益的凭证。证券的主要形式是债券和股票。债券体现着一种债权和债务关系，是发行者筹集资本的一种手段。通常公司为了追加资本而向社会发行公司债券，其持有人同公司只存在一般性的债权债务关系，每年从公司取得一定的利息收入，但不是公司的股东。债券到期，公司应偿还本金，赎回债券。[①] 债券可分为短期、中长期和长期债券。目前，在国际债务市场上，以欧洲货币债券为主，其次是其他资本主义国家货币的债券。股票是代表股份资本所有权的证书，它体现了持有人按股票价格拥有公司资产。公司借助股票向社会筹集资金，用于追加投资，扩大再生产。股票持有人根据票面面额从发行公司取得一定的股息报酬。上市股票可以在证券交易所买卖，但不能向发行公司索回股票面

---

① ［英］尼尔·胡德，斯蒂芬·扬. 跨国企业经济学. 叶刚，等译. 北京：经济科学出版社，1992：10～11.

额。最常见的股票是优先股和普通股。

债券和股票都是有价证券，可以在市场上进行交易，具有一定的价格。其价格取决于有价证券的预期收益和当时银行存款利率。它与前者成正比，与后者成反比。用公式表示如下：①

$$有价证券价格=\frac{有价证券的预期收入}{银行存款利率}$$

有价证券虽不是真实资本，但证券持有人可获得收益，还可以转让证券从而收回本金，这是由有价证券的流通性和增值性所决定的。

证券资本是一种特殊的资本，证券资本不同于其他资本的主要特征有如下几点。

（一）收益性

投资者进行证券投资的根本出发点是获取收益，收益性是证券投资的基本特征。证券的收益又可分为固定收益和变动收益。固定收益是指在证券面额上作出具体规定，不受经营状况好坏的影响。变动收益是指证券收益随经营状况的好坏而变动，发行单位利大则多分，利小则少分，无利则不分。通常普通股就属于变动利益。

（二）流通性

投资者进行证券投资可以视证券市场价格的变动，自由地和及时地转让证券，收回本金。证券市场越成熟，证券的流通性就越强。一般说来，证券的期限越短，信用度越高，知名度越广，证券的流通性就越强。

（三）风险性

投资者一动用资金就会有风险，购买证券，必然伴随风险，这是由于证券市场价格的波动和发行债券公司经营不善而引起的。但各企业证券风险程度各异，收益情况也不同。通常来说，风险大，收益大；风险小，收益小。换句话说，证券投资的风险与收益成正比。

证券投资的市场风险有两种：一种是制度性风险，即由于某些社会、经济共同因素所引起的风险，它无法通过证券多样化来避免。引起这种风险的因素，有股市的变动、利率的波动、通货膨胀、政策变化等。另一种是非制度性风险，即由于某种突发事件所引起的风险，人们可以通过证券的多样化的方法来避免风险。

---

① ［英］尼尔·胡德，斯蒂芬·扬．跨国企业经济学．叶刚，等译．北京：经济科学出版社，1992：841．

（四）差异性

证券有两种价格——市场价格和票面价格。市场价格，是随行就市的价格。票面价格，是证券发行时确定的票面金额。在发行市场，如果采取时价发行、中间发行、贴现发行等不同方式，证券的发行价格和票面标价就会不一致。

跨国公司已成为国际证券市场的主要参与者和组织者。跨国公司是各种证券的发行者，尤其是利用公司债券在国外市场筹集外币资金，扩大生产经营。跨国公司与各国证券交易所保持密切的业务往来关系，已经将发达工业国家证券交易所国际化。跨国公司出面组建证券公司，在世界各国建立分支机构，大力开展国际性证券委托交易业务。

目前，华尔街仍在全球证券市场上居主导地位，世界各国的大公司纷纷转向纽约，其中有10种股票最为热门，都是属于大型跨国公司的，如美国微软公司、英特尔公司、埃克森石油公司、美国电话电报公司、杜邦公司、菲利普·莫里斯公司等。

目前国际金融市场融资证券化发展迅速，尤其在1997～1999年融资证券化发展潮流更加势不可挡。进入21世纪后此势头更是有增无减。

◇ 问题与思考

一、名词解释题

1. 国外直接投资
2. 股权式合资企业
3. 跨国并购
4. 非股权经营
5. 独资企业
6. 国际合资企业

二、填空题

1. 当代国际资本运动的特点是以跨国公司为主体，以________的产业资本运动。

2. 国外直接投资有两种典型的形式，它们是________和________。

3. 从投资动机来看，国外直接投资的形式主要有：________、________、________和战略导向型投资。

4. 对外直接投资的特点之一是投资的部门结构发生了变化，这种变化反映在对发展中国家的投资上，20 世纪 70 年代以后，投资转向________；在新技术革命推动下，投资转向________。

5. 跨国并购的关键是控制当地企业的产权，产权是指________及由此派生出来的财产支配权、处置权、经营权和受益权等。

6. 企业跨国并购主要有________、________和________三种类型。

7. 国际并购必须具备两个基本条件，一是________；二是________。

8. 国际合资经营企业最常见的形式有：________和________。

三、是非题

1. 联合国和各国政府关于国际资本流动状况的统计指标，最常使用的是直接投资流量和直接投资总量。(　　)

2. 在国际市场上，国外直接投资的主要承担者是国有企业。(　　)

3. 当代国际资本运动的区位配置明显地向发展中国家倾斜。(　　)

4. 衡量公司并购是否成功的指标是"1 +1 >2 效应"，即并购完成后两个公司总体效应要大于两个独立公司的效应之和。

5. 并购国外企业的最大好处是使投资企业较快地进入国际市场，也就是它能使企业不必经过艰难的开创阶段，直接进入有力的投资地区。(　　)

6. 契约式合资企业（亦称合作经营企业）的基本特征是股权，而不是由合同规定的合作各方的权利和义务。(　　)

7. 非股权经营是指公司在东道国企业中不参与股份，而通过向东道国企业提供技术、管理、销售渠道等各项服务，参与企业经营活动，从中取得相应的利益和报酬。(　　)

8. 国外证券投资属于一种国外直接投资，这种投资的特点是投资者参与企业的经营决策。(　　)

四、问答题

1. 什么是国际资本移动？按投资方式划分，国际资本移动有哪些形式？

2. 国外直接投资有哪些种类和模式？

3. 当前国外直接投资迅速增长的原因是什么？

4. 试述国外直接投资的主要特点。

5. 什么是非股权经营？它与股权投资有何区别？

6. 为什么国际合资经营企业已成为当代国际经济合作的重要形式？组建与经营合营企业应注意哪些问题？

7. 国外证券投资与国外直接投资有何区别？
8. 国外证券投资的主要特征是什么？

◇案例分析

联想集团并购 IBM，走向国际化

中国联想集团是中国个人电脑的龙头老大。在 2002 年 9 月，《财富》杂志公布的中国上市企业百强中，联想集团名列第六；2003 年 1 月，在《亚洲货币》第十一届最佳管理公司（Best Managed Companies）评选中，联想获得“最佳管理公司”、“最佳投资者关系公司”、“最佳财务管理”等全部评选的第一名；2004 年，作为“中国最有价值品牌”之一，“联想”品牌位列第四，品牌价值达到一个新的水平——601.65 亿人民币。

2004 年 3 月，联想集团作为第一家与国际奥委会签署合作协议的中国企业，成为国际奥委会全球合作伙伴。联想集团将在未来四年内（2005～2008 年）为 2006 年都灵冬季奥运会和 2008 年北京奥运会以及世界 200 多个国家和地区的奥委会及奥运代表团独家提供台式电脑、笔记本电脑、服务器、打印机等计算技术设备以及资金和技术上的支持。这一举动有助于联想扩大在海外的品牌知名度。

联想集团深受戴尔、惠普和 IBM 三强的挑战，战火越烧越旺。联想集团应如何敲开国际化的大门呢？

面向新世纪，联想将自己的使命概括为“四为”目标：为客户、为员工、为股东、为社会。为客户：即为客户提供信息技术、工具和服务，使人们的生活和工作更加简便、高效、丰富多彩；为员工：即提升员工价值，创造发展空间，提高工作和生活质量；为股东：即回报股东长远利益；为社会：即服务社会文明进步。联想的创业者和年轻的员工们都有一个信念：要把联想办成一个有规模的高科技企业，要成为走向世界的高科技产业集团。

2003 年 4 月，联想集团在北京正式对外宣布启用集团新标志“Lenovo 联想”，以“Lenovo”代替原有的英文标志“Legend”，并在全球范围内注册。在国内，联想将保持使用“英文＋中文”的标志；在海外则单独使用英文标志。

根据国外大型科技企业的成功经验，联想集团提出，在正确认识信息产业发展规律的基础上，遵循市场特点制定符合企业情况的实际战略目标，追赶世界先进水平，争取更大的生存发展空间。联想希望能够借助一个知名品牌的力量，吸

引高端企业用户，并迅速在全球PC机市场上扩大市场份额。因此，正确而富有艺术性的战略设计是联想集团制胜的法宝。

美国IBM公司（International Business Machine Corporation，即国际商业机器公司）是世界500强企业，在2004年度全球500强排名中名列第19位，是世界上最大的信息工业跨国公司。其业务主要集中在五大领域，即：服务、硬件、软件、金融和企业投资。在服务业领域，IBM占有全球最大的市场份额；在软件开发方面，IBM的市场份额仅次于微软；同时，IBM也是全球半导体市场最大的几家公司之一。由于IBM员工的上班制服是蓝色的，生产的计算机外壳也是蓝色的，所以人们一直亲昵地称IBM为“蓝色巨人”。历史上，IBM是以硬件为主的公司，而个人电脑业务并不是IBM的强项，最近几年表现不佳，生产和销售每况愈下，出现了亏损状况。IBM决定出售其弱势业务，有利于扬长避短，优化经营。

企业要发展，就必须走国际化的发展道路。2004年12月，联想与IBM签署个人电脑业务并购协议，爆出2004年全球PC机市场惊人之举。联想集团以12.5亿美元（其中6.5亿美元的现金和6亿美元股票）收购IBM的个人电脑，收购的业务为IBM全球台式电脑和笔记本电脑的全部业务，包括研发、采购、生产、销售。新的联想集团可以在5年内使用IBM的品牌和IBM的THINK系列商标及相关技术。根据两家公司的业务估算，联想全年收入约为30亿美元，IBM全球PC业务收入约为90亿美元，收购完成，新联想全年业务收入将达到120亿美元，成为世界第三大PC机厂商。据国际数据公司调查，并购成功后，联想已成为全球第三大PC机生产商，2005年第四季度，联想已占全球市场份额的7.2%，仅次于占17.2%的戴尔和占15.7%的惠普。这意味着联想不但在中国和亚洲，而且在全球市场范围具备覆盖能力。

通过收购IBM全球PC业务及与IBM形成战略联盟，联想获得了全球化发展战略的突破性契机。联想将能够整合双方优势，借助IBM的品牌在PC机市场上迅速获得全球品牌认知：建立在国际市场上的品牌知名度有利于联想迅速扩大公司规模，使联想成为年收入超过百亿美元的世界级公司，实现规模效应；有利于获得IBM拥有的遍布全球的企业客户群及庞大的分销网络，快速建立起进入国际市场的销售和服务网络，扩大全球市场份额；有利于获得更丰富的产品组合及领先的科技，提高其技术的创新能力，进而提高产品的技术含量，从技术层面增强产品的国际竞争力。

新联想集团董事长杨元庆说：联想得到了IBM用几十年打造的全球网络，得到了IBM的笔记本电脑研发和生产能力，得到了国际一流的管理团队和员工队伍。通过这次收购，联想不仅在产品、营销网络方面走上了国际化的快车道，也在股权结构、融资渠道、战略伙伴等深层面实现了国际化。

联想并购 IBM 后，使其迈向世界顶级企业，向名副其实的跨国企业发展，说明国际化是中国企业发展的必由之路。

通过联想集团并购美国 IBM 的 PC 机业务案例分析，我国企业走出国门，进行跨国投资应注意哪些问题。

第五章

国际投资的选择与决策

学习目标

掌握国外投资环境的分析方法；国外投资项目可行性研究的含义；国外投资环境的评估方法。熟悉跨国公司的国际投资决策；国外直接投资的鼓励措施和保证及保险制度。了解国外投资项目可行性研究的主要内容。

第一节　投资环境的分析与决策

跨国公司对国外投资环境进行选择，就是要通过对经济、社会、政治、法律和企业环境诸因素的评估，来提高对外投资决策的准确性，以排除环境风险可能造成的损失，使其达到“风险最小化，机会最大化”的目的。

一、跨国公司对外投资环境分析

（一）投资导向——通过对外直接投资建立生产专业化体系

1. 投资导向决定跨国公司国外投资的目标选择

跨国公司在国外进行投资和生产的基础是实行生产的国际专业化分工。跨国公司凭借自身拥有的优势，从长远的利益考虑，在全球范围内部署和建立一体化的专业分工体系。因此，每一个海外子公司和由它们所组成的经济活动都是整个公司中的一个有机组成部分。在这种专业化分工中，跨国公司确立和发展了经营分工上的专门化和所有权格局的多样化。总公司和子公司所进行的对外投资都是以国际分工的比较利益为基础的，这就使新建的投资项目通过直接和间接的方式与跨国公司建立联系，参加到生产的专业化国际分工体系中去。跨国公司在国外建立的子公司具有两重性：一方面是跨国公司的一部分，隶属于整个公司一体化分工结构；另一方面又是东道国当地经济的一个组成部分，并在某种程度上与当地经济相结合。正是跨国企业的这种两重性，使其成为各国经济相互联系的重要纽带。

2. 通过对外直接投资，实现资本增值

在经济发展过程中，不同国家间资本增值条件的差别促使跨国公司资本总是向条件较好的场所流动。它们以各种方式寻找得以实现资本保值和增值的场所。从理论上说，只要存在着国别资本增值条件的差别，资本追逐最大限度增值的本性就会促使其一往无前。

在保证资本增值的前提下，跨国公司的具体投资导向有：（1）资源导向型投资；（2）市场导向型投资；（3）成本导向型投资；（4）战略导向型投资。

（二）投资规模选择

1. 选择投资项目规模的重要性

投资任何一个项目都有一个经济规模的问题。从理论上讲，投资项目应努力达到所谓最优经济规模。项目规模的经济性，首先源于生产要素的不可分割性。项目规模和经济效益之间存在着一定的函数关系。但这种关系是非线性的，经济效益并不总是和项目规模成正比。只有在特定的项目规模上，经济效益才是最大的，项目规模大于或小于这一特定规模，经济效益都会下降，这就是所谓的最优经济规模。但在实际操作中，由于种种限制条件，这种理想中的最佳规模效益往往是很难达到的，只有在综合考虑各种因素之后努力促使选定的投资规模尽可能地接近最佳规模。

2. 投资项目规模的选择

在投资项目选择中，正确选择合理投资规模对于合理利用资源、改善经营和提高投资效益等，具有极其重要的意义。

跨国公司对某一国市场投资的规模，往往取决于该国的消费规模，而消费规模则取决于生产消费和生活消费。生产消费量的变动是随生产量变动的函数，它的增长存在着内在的制约因素。随着新投资带来生产技术和工艺的进步，单位产品原材料消耗量下降。因此，投资使经济产出总量的大幅度增长可以和原材料消耗的大幅度下降同时发生。

在简单生产条件下，人的劳动技能是生产的决定因素。因此，劳动人口的多少在很大程度上决定着生产规模。而在自动化生产条件下，尤其是在电子计算机时代，劳动人口规模大小已不是决定投资生产规模大小的主要因素。

在开放经济条件下，生产规模的国内市场规模界限被冲破。从理论上讲，在生产要素供给不成为制约因素的条件下，只要有足够大的市场，生产规模可以不受限制地增长。在这里，跨国公司考虑投资规模时，往往把当地市场出口能力的因素计算在内。

在安排生产规模时，还必须考虑生产应具备的最低适度规模，低于这个规模生产的产出小于投入，生产是不经济的，大于这个规模才能获得效益，即产出大于投入。一般说来，生产规模越大，则经济效益越高。比如跨国公司在汽车制造业投资中，认为汽车生产的最低适度规模应该是100万辆，低于这个规模就无法在国际市场上竞争。

相关链接

生活消费规模的主要衡量指标是人口规模。一般规律是：人口多，尤其是城市人口多，消费也就大，反之亦然。公司的投资规模应与生活消费水平成正比。同时，对不同消费品的投资规模也应当不同。人对生活必需品需求的弹性系数很小。因此，在一定的条件下，对必需品的需求是一个常量。人对奢侈品需求的弹性系数很大，它是超过基本生活消费需求以上的收入变化的函数。因此，奢侈品消费的数量取决于收入增长的数量。

（三）投资环境的选择

1. 投资环境的含义

所谓投资环境（Investment Environment）是指影响资本行使其职能的外部条件。资本是以获取最高利润为目标而运动的，其动向反映了跨国公司投资者追求投资的安全性、机动性和盈利性的心理。当前国外直接投资是以跨国公司为主体、以生产资本为中心的产业资本运动，往往面临两大类风险。一是“正常风险”，又称“竞争风险”（Competitive Risks），这是由商品经济所引起的必然结果，企业会面临竞争对手提高产品质量、降低商品价格、推出新产品的挑战。二是“环境风险”（Environment Risks），即由于投资的外部环境的变化而带来的风险，这些风险可能是经济的、社会的、政治的和法律的。

2. 投资环境的选择

跨国公司在国外选择投资环境，主要考虑物质环境和人际环境。

(1) 物质环境。物质环境亦称之为投资的硬环境，由自然地理条件和基础设施结构组成。自然地理条件包括投资对象国的地理位置、资源状况、气候环境等。基础设施包括港口条件、交通设施、通讯系统、金融信息、能源供应、仓储设备、生活居住以及其他服务设施等。

(2) 人际环境。人际环境亦称之为投资的软环境，是指对投资环境有重大影响的人为自然因素和人为因素。人为自然因素包括生产能力（或运用生产技术的能力）、投资能力（或扩大生产以便利用扩大了的国内市场或出口市场的能力）和革新能力（它使研制新产品和提供新服务成为可能）。人为因素包括开放进程、投资刺激、政治社会安定、政策连续性、法制健全程度等。

跨国公司对国外投资环境的选择绝非只有经济因素，还包括自然因素、地理因素和社会因素。这是一个有机综合体，各种因素对不同国家作用的大小是不尽相同的。外国公司选择投资对象国时，绝不是简单地求出各种因素之和，而是综合判断，权衡利弊，作出“投”或“不投”的抉择。

影响投资环境的各种因素并非一成不变，随着时间和条件的变化，被跨国公司选为投资对象国的可能性也在变化。其中人为自然因素的变化，是能否吸引跨国公司前去投资的关键，而且目前绝大多数的发展中国家缺乏这一方面的条件。

3. 投资环境的差异性

投资环境还具有部门及项目的差异性。一个既定的投资环境不可能对所有的部门或项目的投资具有完全相同的吸引力。有的环境适合于制造业投资，有的环境适合于原材料工业投资，有的环境适合于旅游业投资。尤其值得注意的是，新兴产业、高技术项目的投资与传统产业、低技术项目的投资所需要的投资环境差异极大。

4. 投资环境区位优势的选择

实现国外直接投资的动机，需要合适的投资环境。在资本输出时期，受利润动机支配的投资者寻求资本少、工资低、原料贱、利润高的投资环境。英国的邓宁教授认为，当今投资者要实现投资动机，选择投资场所应格外注意区位优势（Location Advantages），即投资环境吸引力的强弱。

投资动机与投资环境两者之间的关系是：

(1) 投资环境优势是诱发投资动机的主要因素；

(2) 投资环境是实现投资动机的充分条件；

(3) 投资环境是衡量投资动机实现程度的手段;

(4) 投资环境是影响投资动机实现的多元化外部条件。

投资环境对投资主体的作用表现在：投资环境是投资主体生存和发展的土壤；投资环境影响投资主体的经营效果；投资环境制约着投资主体的决策；投资环境造成不同的投资方式。

总之，投资环境的优劣直接关系到投资的安全性和投资效益。良好的投资环境是吸引外资的基本条件。

二、跨国公司的国际投资决策

跨国公司在制定国外投资的决策时，首先要进行一道“筛选”，对国外投资的国别和产品进行粗选，然后，对“筛选”后保留下来的投资对象国和产品项目再进行可行性分析。这样，既可节省时间、精力，又可减少开支。投资决策的过程，其实质是外国投资者最大限度地“合理”利用资本，为实现利润最大化的全球战略服务。

投资决策主要是对与国家有关的变量及与产品有关的变量进行分析比较的过程。

(一) 与国家有关的变量分析

与国家有关的变量(Country-related Variables)包括市场大小(Market Size)、投资气候(Investment Climate)、当地技术水平(Local Technology Level)和与投资国之间的距离。

1. 市场大小

衡量市场大小的指标有：(1) 国民生产总值(Gross National Product，简称GNP)；(2) 人口(Population)，尤其是城市人口；(3) 按人口平均国民所得(Per-capita Income)；(4) 制造业产值(Manufacturing Output)。

通常市场越大，外国公司兴趣越大；市场越小，越不易被外国公司列为即期投资对象。

2. 投资气候

影响投资气候优劣的因素是投资对象国政府对外国公司投资的“意愿”(Willingness)及吸收投资的能力(Ability)。这样说可能较为抽象，各国经济学家将这个变量具体化为8个方面：(1) 准予外资股权拥有的程度；(2) 允许利润汇回的程度；(3) 对本国资本和外国资本待遇的差别程度；(4) 市场物价稳定程度；(5) 关税保护程度；(6) 当地筹集资金的难易程度；(7) 外汇汇率稳定程度；(8) 政治局势稳定程度。

3. 当地技术水平

一般来说，当地劳动力文化、技术水平高，则容易吸引外国公司前去投资，反之就难。

4. 与投资国之间的距离

在其他变量不变的情况下，如果投资国与接受投资国距离近，主要供应国往往采用商品输出的方式；反之，距离远，则产品运输费用高，主要供应国更倾向于采用就地投资生产的方式。

(二) 与产品有关的变量分析

与产品有关的变量（Product-related Variables）包括生产某产品“规模经济”(Scale Economy）的大小、消费者需求性质和运输费用（Freight Costs)。

1. 生产某产品“规模经济”的大小

倘若生产 A 产品的最佳规模经济小于生产 B 产品的最佳规模经济，则 A 产品就会比 B 产品早在东道国投资生产，也就是 A 产品在东道国的仿制期比 B 产品为短。

2. 消费者需求性质

假如 A 产品在东道国被视作“必需品”(Necessity)，而 B 产品被认为是“奢侈品”(Luxury)，则 A 产品就会比 B 产品早在东道国投资生产。

3. 运输费用

在能源危机期间，商品的运输费用占总销售额的比例越大，那么在东道国直接投资生产发展就越迅速。

第二节 国外投资项目可行性研究

国外投资项目的可行性研究是国外投资决策的一个重要步骤，通过可行性研究，从经济和技术等方面对投资项目进行全面的论证，以决定投资决策。

一、跨国公司国外投资项目可行性研究

(一) 项目可行性研究的含义

可行性研究是对范围确定的项目，通过收集资料、现场考察、数据对比，并在此基础上进行有关的功能实验，在反复综合论证后建立的具有确定的地址、确定的投入产出和确定的有效期的不同项目方案，然后，对诸备选方案进行综合评

估，最后对各项目提出系统的建议，这就是可行性研究报告制定的过程。

可行性研究的目的是为投资项目的决策提供科学的依据。一般可行性研究包括三个阶段：机会研究、初步可行性研究和正式可行性研究。典型的可行性研究的工作内容包括四个方面：经济论证、技术论证、管理论证和政治与社会论证。从事可行性研究的机构和从业人员应坚持三项行业道德标准，即独立、客观、公正原则（Principle of Independence，Objectiveness and Justice）。可行性研究的特点是应用性、综合性和精确性。报告要求达到一定的精确度，以保证投资决策的正确，但在实践中，它又必须保留适度误差以保证研究所需的时间和资金不超过允许的限度。

（二）项目可行性研究的程序

可行性研究是项目投资的前期准备，它具有一套严格的操作程序。

1. 筹划阶段

一般性地收集有关资料，了解投资项目背景，了解投资意图和投资者的要求，确定是否需要进行初步可行性研究。为此，从业人员应当掌握如下情况：(1) 项目目的；(2) 替代方案；(3) 调查方法；(4) 影响项目效益的因素等。

2. 调查研究阶段

通常采用案头调查和现场调查两种方法，掌握与项目有关的资料，确定选址范围，初步选定技术方案和完成市场营销预测。

3. 拟定备选方案阶段

将已收集的资料和数据进行综合分析，形成备选方案，并在此基础上反复论证，筛选出较优的方案。

4. 确定筛选方案和提出投资项目建议阶段

对较优的少数备选方案进行全面深入的研究论证，草拟论据，提出投资项目建议书，供有关人员作进一步研究。

5. 编制正式可行性研究报告阶段

按照合同完成报告及有关附件，以书面文本或提供磁盘形式报请审批。

二、跨国公司国外投资可行性研究的主要内容

跨国公司走向多国化，第一个粗略的甄选工作是国别分析，然后进行产品种类的投资机会的分析，在此基础上，在正式投资前，还要进行详细的“投资可行性研究”。所谓“投资可行性研究”（Investment Feasibility Study），指的是分析公司在海外投下一大笔资金以后，其预期的经营目的是否能够达到，以及所计划的方法是否可行。

企业进行投资可行性研究的最终目的在于取得经济上的收益，这就需要从经济、技术、生产、销售、环境、法律等各方面进行认真的可行性分析，然后作出可行或不可行的决策。可行性研究的精确程度关系到投资盈利前景，因此，这是投资决策中一个至关重要的环节。

企业预测一项投资是否可行，通常可进行以下七个方面内容的分析比较。

（一）制造可行性研究

制造可行性研究（Manufacturing Feasibility Study），包括分析加工制造所需的各种条件、获得这些条件需要花费的成本，以及生产出来的产品的品质和数量。

具体分析研究项目如下：

（1）投资项目工程占用的土地面积及其成本；

（2）工程所需厂房等生产性和非生产性建筑物面积及其成本；

（3）工程所需的各种投入物（机器设备、原材料、燃料等）的数量、品种及其成本；

（4）各种专业人员（管理人员、技术人员和非技术人员）及其成本；

（5）研究与发展项目及其成本。

（二）技术可行性研究

技术可行性研究（Technological Feasibility Study）是分析企业是否有工程技术能力来完成目标项目（Target Project）、企业所采用的技术先进程度如何，以及技术的来源。工程项目的技术通常有三个来源：母公司、子公司和经由“技术许可”（Technical Licensing）方式引进技术。

一般来说，企业进行自行研究与发展一项技术需要花费的时间长，费用昂贵。若仿造人家的产品可能会失真。若经由“技术许可”，购买人家现有的技术则需要花费一大笔开支。总之，在技术可行性研究中，应逐项分析它们的利弊，取利去弊，以求实效。

（三）销售可行性研究

销售可行性研究（Marketing Feasibility Study）包括销售因素分析（Marketing Factor Analysis）、销售策略分析（Marketing Strategy Analysis）及市场价格预测（Market and Price Forecasting）等。

1. 销售因素分析

（1）对消费者的分析；

（2）对未来产品用途的分析；

（3）对目前及将来的竞争对手的分析；

(4) 对未来市场上可能出现的代用品的分析；

(5) 对可能影响销售的非经济因素（社会、文化、政治）的分析。

2. 销售策略分析

(1) 审议、确定未来的市场价格策略；

(2) 审议、确定未来产品的销售渠道策略；

(3) 审议、确定未来产品的外销策略；

(4) 审议、确定扩大产品销售的策略；

(5) 审议、确定未来产品的发展战略。

3. 市场及价格预测

(1) 预测市场的总需求量；

(2) 预测可能达到的市场占有率；

(3) 预测1~3年内、3~5年内产品的销售量；

(4) 预测短、中、长期市场价格波动趋势。

(四) 利润可行性研究

利润可行性研究（Profit Feasibility Study）是指在进行了生产和销售可行性研究之后，计算未来投资的收益率（Rate of Return），即从投资的收益来衡量投资是否可行。

在利润可行性研究中，是以生产可行性研究和销售可行性研究中的"收入"及"支出"为基础，编制今后几年的"损益表"（Projected Income Statement）。这种损益表，表示一种"流量"，即收入、支出的流量，而非"存量"。此表记录公司在某一特定时间上，对某一项目"损额"和"益额"的总额，而损额和益额之差即为"净值"。若净值为正号，则说明公司投资经营的项目有利可图。反之，无利可得。

(五) 财务可行性研究

财务可行性研究（Financial Feasibility Study），即具体核算一下公司承受该项投资从财务上可行或不可行。通常作财务可行性研究分两步走：第一步，作出投资项目的"现金流程表"（Projected Cash Flow）及"资金流程表"（Projected Fund Flow）；第二步，根据表中的数据，分析投资项目资金来源是否有保障以及投资项目最终会给投资者带来多少现金收益。

在审议投资项目的过程中，资金流动的问题在投资项目评估中的重要性往往会被忽视，预测资金流动的重要性表现在以下几个方面：

(1) 必须区分投资项目的资金流动与公司资金流动的不同；

(2) 各国不同的通货膨胀率是影响投资竞争以至于资金流动的重要因素；

(3) 外汇汇率的变动可能改变国外附属公司的竞争地位；

(4) 通货膨胀的变动与外汇汇率的变动相比，可能会更大地影响附属公司与母公司之间的流动资金的实际价值；

(5) 当地金融市场是否健全会直接影响外国公司在当地的集资；

(6) 当地的课税制度、对资金的管理方法、金融市场及金融机构会影响投资资金流动；

(7) 政治风险会严重削弱外国公司的投资价值；

(8) 各方（东道国、母国和第三国）对投资项目会有不同的估价，投资项目的实际价值往往一时难以最终确定。

对外国公司来说，应当将投资项目的当前价值或内部的实际价值与其他投资项目相比较，也应当与东道国其他项目相比较。另外，流向母公司的资金应当与最初安排投资项目时的设想以及由母公司向投资项目出资数额相比较。在一系列对比之中，评估投资项目可能的实际价值。

（六）“投资气候”的再分析

“投资气候”的再分析（Re-analysis of Investment Climate），就是要在以上五个方面具体的可行性研究的基础上，从总体上审议一下当初粗略甄选的“国别分析”是否可行。

（七）对各种风险的评估（Risk Evaluation）

在作了上述六个方面可行性研究之后，再对复杂的、多变的、竞争激烈的海外投资中可能出现的各种风险进行综合评估，估计它们对投资项目的影响程度。实际上，它是对投资方案的“敏感性试验”（Sensitivity Test），倘若原投资方案风险过大，超出了投资者所能承受的限度，就将用“交替方案”（Alternatives）代替原方案。

此外，有些国家的大公司按规定或惯例，凡新立投资项目都设有严密的反向论证制度。这种逆向反思，是从相反的角度进行“不可行性研究”。如此正反论证，利于缜密考虑，权衡利弊，从而使投资决策更接近或符合客观实际。

第三节　国外投资环境的评估方法

企业在进行国外投资决策时，关键要做好海外项目的财务分析，即净现值、投资利润率、投资回收期、贷款清偿期、现金流量分析等。国外投资要面临的环境的变幻和风险远超过国内投资，国外投资必须应付各种政治风险、商业风险、外汇风险和投机风险，这些风险常常影响投资项目预期财务指标的实现。

在国际投资中，通常使用的投资环境分析方法是投资障碍比较法、抽样分析法、成本比较法、多种环境因素分析法等。

一、投资障碍比较法

投资障碍比较法即对潜在的东道国进行投资环境优劣比较，投资障碍少的国家，就是投资环境较好的国家。在进行此种比较时，有10种不利因素通常被视作投资障碍：

(1) 政治障碍——主要是东道国的政治制度、民主运动、政局状况、民族和种族关系等都不利于投资。

(2) 经济障碍——宏观经济失控、生产成本上升、劳动生产率下降、通货膨胀、货币贬值、国际收支赤字、外汇短缺等。

(3) 资金融通障碍——东道国资金流通渠道不畅，融资困难。

(4) 人员素质障碍——技术人员和熟练工人短缺。

(5) 经济政策障碍——对外资企业实行国有化政策与没收政策。

(6) 实施国民待遇原则的障碍——东道国对外国投资者实行歧视性政策，限制投资领域，规定股权比例，限制外籍管理人员等。

(7) 来自当地政府过多干预的障碍——过多的政府干预表现在：对当地的股权比例要求过高；规定使用当地原材料和零部件的比例过高；不公平的竞争；过分要求当地人员参与企业管理等。

(8) 设置限制进口的障碍——限制制成品和生产资料的进口。

(9) 设置利润汇回的障碍——一些东道国家实行外汇管制，严格限定外国投资者汇回利润的比例。

(10) 法律行政体制的障碍——东道国法规不健全或有法不依，没有完善的仲裁律师制度，行政效率低。

二、抽样分析法

抽样分析法是东道国政府选定或随机抽取不同类型的外商投资企业进行投资环境的评估。通常由外商投资企业的经理或部门主管，根据调查人提出的投资环境评估要素，作出口头或笔头评估。

评估项目包括：政府政策、法律法规、税收制度、利息水平、劳资关系、劳动生产率、动力供应、给水排水、运输通讯、劳动成本、市场营销、人力资源等。评估标准分为四级，即非常好、良好、一般、不佳。

抽样分析法的好处在于其信息资料来自基层，具有较大参考价值，缺点是评估要素不能面面俱到，只能突出重点，难免不够全面，有时会带有评估人的主观色彩。经过精心组织的抽样调查，有助于东道国政府了解本国投资环境对外国公司的吸引力如何，以便及时作出政策性调整。此外，国际组织、外国咨询公司、外国投资者也可借助于抽样调查，了解一国投资环境。

三、成本比较法

成本比较法是英国经济学家拉格曼（Alan M. Rugman）在1981年出版的《跨国公司的内幕》一书中提出的，他将投资环境的因素都折合为数字作为成本的构成，进行成本和收益分析，然后作出投资决策。

拉格曼成本分析公式，将各种投资环境因素作为成本代入，如以 C 表示投资国国内生产正常成本，C' 表示东道国生产正常成本，M' 表示出口销售成本（含运输、保险和关税等），A' 表示国外经营的附加成本，D' 表示各种风险成本。该公式体现了以下三类情况，其中第二类为最佳投资决策。

第一类，如果 $C+M'<C'+A'$，可选择出口，因为这种情况出口比对外直接投资有利；如果 $C+M'<C'+D'$，可选择出口，因为这种情况出口比许可证交易有利。

第二类，如果 $C'+A'<C+M'$，可选择投资建子公司，因为这种情况对外直接投资比出口有利；如果 $C'+A'<C'+D'$，可选择对外直接投资，因为这种情况对外直接投资比许可证交易有利。

第三类，如果 $C'+D'<C'+A'$，可选择许可证交易，因为这种情况许可证交易比对外直接投资有利；如果 $C'+D'<C+M'$，可选择许可证交易，因为这种情况许可证交易比出口有利。

四、多种环境因素分析法

多种环境因素分析法，偏重于将诸种投资环境因素数量化，进行微观因素的分析和比较，使投资者很容易地对不同的投资环境进行合理的评估，总分越高，投资环境越好，作为投资东道国吸引力越大。

最先采用投资环境因素分析法的是美国经济学家罗伯特·斯托鲍夫（R. Stobaugh），他将投资环境分列为八大因素，每个因素包括若干个子因素，并标有分数，投资者可以根据东道国投资环境的实际情况，作出“投”或“不投”的抉择（参见表5－1）。

表 5-1　　　　多种环境因素分析法

投资环境因素	评　分
一、资本抽回	0～12 分
无限制	12
只有时间上的限制	8
对资本有限制	6
对资本和红利都有限制	4
限制繁多	2
禁止资本抽回	0
二、外商股权	0～12 分
准许并欢迎全部外资股权	12
准许全部外资股权但不欢迎	10
准许外资占大部分股权	8
外资最多不得超过股权半数	6
只准外资占小部分股权	4
外资不得超过股权的三成	2
不准外资控制任何股权	0
三、对外商的管制程度	0～12 分
外商与本国企业一视同仁	12
对外商略有限制但无管制	10
对外商有少许管制	8
对外商有限制并有管制	6
对外商有限制并严加管制	4
对外商严格限制并严加管制	2
禁止外商投资	0
四、货币稳定性	4～20 分
完全自由兑换	20
黑市与官价差距小于一成	18
黑市与官价差距在一成至四成之间	14
黑市与官价差距在四成至一倍之间	8
黑市与官价差距在一倍以上	4
五、政治稳定性	0～12 分
长期稳定	12
稳定但因人而治	10
内部分裂但政府掌权	8
国内外有强大的反对力量	4

续表 5-1

投资环境因素	评　分
有政变和动荡的可能	2
不稳定，政变和动荡极可能	0
六、给予关税保护的意愿	2~8 分
给予充分保护	8
给予相当保护但以新工业为主	6
给予少许保护但以新工业为主	4
很少或不予保护	2
七、当地资金的可供程度	0~10 分
成熟的资本市场，有公开的证券交易所	10
少许当地资本，有投机性的证券交易所	8
当地资本有限，外来资本不多，短期资本极其有限	6
资本管制很严	4
高度的资本外流	2
	0
八、近五年的通货膨胀率	2~14 分
小于 1%	14
1% 至 3%	12
3% 至 7%	10
7% 至 10%	8
10% 至 15%	6
15% 至 35%	4
35% 以上	2
总计：	8~100 分

资料来源：罗伯特·斯托鲍夫．如何分析对外投资环境．哈佛商业评论．1969(6)~(11)．

总之，跨国公司对投资环境的评估方法甚多，但其所考虑的因素大致上如本节所列的内容，不同的评估方法只是在因素选择方面侧重点不同。我们了解和研究跨国公司对投资环境的评估方法，有助于了解它们对东道国投资环境的要求，并了解它们的投资决策过程和行为。

第四节　国外投资保证和保险制度

国外直接投资与国内投资不同，利润高，风险大。发达国家为了鼓励跨国公司进行国外直接投资，保证其投资的安全和利益，采取了一系列的政策措施和法律手段，主要表现在投资鼓励和投资保证两个方面。

一、国外直接投资的鼓励措施

发达国家采取的鼓励私人企业国外直接投资的措施包括：对国外投资收益采取优惠的税收措施；政府向投资者提供资金和技术协作；提供投资信息及促进投资活动；设立多边投资担保机构及解决投资争端国际中心。

（一）对国外投资收益采取优惠的税收措施

外国投资者在东道国投资办企业，基于不同的原则，东道国对外国投资者在本国境内的收入有权课税，母国政府对本国的国外投资者在国外收入也有权课税，这样同一纳税人有可能负担双重纳税的义务，即使他在东道国享受了低税率或减、免税收的优惠，但仍须向母国政府纳税，故无实惠可言。为了避免出现双重课税，发达国家采取两种优惠措施：

（1）税收抵免（Tax Credit），即国外投资者在东道国已纳的税款，可以在母国纳税额中相抵扣减；

（2）税收饶让（Tax Sparing），即凡纳税人在税源国已征了税，在母国可免征税收。第二项措施对国外投资者更有实益，但目前大多数国家采用税收抵免办法。

（二）政府向投资者提供资金和技术协作

主要发达国家政府对本国跨国公司，无论在东道国独资经营，或者在东道国合资经营，都给予资金和技术方面的协作。

1. 在资金方面的协作

具体做法包括：

（1）政府出资或贷款，直接参与投资活动。

（2）政府设立特别基金，资助投资者在国外投资。这类特别基金有：美国政府对其海外私人投资公司的资助项目；法国对工业的“第二种贷款”，对海外投资提供设备补助金；日本输出入银行、海外经济协力事业团等机构的贷款及认购股份。

（3）设立由政府资助的金融开发公司。它的任务，首先是向国外投资项目提供“风险基金”——贷款或出资。这是对私人投资的资金融通活动，既不需要当地政府保证，也不需要对贷款提供担保，只要求该资助的投资项目经东道国承认。其次，是促进和资助开发海外投资市场有成绩的跨国公司，主要是在技术援助、资金融通以及对投资项目的评估和总投资额的决定等方面进行资助和参与。这将有助于增加投资者在当地银行界的资金周转，改善当地合伙者与国外投资者的关系。

不少发达国家都设有开发金融公司，如美国的海外私人投资公司（The Overseas Private Investment Corporation，简称 OPIC）、英国联邦开发公司（Commonwealth Development Corporation，简称 CDC)、德国投资与发展公司（DEG)、法国的经济合作中央金库（CCCE)、欧洲经济共同体的投资银行（The European Investment Bank，简称 EIB)、日本的海外经济协力基金（Overseas Economic Corporation Fund，简称 OECF)、世界银行集团的国际金融公司（International Finance Corporation，简称 IFC）等。

2. 在技术援助方面的协作

主要发达国家政府提供资助，设立培训机构，为国外投资企业（尤其是发展中国家）培训各种技术人员。此外，政府还协助民间非营利团体进行咨询服务工作。如美国企业为了推广其企业经营技术，成立了“国际经营服务队”；日本设立了“世界经营协议会”。

（三）提供投资信息及促进投资活动

发达国家为了促进国外投资，还积极向投资者提供东道国经济状况和投资机会的有关信息，以便使投资者进行投资决策。政府提供情报的主要渠道是有关政府部门和驻外使领馆。另外，联合国开发计划署（United Nations Development Programme，简称 UNDP）是向发展中国家提供投资援助和多边技术援助的重要渠道。在促进投资活动方面，值得一提的是政府还向投资者提供有关发展中国家的投资机会的资料，并对与投资计划有关的暂定的技术或资金资料所进行的可行性研究或“投资前调查”所需资金，予以全部或部分资助。政府所资助的调查资金，通常为调查费用的一半。待将来投资项目实现后，投资者应偿还政府资助的费用。有些国家将这项资金引入政府预算，从财政上予以保证。

（四）设立多边投资担保机构及解决投资争端国际中心

早在20世纪60年代，许多国家对建立一个国际投资多边担保机构就很感兴趣，进行了定期的讨论。1974年，阿拉伯国家首先建立一个地区性机构——阿拉伯投资担保联营机构，该机构为阿拉伯成员国之间的投资提供投资担保、情报信息和技术援助。该投资机构的成功，推动了世界银行于1981年倡议建立一个由投资国和东道国资助和控制的多边投资担保机构（Multilateral Investment Guarantee Agency，简称 MIGA)，该机构提出通过下列措施改善在发展中国家的投资气候：(1）为外国投资的非商业性风险提供担保；(2）通过调查研究，提供信息和技术援助，以及提倡政策上的协作，作为世界银行和国际金融公司促进外国直接投资活动的补充。

合理解决投资争端，是保证私人企业国外投资活动顺利的重要措施之一。世界银行于1965年建立解决投资争端国际中心（International Centre for Settlement of Investment Disputes，简称 ICSID)，通过提供双方都可接受的程序，解决东道国和外国投资者的争端，有助于改善直接投资的结构。从这个意义上来说，世界银行在这两方之间建立起了相互更加信任的关系。

二、国外直接投资保证及保险制度

国外直接投资保证制度（Investment Guarantee Program）是指对投资项目所受损失，进行百分之百的补偿。对外投资的保险制度（Investment Insurance Scheme）是指在一定条件下，对投资项目所受损失给予一定比例的补偿。但是，目前各国所实行的投资保证，实际上是投资保险。

由于直接投资是一种长期投资，并通常以建厂和购置机器设备等方式进行，因此它承担着政治风险（Political Risks），即没收、冻结通货、战争、革命或暴动等与东道国政治、社会、法律有关的人为风险，这些风险皆非投资者所能控制。一般所称投资保证，主要是指政治风险的保证。为了使现有的和可能的投资者放心，鼓励其对外直接投资，并保障其安全与利益，各国政府制定了种种保护措施。

相关链接

"国家保证"（State Guarantee）制度，又称"政府保证"（Government Guarantee）制度。这种制度的特点为：只限于对海外私人直接投资承担关于政治风险的保险责任，不包括一般商业风险，而且政府的保证不仅给予事后的补偿，更重要的是防患于未然，尽可能保证事故不致发生。

各国的投资保证及保险制度，都是对外汇险、征用险、战争险三种政治风险进行保险。凡经认可的投资项目，可以就三种风险之一或其全部进行保险。

关于保险费及损失补偿，海外私人直接投资者与政府保险机构订立保险契约，规定由投资者缴纳保险费，政府承保机关承担保险责任。若发生事故，政府承保机关按契约规定，向投资者补偿因事故所受损失。

外汇险、征用险、战争险三种政治风险的综合保险费，加拿大为3%，德国、挪威、丹麦为0.5%，瑞典为0.7%，比利时、澳大利亚为0.75%，法国、荷兰为0.8%，英国为1%，瑞士为本金的1.25%、利润的4%。

一旦发生事故，通常承保机构会补偿投保者实际损失的90%，申请保险的投资者自负损失的10%。美国、英国、德国、挪威、荷兰、日本等国规定投资者自负比例为10%，而加拿大、瑞士、丹麦则为15%。

关于投保期限各国立法也不相同，通常最长期限为15年，个别更长的也不超过20年。

目前，许多发展中国家为了更多地吸引外资，亦通过了有关保护外资不受没收的法令，一些国家还把这种法令纳入宪法。发展中国家与发达国家已经签署了许多保护投资的双边协议，这些协议包括了转移和没收风险。此外，有些国家（包括印度、韩国及主要工业国家）制定了投资担保方案。中国同美国签订的《关于投资保险和投资保证的鼓励投资的协议及有关问题的换文》对投资鼓励已正式生效，由美国海外私人投资公司对美国私人企业在中国的直接投资承担政治风险提供保险和保证。

分担政治风险的另一种途径是进行私人保险业务。20世纪70年代初，英国伦敦劳合社保险公司的保险商和经纪人首先创立了海外投资与出口合同的政治风险。从那以后，这种做法得到很大的发展。

三、美国投资保险和保证计划

（一）建立投资担保专职机构

美国在实施第二次世界大战后复兴欧洲经济的马歇尔计划时，就拟定了海外投资保证计划，以后又几经修订，1969年设立海外投资公司，使奖励、促进和保护私人海外投资的措施更为充实和有效。

美国海外私人投资公司（Overseas Private Investment Corporation，简称OPIC）于1971年1月开始营业，主管美国私人海外投资保证和保险并承担了原来国际开发署的投资保险业务。

OPIC的主要业务是对美国在发展中国家的投资进行保险和提供项目融资。OPIC承担的保险险别包括：货币禁止兑换险，征用险，战争、革命和起义险。其保险范围仅限于同美国签订有双边投资保护协定的国家和地区。投保人的资格要求是：美国公司、按美国法律建立并有美国公民持有50%以上股份的法人公司或按外国法律建立并由美国公民持有95%以上股份的法人公司。投保期限最长为20年。保险标的可以是现金投资、实物投资或权益投资。保险费的标准为：货币不可兑换险年率0.3%，征用险0.6%，战争、革命和起义险0.6%，同时投保三者年率1.5%。

（二）美国海外私人投资公司的主要担保业务

海外私人投资公司主要业务，除了提供保险外，还包括以下一些：对美国企业在海外享有股权与参与经营管理的投资项目提供资金帮助；协助美国企业开发海外市场，以弥补美国开发援助之不足；保护美国厂商的国外利益；对不包括在《财富》1 000 家大公司名单中的中小企业在海外投资，给予中、长期直接贷款；直接参与由其资助的企业创设的海外投资项目；此外，还向海外投资企业提供咨询和法律顾问等。由此可见，海外私人投资公司不仅是一个保险机构，而且是美国政府用来开发海外市场和扩大资金、技术、商品、劳务等出口的重要政府公司，其主要职责是协助实施美国政府对外投资政策，特别是主管投资保证和保险业务。

据美国《对外援助法》的规定，投资保证（保险）的范围包括三种政治风险。凡经 OPIC 认可的投资项目，对下列风险之一或全部，承担保险或保证责任。

1. 外汇险

外汇险，又称通货不能自由兑换（Inconvertibility）的风险，是指作为被批准的投资项目的利润、权利金、劳务费、其他收入以及投资本金不能在东道国兑换成美元汇回美国时，只要在投资保险期内，OPIC 将按当时汇率兑换为美元予以支付。这种外汇保险事故产生于三种情况：一是东道国政府实行外汇管制，停止或限制外汇汇出，称之为主动封锁；二是东道国政府外汇短缺，无能力兑换，称之为被动封锁；三是东道国政府实行歧视政策，对投资者采用不同汇率，称之为差别待遇。但东道国当地货币的贬值或升值，均不在外汇保险之列。

2. 征用险

征用险（Expropriation）指被批准的投资项目，由于东道国实行征用、没收（Confiscation）或国有化（Nationalization），引起投资财产全部或部分的损失，OPIC 按征用险予以补偿。OPIC 在支付赔偿前，有权要求投资者采取一切必要行动，向东道国政府寻求合理和有效的手段，防止或抗议东道国的征用行动。投资者所采取的行动纵然无效，仍无碍其向 OPIC 索赔。

OPIC 向投资者支付保险金后，有权继承投资者对被保险项目所享有的一切权益，代位向东道国进行索赔，一般称之为代位求偿权（Sabrogation）。因此，投资者在接受 OPIC 赔偿前，有义务将自己就该投资项目对东道国所享有的一切权益，转移给 OPIC。

3. 战争险

战争险包括战争、革命、内战及暴动等引起的投资财产的损失。至于行政人员被绑架，规模较小的骚动等，则不包括在保险范围之内。

美国投资保证及保险制度是国内法制度，但以国际保证协定为前提，并借此发挥作用，就此意义上讲，可说是具有国际性或准国际性，已成为其他主要发达国家投资保证制度的范本。

◇ 问题与思考

一、名词解释题

1. 投资环境
2. 投资保险制度
3. 投资决策
4. 美国海外私人投资公司
5. 投资可行性研究

二、填空题

1. 跨国公司在国外进行投资和生产的基础是实行________。

2. 跨国公司在国外建立的子公司具有两重性：一方面是________；另一方面是________。

3. 在保证资本增值的前提下，跨国公司的具体投资导向有：①________；② 市场导向型投资；③ 成本导向型投资；④________。

4. 当前国外直接投资是以________为主体、以________为中心的产业资本运动。

5. 国外直接投资往往面临两大类风险，一是________；二是________。

6. 投资决策主要是对与________有关的变量和与________有关的变量进行分析比较的过程。

7. 在国际投资中，通常使用的投资环境分析方法主要有________、抽样分析法、成本比较法和________等。

8. 发达国家为了鼓励跨国公司进行国外投资，对国外投资收益采取两种优惠税收措施：一是________；二是________。

三、是非题

1. 投资项目和经济效益之间存在着一定的函数关系，投资中的经济效益和项目规模成正比。(　)

2. 跨国公司国外投资项目可行性研究的目的是为投资项目的决策提供科学的依据。( )

3. 国外直接投资的保险制度是指在一定条件下，对投资项目所受的损失给予百分之百的补偿。( )

4. 国外直接投资的保证制度是对投资项目所受的损失，进行百分之百的补偿。( )

5. 跨国公司进行投资可行性研究的最终目的是取得经济上的收益和战略控制。( )

6. 国外投资环境的评估方法之一是投资障碍比较法，这是指对潜在的东道国家进行投资环境优劣比较，投资障碍少的国家，就是投资环境较好的国家。( )

7. 目前，许多发展中国家为了更多地吸引外资，有的国家通过了有关保护外资不受没收的法令，有的还把这些法令纳入宪法。( )

8. 由于直接投资是一种长期投资，因此，这种投资要承担政治风险和商业风险。( )

四、问答题

1. 跨国公司可以选择什么样的国外投资目标?

2. 企业如何确定国外投资项目的规模?

3. 何谓投资环境? 跨国公司是如何选择国外投资环境的?

4. 投资动机与投资环境有什么关系?

5. 什么是投资可行性研究? 跨国公司是如何进行国外投资可行性研究的?

6. 试比较目前国际上常用的国外投资环境的评估方法。

7. 发达国家为了鼓励本国公司进行国外直接投资，采取了哪些鼓励投资的措施?

8. 试分析国外直接投资保证及保险制度是如何促进投资活动的。

◇案例分析

日本佳能公司提高企业竞争优势的策略

整合开发、制造和生产，争取三位一体的竞争优势

日本佳能公司以经营照相机和复印机而闻名，在过去的20年里，该公司高工资的日本员工总数增加了一倍多。自 2002 年以来，佳能在日本的就业岗位增加了 6 000 多个。与此同时，它的利润增长了 156%，达到创记录的 31 亿美元。

在劳动密集型行业，第一世界国家发现竞争难度越来越大。世界上最先进的出口国家的奥秘，在于它们的关键行业为高度资本密集型。第一世界的优势因为一流的生产技术而进一步提高。

2005 年是佳能公司实现“全球优良企业计划”第二阶段的最后一年。佳能通过不断选择战略重点，已经在成为真正优良企业的道路上取得了重大成果。2006 年佳能的改革进程进入一个新的阶段：通过开发和生产的整合，以进一步提高成本效率。第一个挑战就是实现“原型最少化设计”，即彻底做到无原型试验品。而且，在不断开展零部件采购方面的改革的同时，努力加强工厂自动化，以便进一步增强内部生产能力。佳能的目标是通过整合开发、生产和制造，争取三位一体的竞争优势，最终建立起具有高度竞争力的生产体系。

提高研发能力，不断拓展新业务

佳能公司在许多生产技术方面独占鳌头。佳能公司有一条规定，即任何生产工序，如果投入的劳动力占总成本的 10% 以上，就应该外包给低工资的国家，比如中国。但大量岗位仍然留给日本工人，佳能为期 3 年的全球资金支出计划有 80% 用在日本。佳能几年前斥资 7 亿美元建造了一家生产计算机打印机墨盒的工厂，仅雇用了 1 000 人。这就是说，每个工作岗位投资 70 万美元，在这种情况下佳能将厂址选在日本便不足为奇了。把工作岗位留在本国以有助于公司保护生产力就是佳能长期占据竞争优势的重要秘诀。

佳能公司的经验值得关注，因为这表明所谓的第一世界制造业崩溃是不正确的。制造业不仅在第一世界生存下来，而且还将继续繁荣发展。至少在那些接受先进生产技术的工业国家是如此。一个发达的制造业，对任何一个渴望在世界上立足的先进国家来说，都是至关重要的。

在 2005 年，佳能加速显示设备的开发和商品化，特别是加快与东芝公司成立的合资公司的 SED 的批量生产准备工作。同时，积极推进欧美销售公司和生产子公司等在“培养集团公司自主业务”方面的快速发展。在不断拓展新业务领域的同时，探索关键零部件的开发和商品化道路一直是佳能发展战略的重点。

确立全球销售体制

经济全球化和信息技术的巨大发展极大地改变了全球市场的结构。与此相呼应，佳能以佳能美国、佳能欧洲、佳能中国和位于日本的佳能销售为中心的各地区销售公司对其子公司进行了重组与整合，开展提高销售网络效率以及对信息系统和配送网络进行升级等的体制强化活动。其目标是完成正在进行的销售体制改革，从而能提高销售能力和效率。

全球优良企业计划

基于“共生”的企业理念，佳能的“全球优良企业计划”是一项中长期的经营计划，该计划旨在通过技术创新使佳能成为一家不断为社会作出贡献并获得全世界的欢迎和尊敬的集团公司。在1996年启动的计划第一阶段的5年里，佳能在集团内部彻底灌输以利润为导向和整体优化概念，通过单元生产方式和基于现金流的整合业务绩效评估来引进生产改革。在2001年启动了该计划的第二阶段，佳能在从事的所有业务领域均达到全球第一，并不断加强研发能力。佳能已经在这一阶段中取得了包括开发改革和实现关键零部件自行生产在内的巨大成果。

日本佳能公司实施的开发、生产和制造三位一体的整合计划，对我国企业提高国际竞争力有哪些借鉴意义？

第六章

跨国公司的内部贸易与转移价格

学习目标

掌握公司内部贸易的含义、特点；转移价格的含义和依据；转移定价的方法。熟悉公司内部贸易与传统国际贸易的异同；跨国公司实行转移定价的目的。了解各国政府对跨国公司转移价格的管理。

第一节　跨国公司的内部贸易

跨国公司的全球战略和公司内部"一体化"战略，不仅促进了跨国公司与其他公司贸易的发展，而且促进了跨国公司内部贸易的迅速增长。

一、跨国公司内部贸易产生的原因

（一）跨国公司内部贸易的含义与特征

1. 公司内部贸易的含义

跨国公司内部贸易（Intratrade）是指一家跨国公司内部的产品、原材料、技术与服务在国际间流动，这主要表现为跨国公司的母公司与国外子公司之间以及国外子公司之间在产品、技术和服务方面的交易活动。尽管从国际贸易总量考察，跨国公司内部贸易额仍小于公司外部贸易额，但不断发展的跨国公司内部贸易日益重要，对传统的国家贸易方式产生了很大的影响。

跨国公司内部的国际贸易，亦称之为跨国公司内部贸易。之所以称其为“内部交易”，是因为这种交易虽然导致商品跨越国界的运动，但是交易行为主体实际上是同一个所有者。它既具有国际贸易的特征，又具有公司内部商品调拨的特征。因此，它是一种特殊形式下的国际贸易。在当代国际贸易中，跨国公司的内部交易已占世界贸易额的1/3以上，随着跨国公司的发展，这种内部交易在世界贸易中所占的比重将越来越大。

跨国公司内部交易在交易方式和交易动机上，与正常的国际贸易交换大相径庭。公司内部交易的利益原则，即获利动机并不一定是以一次性交易为基础，而往往以综合交易为基础。从这个意义上讲，跨国公司内部交易是公司内部经营管理的一种形式，是把世界市场通过企业跨国化的组织机构内部化（Internalization）了。这种业已内部化的市场为跨国公司生产专业化分工、资金的融通调拨和技术的转让提供了重要的机制，也有助于克服由国别限制所造成的障碍。

2. 公司内部贸易的特征

跨国公司的内部贸易，具有传统国际贸易的某些特征。例如，它是一种跨越国境的商品流通，是两个经济实体的商品和劳务的交易，这种交易的结果会影响两国的国际收支等。同时它又具有一般国际贸易所没有的特点，如交易价格不是由国际市场供需关系所决定的，而是由公司内部自定的。

公司内部贸易是在同一所有权企业内部进行的，它们所创造的是一个内部一体化的市场。在这一市场里，交易的动机主要是实现企业内部的经营与管理，使经营过程中各构成要素实现正常的运动。在公司内部一体化市场里，传统国际贸易的国别和地区市场的界限消失了。从这个意义上讲，公司内部市场是一种理想的真正的国际一体化市场。然而，跨国经营企业与东道国市场有着紧密的联系渠道，建立的是一种互补经济关系，它们在原材料、零部件、劳动力、资金和市场等方面都与东道国当地经济密不可分。由此可见，公司内部一体化市场绝不可能是一个完全封闭的市场。

3. 公司内部贸易与外部市场的关系

公司内部市场与外部市场的联系机制包括以下三种形态：母公司所在国与子公司所在国的纵向关系；各子公司所在国之间的横向关系；纵向与横向交叉的交织关系。因此，当这种联系机制链条上的某一环发生变化时，就会使其余环节产生“共振”或传递。

跨国公司内部经济关系即指跨国公司内部母公司与子公司以及子公司与子公司之间经济关系的总和，这种关系是跨国公司内部经济关系的核心部分，跨国公司与东道国市场的联系则构成跨国公司内部经济关系的外围。

(二) 跨国公司内部贸易产生的原因

跨国公司内部贸易产生的原因，主要有以下几个。

1. 内部贸易是技术进步和国际分工进一步发展的结果

技术进步和国际分工的发展使传统的公司间分工相当大的部分转化为公司内部分工，在公司的内部分工中，传统的水平分工也逐步让位于垂直分工，其结果必然使公司内部的贸易量大大增长。同时，跨国公司的发展，促进和健全了公司内部网络的形成，开辟了全球范围内进一步一体化生产和市场购销活动的可能性。由于把生产加工的不同阶段分设在不同国家，或者由于各子公司专门生产整个生产线的某种特定部件，这就反过来扩大了企业的内部贸易。

2. 贸易内部化可以防止技术优势的扩散

内部贸易有助于公司增强其在国际市场上的垄断地位和竞争能力，实现全球利益的最大化。对技术的垄断是跨国公司的特有优势，也是其存在和发展的关键，如果公司的技术产品在公司外部交易中有可能被竞争对手模仿而蒙受损失，内部贸易就可避免此类事情的发生。

3. 贸易内部化是跨国公司追求利润最大化的必然结果

公司内部贸易可以大幅度减少通过外部市场交易所付的费用，节约交易成本，增加利润。

4. 内部贸易可降低外部市场造成的经营不确定风险

由于完全受市场自发力量的支配，企业经营活动面临着诸多的风险，即投入供应数量不确定，投入供应质量不确定，投入供应价格不确定，不同生产工序和零部件分别由独立企业承担，这在协调上又有可能产生问题。公司内部贸易可以大大降低上述的各种经营不确定性，实行合理计划，科学地安排经营活动。

5. 内部贸易可以充分利用转移定价攫取高额利润

内部贸易的产品和服务定价是根据跨国公司的全球战略目标，由公司上层决策人士制定的。公司借助于转移价格中的转移高价和转移低价，谋取高额利润。

综上所述，社会分工是资本主义商品经济的基础，分工必然引起交换。跨国公司实行内部国际分工，一则能使跨国公司通过专业化分工，提高劳动生产率，进而取得规模经济的效益。二则通过把一种产品的全部生产技术分割成为各个零部件的生产技术，转让给相应的子公司，有利于母公司对整个生产技术的垄断和对海外子公司的控制。因此，跨国公司内部的国际分工必然会引起跨国公司内部交换，没有分工就没有内部交换，反过来，没有内部交换，内部分工也无法存在。

二、跨国公司内部贸易的特点

传统的国际贸易是不同国家之间所进行的商品和劳务的交换，跨国公司内部贸易是一种特殊形式的国际贸易，它是同一所有权企业内部的商品和劳务的跨越国界的流通，它具有以下几种特点。

（一）内部贸易实行转移价格，平衡公司各部门的利益

实行转移价格有助于克服公司内部分工的统一性与各部门利益不一致性的矛盾。随着公司跨国业务的发展，其内部根据世界资源的地理划分而形成的国际分工也在不断深化。公司的专业化分工提高了劳动生产率，取得规模经济效益，同时又能防止技术工艺的流失。然而，海外子公司采取的是多样化股权形式，使得母公司与各个子公司之间形成多样化、多层次的经济关系。这种经济利益的差异性必然导致跨国公司的总体利益与各子公司的局部利益之间的矛盾和冲突。跨国公司实行转移价格是克服这一矛盾的有效方法。转移价格使整个公司的经营活动在全球战略目标指导下实现内部交换，并在协调的基础上使各自的利益得到满足。

（二）内部贸易不存在贸易标的所有权的外向转移

在传统的国际贸易中，商品的所有权由卖方转移到买方。但是，在跨国公司内部贸易中，其商品所有权只是在公司内部各组成部分之间移动，而没有超出跨国公司的体系，从公司的整体意义上讲，内部贸易不存在所有权的外向转移问题。公司内部贸易所有权的转移原因是，多种形式的股权所有制所引起的经济利益的差异，以及内部经济核算、财务管理的要求。

（三）内部贸易实行公司计划管理

公司内部贸易的计划性主要是指内部贸易的商品数量、商品结构以及地理流向等要受公司长远发展战略计划、生产投资计划、市场营销计划和利润分配计划的控制和调节。跨国公司实施内部贸易计划管理的目的是：调节公司内部的资源配置，使之不断适应公司发展战略和外部环境变化的要求，在激烈竞争环境中立于不败之地。跨国公司对内部贸易实行计划管理的手段有：自上而下，下达各子公司必须完成的计划指标；借助于转移价格实施和调整计划管理。

（四）内部贸易与公司的技术水平有关

实行内部贸易与公司拥有的技术水平相关，其技术水平越高，内部贸易的比重就越大。跨国公司成功的关键之一，是始终保持其技术优势。这种公司特有的技术优势产生于公司内部的研究开发，并严防向外扩散，它只能在公司内部运用，由母公司向海外子公司技术转移的程度取决于技术本身的保密价值。据邓宁教授研究，母公司内部出口贸易在其总出口中的比例，计算机工业为91.3%，石油工业为51%，汽车工业为62.4%，电子工业为36.5%，纺织业为12.8%，食品业为9.8%。

日本丰田汽车公司几年来始终在世界500强的前列。1995年丰田汽车公司海外生产的汽车第一次超过从日本本土出口的数量。2003年丰田汽车公司营业额超过了美国福特汽车公司，仅次于美国通用汽车公司，位居世界第二位。2005年两个公司又缩小了差距，相差无几。按此势头及展下去，丰田赶上甚至超过通用只待时日。这里有一条经验值得一提，即内部贸易提升了丰田的经营效益。丰田汽车公司在东南亚地区汽车零部件的内部贸易由设在新加坡的丰田汽车管理服务公司协调。丰田汽车公司安排泰国生产柴油机，菲律宾生产变速器，马来西亚生产转向装置，印度尼西亚生产发动机，详见图6－1。

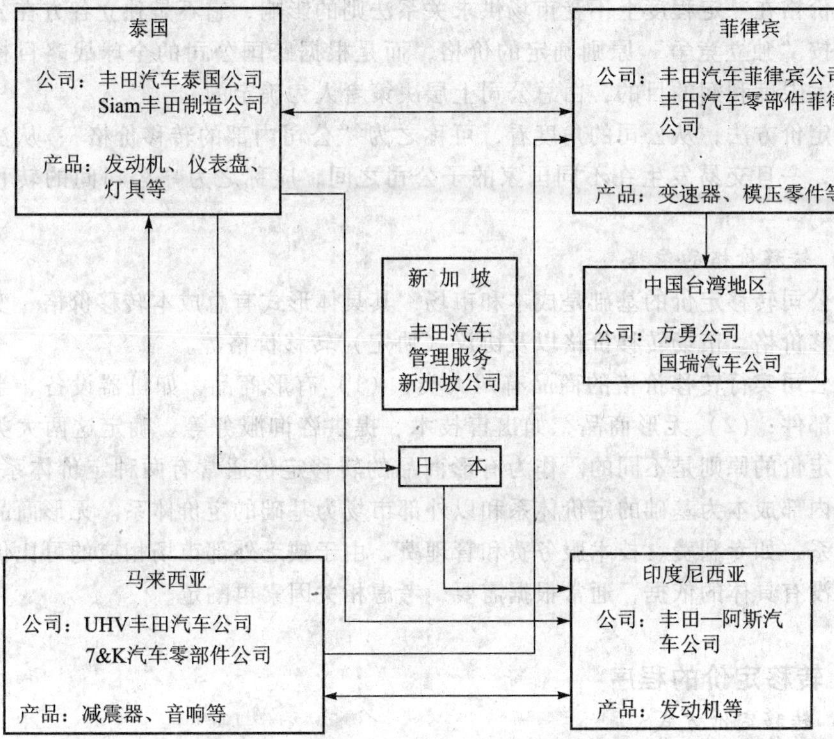

图6－1　日本丰田汽车公司零部件跨国生产网络

第二节　跨国公司转移价格

跨国公司以转移价格为基础，对有形商品和无形商品采用不同的内部定价原则。制定转移价格的程序具有系统化、制度化和科学性的特点。

一、转移价格的依据

（一）转移价格的含义

转移价格（Transfer Price），在我国又称为转让价格、划拨价格、调拨价格。在西方国家也称之为公司内部价格（Intracompany Price）、内部价格（Internal Price）或记账价格（Accounting Price）。它是指跨国公司内部，母公司与子公司、子公司与子公司之间相互约定的出口和采购商品、劳务和技术时所规定的价格。这种价格在一定程度上不受市场供求关系法则的影响，它不是独立各方在公开市场上按“独立竞争”原则确定的价格，而是根据跨国公司的全球战略目标和谋求最大限度利润的目的，由总公司上层决策者人为确定的。

这种定价方法，从公司的角度看，可称之为“公司内部的转移价格”；从法律角度看，一旦交易发生在不同国家的子公司之间，应称之为“公司间的转移价格”。

（二）转移价格的依据

跨国公司转移定价的基础是成本和市场，其具体形式有总成本转移价格、变动成本转移价格、市场转移价格以及协议（协定）转移价格等。

跨国公司实行转移价格的商品有两大类：（1）有形商品，如机器设备、半成品和零部件；（2）无形商品，如出售技术、提供咨询服务等。确定这两大类商品转移定价的原则是不同的。作为有形商品的转移定价通常有两种定价体系，也就是以内部成本为基础的定价体系和以外部市场为基础的定价体系。无形商品的定价体系，如专利费、技术服务费和管理费，由于缺乏外部市场相应的可比价格，定价没有具体的依据，通常根据需要，考虑相关因素再酌定。

二、转移定价的程序

（一）转移定价方式

跨国公司制定转移价格，按其组织结构的不同可分为以下几种转移定价方式。

（1）以母公司为中心，实行高度集权的“本国中心”体制，其转移价格的制定采用集中化方式。即由母公司经理人员，按照公司全部要素，集中统一选择对整个公司最有利的价格。

（2）以海外子公司为中心，实行分权管理的“多元中心”体制，其转移价格的制定采用分权化方式。即由各子公司经理人员，按照所在地经济特点，选择最佳的转移价格。

(3) 公司实行管理权的集中与分散相结合的"全球中心"体制，其转移价格的制定采用协议方式，由利益相关各方协商议定最优化的转移价格。

(二) 转移定价的具体步骤

跨国公司转移价格制定的程序，具有系统化、制度化和科学性的特点。转移定价的制定程序可分五个步骤。

1. 选择转移价格的目标

转移价格的目的是为了减轻税负、配置资金、调整利润、逃避东道国的价格控制、避免外汇汇率变动风险、增强新建子公司的竞争能力等。转移定价的目的不同，所采用的手段各异。

2. 提出转移价格体系的初步设计方案

转移价格体系是一项复杂的价格系统工程，一开始应局部试行初始价格(Initial Price)，经反复实践，证明它不会因不适当而给公司带来经济损失，在此基础上即可拟定初步设计方案。

3. 草议和审定新的转移价格体系

公司计划人员经周密研究比较各种设计方案后，提出最终的转移价格政策报告，其内容包括：(1) 价格体系目标；(2) 经营商品；(3) 定价标准；(4) 定价的依据；(5) 外购政策；(6) 解决部门间矛盾和纠纷的方法：(7) 仲裁委员会及仲裁员的职责；(8) 计划与管理价格体系的原则和程序等。

4. 公司内部设立仲裁机构

跨国公司内部设立仲裁委员会或仲裁员，解决由于价格不完全一致而产生的争端，使部门间的冲突降至最低程度。

5. 定期检查和修订转移价格体系

由于国际市场竞争条件的变化、税法的修改、汇率大幅度的变动以及政治环境和外部经济环境的变化，也由于公司内部经营要素的变化，使原有的价格体系与内外客观环境不相适应，因此要求公司定期回顾、检查和修订原价格体系。

三、转移定价的方法

(一) 有形商品的转移定价

跨国公司内部对不同类型的商品，采用不同的转移定价方法。有形商品的转移定价，通常采用两种定价体系：一种是内部成本加调高（或减调低）的转移价格的定价体系；另一种是外部市场价格加调高（或减调低）的转移价格的定价体系。

1. 内部成本加调高（或减调低）的转移价格定价体系

在这种定价体系里，在不同的情况下，又有不同的内部成本的确定方法：(1) 在一个成本中心的垂直化企业里，则以成本为基础确定转移定价；(2) 在一个利润中心的垂直一体化企业里，则以成本加一定百分比的毛利作为定价基础；(3) 在生产同类产品的各生产单位之间，则以成本加管理费作为横向转移定价的基础。①

2. 外部市场价格加调高（或减调低）的转移价格定价体系

在这种定价体系里，有两种确定市场价格的方法：如果是有国际市场价格的商品，则以国际市场价格作为定价基础；如果是没有国际市场价格的商品，如零部件、半成品等中间产品，则以成本加成的方法作为定价的基础。

各国跨国公司根据不同的转移定价的目标，采用不同的定价方法。据美国的调查报告透露，有2/3的跨国公司采用内部成本加调高（或减调低）的转移价格的作价方法；其中又有一半以上同时使用外部市场价格加调高（或减调低）的转移价格的作价方法。

（二）无形商品的转移定价

无形商品的转移定价，如子公司付给母公司技术使用费、贷款利息、商品使用费、佣金及管理费等的作价。由于无形商品的价格可比性差，没有可靠的定价基础，其价格制定主要取决于掌握市场信息情况的程度和谈判中讨价还价的能力。

第三节　跨国公司转移价格的经济利益

转移价格是跨国公司的一种战略性价格，是跨国企业的一种经营策略。公司使用转移价格一方面借助于这一定价手段积极影响内部贸易，以实现全球战略目标；另一方面用它来促成对子公司经营上的激励或对其业绩的考评。跨国公司使用转移定价手段的主要效能包括如下几个。

一、减轻税负

跨国公司子公司分布在世界各地，各子公司在业务经营中所取得的利润要向

① S. H. Robock, K. Simmonds. International business and multinational enterprises. 4th ed. Homewood: Richard D Iruin, 1999: 552～554.

东道国交纳公司所得税（Income Tax）。但各国的税法及税率又参差不一。跨国公司使用转移价格尽可能地减少或逃避有关主权国家对企业所得税和关税的课征，以增加公司利润。

对跨国公司而言，转移定价对进口税和所得税的影响方向正好相反，少纳进口税就多纳所得税，而所得税负通常要比进口税负重，因此，跨国公司权衡的结果是在决定转移定价时所得税负因素通常得到优先考虑。

（一）逃避所得税

企业所得税是跨国公司最大的税负。东道国政府通常根据公司的利润额计算应纳的税款。跨国公司使用转移价格把高税率国家子公司的利润转移到低税率国家或避税港子公司，从而可以减少向所在国纳税的税额。例如，一家美国跨国公司欲将某些中间产品销售到英国的子公司，它先以低价出售给设在百慕大群岛的子公司，再由该避税港子公司以高价转售给英国的子公司。在实际业务中，货物可由美国直接发往英国，无须经避税港子公司。而借助转移价格手段使美国母公司因"低价"出售而无盈利，英国子公司也因"高价"买入而无盈利，设在避税港子公司则获取双方的盈利，从而减轻了整个公司的税负，增加了利润。

（二）逃避关税

公司通过转移价格，将设在高关税国家里的子公司进货价低估，降低子公司的进口额，从而减少进口税。另外，可以利用区域性关税同盟的有关关税优惠的规定。例如，欧洲自由贸易区规定，商品如系自由贸易区外生产的，由一成员国运往另一成员国时，须交纳关税。但如果该商品的价值一半以上是在贸易区内成员国中增值的，则在贸易区内运销可免于交纳关税。因此，如果一家美国跨国公司要把一批半成品运往其设在德国的子公司，制成成品后欲在自由贸易区内销售，美国的母公司就可采用调低转移定价，人为压低半成品的售价，使其在德国制成成品后的价值一半以上是在德国增值的，这样该商品在运销到自由贸易区其他成员国时就不用交纳关税了。

二、资金配置

跨国公司从事对外直接投资，进行多国经营，需要利用众多的资本市场，并实现资金的自由调拨与配置。但是，东道国往往对资金的调出加以种种限制，如限制汇回利润、严格的外汇管制等。因此，跨国公司设法利用转移价格在公司内部配置资金。

（一）由各子公司分担公司的研究开发费用

公司实行集中研究开发新技术和新产品，而产品销售地分布世界各个市场，于是母公司要求各子公司对集中开支的研发费用进行分担，采用转移价格调拨内部各单位的资金。

（二）转移资金以求厚利

公司把资金由低利国家转向高利国家，或者当某国外市场出现投资良机，便抬高转移价格，以此将资金调往最有利可图的市场。

（三）避免东道国家对资金的限制

公司使用转移价格，提前调回资金，或者减少直接投资额，利用高利贷款方式将资金以利息方式调回，可规避东道国对资金调出的限制。因为一般说来，各国的外汇管制都不限制贷款和利息的汇出。

三、利润调节

跨国公司利用高税区与低税区税收的差别，通过对转移价格的调高或调低来影响国外子公司利润水平的高低。公司通常采用的方法有以下几种。

（一）以低价向子公司出售商品、劳务和技术，以高价由子公司买进

一般说来，发达国家处于高税区，发展中国家处于低税区。母公司对处于低税区的海外子公司采用调低转移价格的方式，便可以达到降低子公司的进货成本、提高其利润的目的；反之，处于低税区的子公司向处于高税区的母公司出售商品时，采用调高转移价格的做法，便可以达到提高母公司的进货成本、降低其利润的目的。这样，盈利从高税区转移到低税区纳税，从而减少了整个公司的税负，增加了利润。

（二）以低价进高价出的定价原则，实现利润的转移

跨国公司通过调整国外子公司的利润率可以取得如下的经济效果：

(1) 就跨国公司而言，国外子公司宣布的利润过高会引起东道国政府的注意和反感，使其要求与跨国公司重新谈判进入的条件，分享其盈利，或者强迫盈利过多的跨国企业出售股权给当地投资者以分享盈利，也可能导致新的国有化趋势。跨国公司为了避免重新谈判，通过转移定价的办法，把盈利悄悄转移到国外，而只宣布较低的公司利润。

(2) 由于惧怕某一国外子公司利润过高而导致更多的竞争对手进入同一市场，跨国公司也会通过转移定价以降低利润的方法，掩盖其获利的真实情况。

(3) 在跨国公司与当地的合资经营企业里，如果跨国公司为多数参股，它一般希望扩大该合资企业的资产额，减少所公布的利润额，从而减少因交纳所得税和分红造成的损失，在此情况下，转移价格的调整旨在降低合营企业的利润率；但如果东道国的投资所占比重大，按投资比例分红的原则，跨国公司获利较

少，因此，跨国公司不希望东道国多分红，也不愿将更多的利润留在合营企业，而是通过转移定价的策略，减少合营企业的总收入。

(4) 跨国公司降低公司利润的做法还与东道国工会的影响有关。发展中国家的工会组织代表工人利益，要求共享企业盈利的权利，增加工资和福利开支。在此情况下，公司便调低子公司的利润率，使职工应分享的好处下降。

四、逃避东道国的价格管制

(一) 问题的由来

东道国政府为了限制和管理跨国公司在当地的经济活动，维护本国市场和居民的权益，通常实行市场价格控制政策，跨国公司则利用转移价格来逃避这种管理与监督。

(二) 跨国公司的应对措施

当东道国政府限制跨国公司以“倾销”价格在当地市场销售时，母公司则采取调低转移价格的策略，以低价将原材料、零部件等卖给子公司，使子公司仍能以低价在当地市场推销商品，击败竞争对手，从而控制当地市场。反之，当东道国政府限制跨国公司以高价销售时，母公司则采取调高转移价格的方式，使子公司产品的成本提高，其结果仍能使整个公司获取较高的利润。

五、避免外汇汇率变动风险和东道国的外汇管制

(一) 采用转移价格规避汇率风险

通常跨国公司母公司要等子公司进行年终结算后，方能获得子公司汇回的利润。而在此期间，汇率随时可能发生变动。跨国公司如果发现东道国或母国的汇率即将变动，就可以利用转移价格促进提早或推迟付款，以减少因货币贬值而造成的经济损失，或者获取汇率差价利益。

(二) 采用转移价格逃避外汇管制

在实行外汇管制的国家里，东道国政府为了保持外汇收支平衡，对外国公司汇出的利润在时间上或数量上加以限制。如果东道国政府外汇管制过严，或子公司保留利润过高时，母公司可调高转移价格，提高产品成本，降低子公司的利润，以便间接地调回利润。

总之，转移价格已成为跨国公司弥补外部市场结构性和交易性缺陷的重要措施。转移价格事实上已成为跨国公司建立内部市场的主要手段，又成为跨国公司内部贸易强大的支撑点。它在跨国公司的全球经营活动中扮演了一个关键的角色，并为其最终获取高额利润作出了重大贡献。

第四节 各国政府对跨国公司转移价格的管理

通常跨国公司设置两套账目，一套是对外公开的账目，其利润是“应纳税的利润”，主要用以对付税务当局，据此纳税；一套是对内的秘密账目，其利润是真正的“有效利润”(Effect Profit)，主要用于公司内部控制和评估经济效益。由于跨国公司多方使用转移价格，使本国政府和东道国政府蒙受经济损失，许多国家政府不仅不接受跨国公司所宣布的“清白”和想当一个“好公民”的自白，而且还采取措施对跨国公司转移价格实行管制。

一、母国政府对转移价格的对策

母国政府规定以独立、公平交易的价格为标准，要求跨国公司内部交易按“独立竞争交易原则”办理，也就是说，当母公司向子公司提供商品和劳务时，税务当局可以根据按“独立竞争”原则计算的“局外价格”进行监督，防止跨国公司逃避税负，使母国政府蒙受少收税收的损失。

相关链接

美国政府于1954年就制定了《国内税收法》，其中第482节对管制公司内部转移价格作了规定。1968年财政部正式确定了国际定价管制措施，根据该管制措施，如果发现母公司和子公司的交易定价低于母公司应收取的价格，税务当局可按“独立竞争”的“局外价格”增加母公司所得税，从而提高其纳税金额。由于采取这一措施，当年美国政府额外收回税额7亿美元。其他发达国家如英国、法国、日本和加拿大也有类似的对策。

二、东道国政府对转移价格的对策

东道国政府为了维护自身利益，需要对转移价格实行监督和管制，具体措施有以下一些。

(一) 以"正常价格"为基础,实行"比较定价法"

所谓"正常价格"是指"卖给无关的顾客同样商品的价格"。东道国税务当局以此为基础审核跨国公司转移价格,如果发现某一子公司的进货价过高或出货价过低,可以要求按"正常价格"进行营业补税,这就是"比较定价法"。

(二) 对外资企业实行新的征税方法

(1) 降低外资企业纳税标准,通常低于跨国公司母国税率。其好处是,一则可以减少或避免跨国公司利用税收差异操纵转移价格,二则也有利于吸收外资。

(2) 实行税收待遇一体化(Uniformity of Tax Treatment),即东道国政府在一定时间内统一各种税收的税率,在保证总的税收收入不变的情况下,减少跨国公司操纵转移定价的可能性。

(3) 公式分配法税收(Formular Apportionment Taxation)。东道国向跨国公司课征的税收有投入税、产出税和所得税三大类。其中以公司所得税最为重要,其采用的计算方法是,首先按一定公式估算出子公司应纳税利润,然后按该子公司的利润与其他国家正常利润的一定比例课征企业所得税。

三、加强海关对外资企业进出口货物的监管作用

海关是设立在关境上的国家行政管理机构,它是贯彻执行东道国对外贸易政策、法令和规章的重要工具。海关一旦发现外资企业进出口货物价格偏高或偏低时,有权要求对进出口货物重新估价和征税。

四、建立和健全审计制度,严格审议外资企业财务账目

外资企业的日常经营状况最终都会在企业财务账目上反映出来,跨国公司操纵子公司的转移价格也要通过会计账目,因此,建立和健全严密的审计制度,能加强对外资企业财务的监督和管理。

总之,跨国公司是从事全球经营活动的企业,限制跨国公司任意使用转移价格,越来越引起世界各国的普遍关注。美国、法国、日本等拥有大量对外直接投资的发达国家都已制定出专门法规,限制跨国公司转移价格的使用。发展中国家与跨国公司打交道的时间短,缺乏经验,要管制转移价格就较为困难。目前发展中国家应该从完善法律、法规入手,加强对外资企业财务报表的审核,并及时了解国际市场价格的变动情况及有关国家的税率差别,了解国际市场同行业利润率水平,及时发现问题,以便对跨国公司转移价格进行限制。

◇ 问题与思考

一、名词解释题

1. 跨国公司内部贸易
2. 转移定价
3. 公司所得税
4. 比较定价法

二、填空题

1. 跨国公司内部的国际贸易是一种特殊形式下的国际贸易，它既具有________的特征，又具有________的特征。

2. 跨国公司内部的国际贸易是在同一所有权企业内部进行的，它们所创造的是一个________市场。所以，公司内部市场是一种理想的、真正的________市场。

3. 跨国公司内部市场与外部市场的联系机制包括三种形态：母公司所在国与子公司所在国的________关系；各子公司所在国之间的________关系和________的关系。

4. 跨国公司的内部贸易是一种特殊形式的国际贸易，它是________内部的商品和劳务的跨越国界的流通。

5. 跨国公司实行转移价格的商品有两大类：有形商品和无形商品。有形商品的转移定价有两种定价体系，即以________为基础的定价体系和以________为基础的定价体系。

6. 由于跨国公司使用转移定价，使本国政府和东道国政府蒙受经济损失，许多国家采取措施，对跨国公司转移定价实行管理。母国政府要求跨国公司内部交易按________办理。

7. 东道国向跨国公司课征的税收有三大类：________、________和所得税。

8. 海关是设在一国关境上的国家行政管理机构。海关一旦发现外资企业进出口货物价格偏高或偏低时，有权对进出口货物________和________。

三、是非题

1. 跨国公司内部贸易具有传统的国际贸易的某些特征，如交易价格也是由国际市场供需关系所决定的。(　　)

2. 跨国公司内部经济关系是指跨国公司内部母公司与子公司以及子公司与子公司之间的经济关系的总和。这种关系是跨国公司内部经济关系的核心部分。( )

3. 跨国公司内部贸易与传统的国际贸易一样，贸易标的所有权也可由卖方转移到买方。( )

4. 跨国公司实行内部贸易与公司拥有的技术水平相关，其技术水平越高，内部贸易的比重就越大。( )

5. 转移价格是根据跨国公司的全球战略目标和谋求最大限度利润为目的，由总公司上层决策者人为确定。( )

6. 由于无形商品的价格可比性差，没有可靠的定价基础，其价格制定主要以成本加管理费为基础。( )

7. 跨国公司使用转移价格来减少或逃避有关主权国家对企业所得税和关税的课征，以增加公司的利润，所以，转移定价对进口税和所得税的影响方向是一致的。( )

8. 东道国向跨国公司课征的税收有投入税、产出税和所得税三大类，其中投入税和产出税两类最为重要。( )

四、问答题

1. 什么是跨国公司的内部贸易？公司内部贸易的特点是什么？

2. 第二次世界大战后跨国公司内部贸易迅速发展的原因是什么？

3. 什么叫转移价格？跨国公司如何进行转移定价？

4. 试分析跨国公司使用转移价格的经济效益。

5. 第二次世界大战后各国政府对跨国公司转移价格采取了哪些具体措施？

6. 你认为我国政府应该如何防止跨国公司利用转移价格使中方蒙受经济损失？

◇案例分析

瑞士斯沃琪集团避税案

瑞士斯沃琪（Swatch）集团总部位于瑞士伯尔尼，是世界上最大的生产手表的跨国公司，其零售额占全球份额的25%。2001年，它生产了1.14亿块手表、计数器，年销售额达到41.82亿瑞士法郎。斯沃琪集团总部在全球拥有160多个产品制造中心，主要分布在瑞士、法国、德国、意大利、美国、维尔京群岛、泰国、马来西亚和中国。旗下拥有斯沃琪、欧米茄、雷达、浪琴等17个世界知名手表品牌，是世界表坛销量最高的瑞士手表。

据斯沃琪集团亚洲分部的前财务经理约瑟夫·埃得和马特斯·潘瑟拉透露：斯沃琪亚洲分部办公地设在中国香港，却在英属维尔京群岛登记注册。英属维尔京群岛成为其操纵转移定价非法避税的中心地。在香港的斯沃琪集团亚洲分部将销往海外子公司的所有产品的价格都人为地大大抬高。如从亚洲分部销往新加坡和日本子公司的欧米茄名牌手表，价格分别被抬高了40%和50%，销往美国和澳大利亚的手表，其价格也均有大幅度提高。

斯沃琪此举的原因在于，亚洲分部的办公地和注册地都是低税区，比起其他有关公司所在地的税负要低得多。从低税区将产品提高价格销往高税区，即可人为地将利润的大部分留在低税地，通过转移定价降低斯沃琪集团的整体税负。

报告透露，近6年来，斯沃琪集团利用这种转移定价的手段从美国转移出去大笔利润，从而逃避了几百万美元的美国税收。与此同时，它在澳大利亚和亚洲等地逃避的各国国内税收和关税的总额则超过了1.8亿美元。

斯沃琪集团这两名前雇员根据美国为保护财务丑闻举报者而出台的塞伯纳斯奥克斯利（Sarbanes-Oxley）法案，向美国劳工部递交了一份记载斯沃琪避税内幕的报告。但美国劳工部以此事不在该法案的保护范围内而表示拒绝接受此案。两人的律师随即便向媒体公开了此事。斯沃琪对此表示，因为斯沃琪并不在美国证券交易所上市，因而美国劳工部并无权利过问此事。同时，斯沃琪最高层人员已经责令将在国内严肃调查此事。

斯沃琪宣称自己历来严格遵守包括税法在内的各国法律及国际法。另一方面，斯沃琪也在声明中写道："在不违反现有法律、法规的情况下，寻求税收结构的最佳化对所有企业而言已是一种惯例。转移定价是一个相当复杂的问题……斯沃琪集团在关联企业间使用的任何转移定价策略都并非仅以减少税收为目的，而是为消费者来协调国际间的价格结构，以防止出现有害的平行市场，这种平行市场将引起巨大损失，并需要远比税收高得多的成本。"

由于转移定价是跨国公司的母公司与国外子公司以及国外子公司之间根据整体利益和经营意图由公司上层决策者人为确定的，是以跨国公司的全球战略目标和谋求最大利润为目的，而并非在公开市场上按"独立竞争"的原则由交易双方共同确定，因此随意性很大，这就为跨国公司任意操纵转移定价、非法逃避税收提供了巨大空间。

专家指出，在国际上寻求税收结构最佳化的做法必须在合理的范围内进行，至于斯沃琪集团的做法是否在此范围之内，尚有待进一步调查。近期有媒体报道称，美国和澳大利亚等国的税务部门已经表示，将对斯沃琪集团的关联企业进行调查。

通过本案例，你认为我国政府在解决跨国公司在华投资中存在的转移价格问题时可采取哪些有效措施。

第七章

国际技术转让与国际技术贸易

学习目标

掌握跨国公司国际技术转让的含义、特点；国际技术贸易的主要特点；跨国公司技术许可贸易的方式。熟悉技术贸易协议的内容；技术贸易价格的构成和支付方式。了解技术贸易的定价和一般商品贸易的定价原则的不同；跨国公司技术贸易的签约与履约。

第一节　跨国公司国际技术转让

技术优势的关键是要保持技术在时间上的优势。技术容易消失，优势也容易消失。跨国公司长期从事研究开发工作，始终保持技术领先地位。跨国公司拥有先进技术，技术创新和技术垄断是企业发展的灵魂和持续发展的动力，因此，跨国公司成长和发展的过程是一个技术不断创新的过程，也是一个国际技术转让的过程。

一、跨国公司技术转让的基本概念

（一）技术转让与国际技术转让

1. 技术转让的含义及意义

技术转让是指技术供应方通过某种方式把某项技术及有关的权利转让给技术

接受方的行为。

技术是指运用电和机械的力量来扩大人类与自然界较量的能力。经济学意义上的技术，即加工制造某种商品、运用某种工艺或提供某项服务的系统知识。其表现形态有两种：一种是有形形态（Tangible Forms），如语言、文字、数据、公式、图表、配方等；另一种是专门技术、实际经验、操作手艺和思维观念等无形形态（Intangible Forms）。

技术不是独立的有形物体，它既不能储存在仓库里，也不能像包裹那样由供方运往需方。技术是一种通过学习过程来转让的知识体。当技术由一国转让到另一国时，情况可能更复杂，费时且价格昂贵，甚至在一个跨国公司内部的技术转让也会出现类似情况。①

技术已成为现代经济增长的主要动力。在新技术不断涌现，技术进步和技术更新速度不断加快的知识经济时代，谁首先拥有和应用新技术，谁就拥有强大的竞争力。

2. 国际技术转让

国际技术转让（International Technology Transfer）指的是将三种技术要素即技能、工艺和知识，从一国到另一国、从一个企业到另一个企业的转移。这种转移可以通过技术援助、技术贸易以及技术人员的流动与共同研究开发等途径进行。技术转让的行为，从技术供应方角度讲，是技术的输出；从技术接受方角度讲，是技术的引进。技术的传播可以是无偿的，也可以是有偿的。通常以经济利益为动机的技术传播称为有偿的传播。国际技术贸易的迅速发展表明，技术的有偿传播在当今世界的技术传播中起着越来越重要的作用。

随着科学技术的迅速发展，科技开发费用日益昂贵，技术创新难度加大。这就决定了任何一个企业、一个部门、一个国家，都不可能发明和创造出经济发展的全部技术，客观上需要通过技术转让来获得新技术；另一方面，在技术本身存在生命周期的情况下，技术的发明和拥有者为了获得最大利润，总是要把技术投向市场；同时，世界及各国知识产权制度的确立和专利制度的实施，又为技术转让提供了法律保证。这些都大大促进了国际技术转让的发展。

技术的国际流动不是完全自由的，各国政府设有政策限制。首先，技术转让要受母国政策的影响，任何国家为了保证自己某些技术在世界上的领先地位，总是对先进技术的输出制定种种限制性规定；其次，技术转让也要受东道国政策的

① S. H. Robock, K. Simmonds. International business and multinational enterprises. 4th ed. Homewood: Richard D Irwin, 1999: 483.

影响，任何国家都会根据自己的国情，制定对技术引进的引导或限制政策。

（二）跨国公司选择国际技术转让的形式

1. 跨国公司是当代国际技术转让的主体

跨国公司是国际技术转让的最重要的主体。跨国公司技术转让中的技术可分为三大类。第一类是工业产权的技术。工业产权亦称之为产业产权，是一种无形的财产权，也是一种商品。工业产权的持有人，有权自行使用它，也有权把它出售给他人或转让给他人使用，从中取得利益和报酬。工业产权包括发明专利、实用新型专利、外观设计专利和商标专利权等。第二类是非工业产权的技术。非工业产权主要是技术诀窍，亦称之为专有技术。其内容包括设计方案、设计图纸、技术说明书、技术示范和具体指导等。第三类是提供技术服务。

2. 跨国公司考虑技术转让的因素

跨国公司在进行国际技术转让过程中，更加偏好将技术在公司内部转让，而把技术的对外转让作为次优选择。

跨国公司选择技术转让时考虑的主要因素有以下几个。

（1）被转让技术所处的竞争地位和它的成熟程度对跨国公司技术转让形式的选择起着决定性影响

① 从技术所处的地位考察，不同技术所处的竞争地位可分为五类：支配地位、优势地位、有利地位、维持地位以及微弱地位。处于前两类地位的技术，跨国公司不愿意以技术许可形式对外转让。

② 从技术生命周期看，当技术处于创新阶段时，公司基本上不愿对外转让新技术；当技术处于发展阶段时，那些不会影响公司竞争力的外围技术可以适度对外转让。

（2）企业规模大小影响着技术转让形式的选择

大型跨国公司比中小企业选择余地大，中小企业选择对外直接投资能力差，有时只能选择技术许可形式。大型跨国公司把技术交叉许可贸易作为分割销售市场和进行产品竞争的一种寡头合作战略。

3. 技术转让已成为跨国公司对外扩展的重要形式

（1）跨国公司需要转让那些不能被公司直接使用的新技术；

（2）对外技术转让能帮助跨国公司获取潜在的销售市场；

（3）借助技术转让促进跨国公司与竞争者之间建立良好的合作关系；

（4）东道国限制建立子公司，跨国公司只能以技术转让形式进入对方市场。

二、跨国公司技术转让的特点

跨国公司有着强大的经济实力和雄厚的技术基础。跨国公司在向外扩大商品输出的同时，利用其资金和技术优势，大力地开展国外直接投资和技术转让。其国际技术转让的特点主要有四方面。

（一）技术转让的先进程度与股权投资成正比，技术使用的限制性条款与股权投资成反比

跨国公司的技术向外传播，主要是通过直接投资转移技术。国外投资越多，在企业中占有股权份额越大，跨国公司提供的技术就越先进。公司主要考虑的是向当地的技术转移是否符合国际专业化分工和能否带来最大的或长远的利润机会。因此，提供技术的先进程度是以公司的利益为标准，而不是以当地经济的需求为标准的。跨国公司可以利用诸如技术分割转让、技术专利、超经济的限制性使用条款，甚至技术欺骗等手段，把技术进口国置于从属地位。当跨国公司国外投资占有的股权比例较小，甚至在非股权参与形式下，公司可利用其技术垄断地位，用超经济的力量，严格限制关键技术的使用和防止技术的扩散。这种技术限制性条款主要包括限制技术使用的保密条款、单方面的技术反馈条款、束缚性的购买与搭销条款以及限制出口的条款等。

（二）采用特殊的技术战略，加强企业内部技术转让的控制

跨国公司的技术转让战略是指在全球范围比较生产成本，选择最佳生产基地以确保高额利润。公司的绝大部分技术转让活动在公司内部进行，实行公司内部纵向技术转让形式。首先在母公司研制新技术和新工艺，并将其专利成果应用于母国的国内生产；若干年后，再将新技术转让给设在其他发达国家里的子公司；又过若干年后，再向发展中国家的子公司转让技术。到那时母公司又有了新一代的技术。在这种垂直转让形式下，母公司是惟一的技术供应者，子公司的研究工作主要是使技术适应当地市场条件，并且必须将使用技术的信息反馈于母公司，形成一套技术传输、消化、应用和反馈机制。跨国公司这种分期分批的技术转让战略，无疑可以延长技术独占时间。同时，子公司几次间接转让，便可获得几次技术转让费。

（三）严格控制技术转让条件

跨国公司向外转让技术的条件包括：技术的使用范围、技术的管理与扩散、技术的改进以及产品的销售方向等。跨国公司作为技术的卖方，对技术高度垄断。它们控制着技术转移的主动权，关键技术只发生空间上的转移，而不能成为当地经济的有机构成要素，并推动当地经济技术迅速地“起飞”。东道国对先进技术的需求并没有削弱跨国公司的垄断优势，反而为其延伸和维持垄断提供了

市场。

参与这种国际技术转让的政府与私人团体，受国内专利法和国际公约与条约支持的国家级专利机构及国际标准化组织，都受到转让程序的严格控制。[①]

（四）各种技术保护主义的因素制约着技术转让

跨国公司以技术作为商品向外传播，技术转让的层次以考虑自身利益为主，但是也会受到各种技术保护主义因素的制约。技术保护主义因素主要来自母国政府的制约，巴黎统筹委员会（已解散）的多边制约，大公司之间的相互技术封锁，以及对社会主义国家的非经济因素的限制。另外，跨国公司之间由于竞争利益冲突，相互大搞技术封锁，生怕技术的传播产生“飞镖效应”（Boomerang Effects），给自己树立竞争对手。目前技术保护主义结构严谨，已形成完整体系，技术保护主义影响着国际技术转让在更大规模和更高层次上的展开。

三、发展中国家引进技术促进经济发展

（一）发达国家是当前国际技术传播的主流

各国经济发展水平不同形成了各国技术开发能力和技术承受能力的差异，这就形成了国际技术转让梯度流动的基础。技术高度集中在发达国家，它们集中了世界上绝大多数的科学家和工程师，构成了最雄厚的技术发明基础，因此，新技术的开发和应用高度集中于发达国家。由于它们之间存在着广泛吸收新技术的相似基础，技术贸易和其他形式的技术传播越来越多地在这些国家间进行。它们之间的技术流动已成为国际技术传播的主流。

（二）发展中国家引进技术，促进本国技术水平跳跃式的变化

外部技术的发展是发展中国家技术发展的推动力，又是一种源泉。也就是说，外部技术的发展造成一种竞争局面，促使发展中国家加速自身技术发展的步伐，同时先进的外部技术为从事技术革新提供了可资借鉴的现成条件。技术的有偿引进，是弥补技术差距和填补技术短缺的最简单、最快捷的途径。发展中国家买进技术可以引入先进技术，使原有的技术水平结构实现跳跃式的变化。

（三）发展中国家引进技术是技术创新的基础

技术发展就其本身的特性而言，要由两个因素来决定：其一，技术发展是一个渐进的过程，它取决于技术进步的时间要求；其二，技术发展要有多方面基础条件，它取决于技术发明的素质要求。发展中国家技术素质差，与国外先进技术

① S. H. Robock, K. Simmonds. International business and multinational enterprises. 4th ed. Homewood: Richard D. Irwin, 1999: 485.

水平差距大，如果等具备了技术发明的基本素质，再从低起点开始创新研究，那么技术的差距非但不可能缩小，反而会加大，因为具备低素质的技术发明较之具备高素质的技术发明，前者进步速度要比后者慢得多。而采取积极引进技术的办法，虽然要支付技术使用费，但是可以实现时间上的节约，时间上的节约所带来的经济效益，即经济在技术水平上的跳跃发展所带来的好处，是远远大于技术引进费用的。

发展中国家引进技术作为进行高起点技术发明的基础，但绝不会自发实现技术的发明创新。因为技术的引进只是技术的添加，而技术的发展则是技术的生产。而且技术引进只是取得某些技术的使用权。任何使用权的扩大，都必须再支付费用。由此可见，技术贸易不同于一般商品贸易，前者只是技术使用权的转让，技术的所有权仍在技术供应者手里。

第二节　跨国公司国际技术贸易

国际技术贸易是随着世界科学技术的进步而迅速发展起来的。技术贸易与货物贸易相比有着不同的特点，国际技术贸易主要是以技术许可方式进行的。这种贸易既可以在跨国公司内部进行，也可以在公司外的企业之间进行。

一、跨国公司技术贸易的现状及其特点

（一）跨国公司技术贸易的现状

跨国公司技术贸易是指不同国家或地区的企业或经济组织之间进行技术买卖的行为。

第二次世界大战后，国际技术贸易随着新科技革命的发展而迅速发展。1955年世界技术贸易额为5~6亿美元，1965年达到30亿美元，20世纪70年代中期达到110亿美元，80年代中期超过500亿美元，90年代中期为2 000亿美元，21世纪初约为5 000亿美元，并呈现出迅速增长的势头。

在国际技术贸易中，工业发达国家间的技术贸易占主导地位，特别是发达国家的跨国公司间的技术贸易占到世界技术贸易的60%~70%。

技术创新是企业成长的灵魂和持续发展的动力，也是技术贸易的基础。世界500强企业把新技术的研究开发放在首位，同时，配合技术垄断（动态型的）及技术贸易两种不同的手段，在竞争激烈的技术市场上占领和扩大市场份额。据统计，世界上最有竞争力的100家大公司的研发费用占世界科研费用总额的58%，

而它们所获得的开发成果占世界50%以上。美国跨国公司技术开发占绝对优势，而美国大公司技术贸易占世界技术贸易总量的1/3，美国是技术净出口国。2005年美国占全球高科技投资中的60%以上，成为全球高科技投资最多的国家。

国际技术贸易不仅为技术出口公司带来一笔可观的技术转让费，它对引进技术的公司以及公司所在国的经济发展更为有利。通过进口先进技术，技术引进方可以加速技术改造和产品的更新换代。此外，可以缩短研制时间，节省研制费用，提高产品质量，增强竞争力。

（二）跨国公司国际技术贸易的主要特点

跨国公司技术贸易的标的是技术使用权。虽然货物和技术都是商品，但技术贸易与货物贸易相比有很多区别，主要有以下几个特点。

1. 技术贸易的标的是无形的技术知识

技术知识无法“计量”，难以进行质量检验，它可以多次交易而不需要多次生产。在实际业务中，人们习惯于将单纯的技术知识称为软件（Software），把作为技术交易中组成部分的机器设备等称为硬件（Hardware），两者在交易中可以结合在一起，但技术贸易必须含有无形的技术成分。若不带有技术知识的交易，只涉及机器设备的买卖，这就不属于技术贸易，只是一般的货物买卖。

2. 技术贸易转让的只是技术的使用权

在技术贸易中，技术的供应方只是把某种技术的使用权转让给技术的接受方，如制造和销售该项技术产品的权利，而不是该项技术的所有权。

3. 技术贸易的当事人既合作又竞争

技术贸易不同于一般商品买卖，一方交货，另一方付款，义务与责任买断；技术贸易是一种长期合作关系，靠双方真诚合作才能达到预期的效果。技术合同的期限，少则三五年，多则十来年，各国都有不同的法律规定。因此，技术贸易这种连续性较强的长期性合同，要求当事人彼此之间既合作又竞争。

4. 技术贸易的作价比较特殊

一般商品的价格，以其价值为基础，是商品的生产成本加利润。技术贸易的作价通常以技术接受方从引进技术中得到的经济效益为基础，再考虑其他多种因素，由此决定价格和支付办法。通常，使用技术的经济效益高，技术的价值就大；相反，经济效益低，技术价值也随之降低。

5. 技术贸易合同内容比一般商品贸易合同复杂

技术贸易涉及工业产权、非工业产权、技术风险、双方的权利和义务等多方面问题，还涉及投资、税法、外汇管理、劳动管理等方面的法律问题，同时还关系到国家的经济发展战略和发展规划等客观经济问题，签约难度较大。

6. 技术贸易要保持长期的技术优势

技术贸易的关键是要保持技术优势，保持技术优势的关键是要保持技术在时间上的优势。技术容易消失，优势也容易消失。公司保持技术在时间上的优势有两种方法：一是严格保证专有技术的秘密，如可口可乐的配方严格保密；二是依靠商标，利用商标法给予长期的保护。

7. 公司规模与技术创新和技术贸易之间具有相关性

一般说来，大规模的企业在小范围的发明中发挥着重要作用，而小规模的企业反而是重要发明的主要来源。人们把较大公司具有较小的技术创新动机而较小的公司往往在技术创新的竞争中获胜，称之为"阿罗替代效应"（Arrow's Replacement Effect）。[①] 从技术创新到投入市场又有一个过程，较小公司无法承担技术走向市场所必需的市场营销投入，较大的公司依靠自己的市场优势能更顺利地使新技术被市场接受。而且新技术在发明之后，在投放商业用途之前可能还需要较大规模的资金用以对技术作后期开发。在这一过程中，规模较大的公司具有得天独厚的优势。

8. 通过转让"截短"的技术来控制承受方

跨国公司采用技术转让"截短"（Truncated）的方法，实现控制国外技术承受方的目的。世界500强企业通过转让"截短"的技术（即不完全的、欠完整的技术转让），以加深技术承受方的技术依赖，从而实现控制国外技术承受方的目的。例如，美国福特汽车公司在对巴西的汽车生产线转让中，扣除了有关引擎制造方面的技术，使巴西只能依赖从福特汽车公司进口汽车引擎，从而被福特汽车公司牢牢掌握在手中。

二、跨国公司进行技术许可贸易的方式

（一）技术许可贸易的含义及必要性

跨国公司利用新技术的战略有三部分内容：一是用新技术制造新产品向国际市场出口；二是用新技术在国外直接投资，就地生产和销售产品；三是通过技术许可贸易将新技术转让出口。

国际技术贸易主要是以技术许可贸易方式进行的。所谓技术许可贸易（Licensing）是由技术输出方与技术引进方签订技术许可协议，技术输出方在某种限定条件下对专利、专有技术和商标等知识产权加以转让。技术许可贸易，实

① 这个概念是蒂罗尔在1988年提出的，描述垄断厂商在进行技术创新时面临原有产品市场被新产品市场替代的困境。

际上是技术使用权的交易。这种交易，既可以在跨国公司内部进行，也可以是公司与外部企业之间进行。在交易中，输出方由此可以取得专利权使用费（Royalty）或技术服务费。

跨国公司之所以采用技术许可贸易方式转让技术，有以下几个方面的原因：

（1）当东道国对外国直接投资采取严格的限制措施时，跨国公司以技术渗透形式打入市场。

（2）任何技术都有一定的生命周期，当应用技术生产的产品到达生命周期的成熟期后，便达到了技术效用的最大值。跨国公司往往通过技术许可贸易方式，将这种已没有必要继续控制的技术转让出去，从而获得利润。

（3）由于海外市场容量太小，若采用直接投资，不可能达到规模经济效益，跨国公司则采用技术许可贸易方式进入当地市场。

（4）有些技术在母公司内部还有一定市场，但受外界新技术影响很大，盈利水平不高，跨国公司就宁可将这类技术转让到国外。有些新兴工业部门，制造工序为技术密集型，但装配工序为劳动密集型，跨国公司便将装配工序转移到国外。

（5）跨国公司以价值相当的、互惠的条件与其他公司互相交换各自的专利权或技术诀窍达到以己之长补己之短的目的。

（二）技术许可贸易协议的授权范围

1. 技术许可贸易协议的分类

技术许可贸易的主要形式是许可证协议。许可证协议亦可称为许可合同。许可合同是指供应方和承受方为共同实现专利权、商标权和专有技术权转让的特定目标而规定的双方权利和义务的法律性的文件。在技术许可贸易中，根据贸易标的不同可分为：专利许可、专有技术许可、商标许可、混合许可（即专利、商标和专有技术两项以上内容同时包含在一个协议中），以及计算机软件许可。根据许可授权范围可分为独占许可、排他许可、普通许可、可分割许可和交叉许可等五种形式。

2. 技术许可协议的授权范围

（1）独占许可（Exclusive Licence），即在一定的地区内技术引进方对所授技术拥有独占的使用权，技术供应方和任何第三方都不能在该地区内使用该项技术生产和销售产品。独占许可的使用费比较高。

（2）排他许可（Sole Licence），即技术引进方在一定地区内享有独占地使用所授权的技术制造产品的权利，任何第三方不得使用该项技术进行生产和销售产品。但是，技术供应方仍保留在该地区内使用该项技术生产和销售产品的权利。

(3) 普通许可（Simple Licence），即技术供应方允许技术引进方在规定的地区内使用协议指定的技术，但是技术供应方仍保留在该地区内使用该项技术或者把使用权再转让给任何第三方的权利。普通许可是供应方授予引进方权限最小的一种许可，因此这种许可的使用费比较低。

(4) 可分割许可（Sub-licence），即技术引进方有权在指定的地区将其所授予的技术使用权再转让给第三者。可分割许可享有再转让权，其技术使用费比较高。

(5) 交叉许可（Cross Licence），是指双方相互授予价值相当的、互惠的技术使用权。这种技术许可一般不收取报酬。

通常在协议中规定技术许可贸易授权范围时，应当说明授权的性质，因为这将影响到使用费的高低和双方权益。

（三）技术许可贸易协议的权利和义务

技术许可贸易协议是对技术供应方和引进方均有约束力的法律性文件，双方的权利和义务应体现在协议之中。

1. 技术供应方的义务

(1) 技术供应方应向技术引进方提供完整的、可靠的、正确的生产技术文件及资料，保证技术性能能够达到协议规定的目标。

(2) 技术供应方按协议的规定提供有关机器设备、原材料、技术服务和培训人员等，保证正常开工生产。

(3) 技术供应方除了在协议中详细说明技术诀窍的性质，以及采用何种方式传授这种诀窍以外，还应规定，工程项目建成后如若达不到设计指标时，技术供应方还应负担什么样的义务。

2. 技术引进方的义务

(1) 引进方应按协议的规定，按期如数交纳技术使用费。

(2) 引进方应承担技术保密义务。尤其是对技术诀窍国际公认的四个要素——实用性、新颖性、保密性和价值，更要承担保密义务。协议中常常规定，发生技术泄露应受何种处罚。

(3) 在协议的有效期内，引进方对原有技术进行改进、革新，以及发展为更先进的技术时，应将其在原有技术上的改进和发展提供给供应方，这通常被称之为技术反馈。同时，也应当规定，在协议期内，供应方应向引进方提供原有技术的改进和发展，这通常称之为技术继续援助。因此，这种相互交换改进技术应是无条件的、对等的、互惠的和及时的。

三、跨国公司技术贸易协议的内容

跨国公司技术贸易协议包括专利使用权、商标使用权、专有技术使用权、技术服务和特许经营权五种协议。实际业务中，多数情况是将它们订立在一个协议之中，这种技术贸易协议称为混合协议。

（一）专利协议

在发达国家里，专利是重要的工业产权之一。它是受国家立法保护的一种“垄断”、“专有”的财产权。专利权持有者在专利有效期内和一定的地区范围内，享有使用其发明的专利技术从事某种产品的制造、使用和销售的特权。发展中国家在与跨国公司签订专利协议时，往往要求列明下列条款：

（1）许可方明确说明此项专利已在政府当局批准登记，并对专利的可靠性负责；

（2）许可方应列出专利名称、登记日期和有效期；

（3）许可方明确说明授予接受方许可生产、使用和销售的权利；

（4）许可方承担防止在接受方所在国或出口国发生侵犯专利活动的责任；

（5）许可方应保证接受方在其整个有效期得以充分利用专利权；

（6）许可方应表明是否同意接受方在协议期满后仍有权使用专利；

（7）许可方同意向接受方收取的专利使用费要比向与之竞争的其他接受方收取的费用优惠；

（8）许可方应承诺授予改进的专利权，而不额外增加专利使用费。

（二）商标协议

商标权如同专利权一样，是一种工业产权，可以转让，并受到国家专门法律的保护。商标权又不同于专利权：商标通常没有法定时间的限制；商标的“许可使用者”必须进行登记方可使用；商标是以登记注册为前提，而专利是以“无人知晓”为前提；许多国家的商标法只允许有一个商标的“注册使用者”，而某一专利可以在某一个国家进行若干次的转让。

商标的价值在于它的声誉，它代表某一商品是由谁制造或经销的。因此，在商标协议中，许可方为保持商标的“形象”不因转让而受到损坏，往往向接受方提出强制性监督条款，如规定对商品质量拥有核准权，要求带有该商标的商品的质量始终如一。

在商标协议中，发展中国家接受方要求跨国公司许可方承担下列义务：

（1）表明他是某一特定类别的商品在某一国家市场上的商标所有人；

（2）允许接受方在某国市场上使用这类商品的商标；

（3）许可方应承担义务使接受方成为该商标的“注册使用者”；

（4）许可方有义务保证商标的有效性，若发生侵权行为，应提出起诉；

（5）许可方无权要求接受方接受任何强制义务，如只能从许可方采购原材料及零部件等；

（6）许可方无权限制接受方选择不佩带许可方商标的其他产品的销售；

（7）许可方无权制止接受方在应带有许可方商标的产品上使用自己的商标。

实际业务中，上述（5）~（7）项是发展中国家的接受方防止许可方滥用其质量控制权而要求制定的专门条款。

（三）专有技术协议

专有技术是由专门知识、技能和信息构成的。专有技术的表现形态分为有形形态和无形形态两大类。有形形态（Tangible Forms）包括图纸、配方、公式、操作指南、实验报告等。无形形态（Intangible Forms）包括技术知识、专门经验、组织技能、操作技巧以及头脑中的观念或构思等，体现于人身，即这种专门技术已为人所掌握变成其一种特殊技能，人们有时称它为“示范知识”。真正获得技术的最重要的手段是获得专有技术（或技术诀窍），因为专利技术内容与实际投入运用的差距甚大。专有技术的作用在于它具有四项要素：实用性、新颖性、保密性和价值。

专有技术存在的价值在于它的严谨的保密性，专有技术内容一旦被公众所知，专有技术也就失去了它应有的价值。因此，保密条款就成了专有技术协议中最重要的一项条款。为此，许可方一般要求接受方承担10项义务：

（1）许可方只授予接受方专有技术使用权，即使用此类专有技术的租用权，但不是专有技术的所有权；

（2）接受方只能在协议规定的领土范围之内使用专有技术；

（3）接受方只能在协议规定的部门内使用该专有技术，不得任意扩大使用部门；

（4）接受方只能在协议规定的产品的制造过程中使用专有技术，不得任意扩大使用范围；

（5）接受方不能超出协议所许可的生产能力之外利用专有技术生产许可的产品；

（6）接受方应指定专人接触及使用专有技术，记录每次使用的详情，禁止复制复本，不准发表或泄露机密，保守所获技术资料的秘密或随时退回图纸和资料；

（7）规定接受方违犯保密规定的惩处方法；

（8）专有技术使用期限以协议为限，有效期满，即终止使用权；

(9) 接受方在使用专有技术过程中取得技术改进，应无偿地转让给许可方；

(10) 接受方无权将专有技术转让给他人。

东道国家政府从整个社会公共利益出发，在审议本国企业的协议中，往往坚持如下的要求：避免许可权的过分垄断，政府只接受“把生产权限制在一国领土内”的观点；接受方对许可的专有技术应有永久转让权；接受方所承担的保密义务须与专有技术的性质和价值相当；接受方有权获得许可方在原许可技术上的任何改进技术；协议期满后，接受方有权扩大技术的使用范围等等。

(四) 技术服务协议

技术服务亦称技术援助（Technical Assistance），主要是指专利和专有技术以外的技术资料和技术服务。技术服务的具体内容包括：工程项目的布局，各种生产投入的选择，生产的指导和人员培训，以及提供营销技术等。

技术服务协议的主要内容包括：(1) 技术服务的具体项目；(2) 技术服务的定价基础；(3) 获得服务和支付酬金应履行的程序。

(五) 特许经营协议

特许经营（Franchising）是经销商品或提供服务的一种特殊许可。技术供应方不仅转让技术和商标，而且也传授经营方式和方法，还包括培训专业技术人员。技术供应方为了维护其商业信誉，严格要求技术接受方保证产品和服务的质量。技术接受方应按协议的规定向技术供应方交付提成费。特许经营的优点是投资金额小，风险小，进入市场快；缺点是提成费有限，同时，尽管技术供应方可以对技术接受方提出各种要求，包括定期检查质量和监督协议执行情况，但却缺乏全面的控制权，而且可能培育出自己的竞争对手。

通常特许经营协议有三种类型：

(1) 特许经营产品销售。接受方授权经营许可方已创出声誉的某种牌子产品。

(2) 特许经营某种服务项目。如经营特许产品的配制、加工、装配和服务等项目。

(3) 综合性的特许经营。在此形式下，接受方既有权经营享有声誉牌号的产品，也有权获得有关加工、销售和服务等专门知识。

总之，在目前世界经济发展中，跨国公司是国际技术转让和技术贸易中最活跃、最有影响的力量，国际技术贸易绝大部分为跨国公司所掌握。因而，跨国公司已成为四个主要市场（商品市场、资本市场、劳务市场和技术市场）的主体。

第三节 跨国公司国际技术贸易的价格与支付

技术是一种特殊的商品，技术贸易的定价原则与一般商品的定价原则不同，技术贸易的定价一方面受价格成本、需求和利润的影响，同时还受到技术这种商品特殊性的影响。

一、技术贸易价格的构成与确定

（一）技术价格有别于一般商品价格

技术价格和支付方式的确定是技术贸易的核心问题。技术价格和支付方式还是技术贸易谈判的焦点，因为它们关系到双方经济利益的大小。由于技术是影响一个企业竞争力的主要因素之一，它作为一种商品进行买卖时，其价格的确定会受到各种客观和人为因素的影响，因此它比一般商品价格的确定复杂和困难得多，而且技术价款的支付方式也与一般商品的支付方式有很大的不同。

国际贸易中的商品买卖是所有权的买卖，商品价格随着国际生产价格变动，其价格的一部分用以补偿制造商的生产成本，一部分为利润。制造商在作价时可以参照官方公布的物价指数和经济预测，根据价格实际涨落幅度和经验，把短期、中期和长期价格变动因素打入预先计算的固定销售价格中。由此可见，商品价格是以生产成本为基础，通过买卖行为获得市场价格与生产成本之间的差额来实现利润。

（二）技术价格的特点

技术是一种特殊商品，技术贸易的价格，不能使用一般商品买卖所采用的生产成本加利润的计算方法。技术贸易的定价，一方面受成本、需求和竞争三大因素的影响，另一方面，它还受技术这一特殊商品的影响。

技术价格的特点表现在以下三个方面：

1. 技术价格即技术的使用费是以技术接受方所能得到的经济效益作为函数变量计算的

使用技术经济效益高，技术价值就大。反之，其经济效益低，技术的价值也随之降低。所以技术价格不等于该技术的研究开发费用加技术许可方预期的利润。其原因在于：人们最初研究开发技术通常不是为了转让，而是为了企业和公司自身使用。技术只是在特殊情况下才成为商品。

2. 技术的需求和适用对价格有很大的影响

在适用的条件下，技术的先进程度对价格起重要的作用。

3. 技术贸易的竞争影响着技术的定价

在技术水平相同的条件下，如果技术接受方实施技术的难易程度不同，授权范围大小不同，技术培训条件不同，都会直接影响技术定价。

因此，技术使用费是一种租借支付，而不是买卖支付，是技术接受方给予许可方的一种补偿，因为技术接受方从技术使用中可以获得经济效益。所以，在技术转让中才会出现支付问题。

（三）技术价格的作价原则

国际技术贸易的作价原则是，技术接受方将使用引进技术所增值的部分利润分给技术许可方。技术价格的上限按技术的价值或按东道国政府规定的界线确定，技术价格的下限由影响转让的成本确定。同时，技术价格的高低主要取决于“技术接受方准备支付多少”，而不是“技术许可方提供的技术值多少”。只有当技术许可方得到适度的报酬，而技术接受方愿意支付时，双方才会成交。

国际技术贸易的作价原则为利润分成率（Licenser's Share on Licensee's Profit，简称 LSLP）原则，即技术价格是技术使用方使用技术后所得利润的一定份额，用公式表示为：

$$利润分成率=\frac{许可方得到的费用}{接受方得到的增值利润}\times 100\%$$

$$技术价格=接受方利润\times 利润分成率$$

发展中国家从发达国家引进技术，其技术定价可参照上述公式，先算出总利润，然后确定一个双方都能接受的利润分成率，一般不超过 30%，就可得出一个合理的参考价格，再加上一些特殊的因素，定出实际成交价格。

引进技术定价过程中，应考虑以下三个主要因素。

1. 生产制造成本

按照引进技术进行生产，其制造成本是决定引进技术能否收益和利润多少的关键因素。技术使用费和其他的项目投资费是一次性投资，而生产经营成本是投资项目中长期起作用的因素，它直接影响投资利润。

2. 营销目标

技术接受方使用引进技术进行生产，其产品能否达到销售目标，与投资项目、预测利润、确定价格直接相关。同时，营销目标也是技术供应方评估转移技术可能产生的影响程度的依据。

3. 技术收益率

技术收益率直接影响技术接受方的经济效益，技术收益率越高，经济效益就越大。技术收益率（Technology Turnover Rate）是衡量引进技术的费用是否合理和投资效果好坏的重要指标。用公式表示为：

$$技术收益率=\frac{引进方的净利润}{技术总费用}$$

可见，引进技术价格高，则技术收益率低。联合国工业发展组织（United Nations Industrial Development Organization，简称 UNIDO）的报告认为，最佳技术收益率应在 3 ~5 之间，即花费 1 元钱则能收益 3 ~5 元。

近十年来，在对技术使用费讨价还价的过程中，发展中国家往往不愿意接受跨国公司昂贵的技术使用费，其主要理由是，研究开发新技术通常是为了自己生产上的需要，而不是为了转让他人。在开发技术中投入的费用，在产品生产中已获得足够的收益，不然技术供应方就不是一个成功的企业，其技术也就不会有多大的价值。因此，供应方的所谓“开发成本”（Development Cost）应视作“沉没成本”（Sunk Cost），技术供应方的研发费用应在本国市场和国外主要市场（即发达国家市场）来摊销。对供应方来说，来源于其他市场的技术使用费是一种额外的收入，不应当把所投入的费用作为计算的惟一依据，而应以发展中国家只负担协议所花费的直接成本为依据。

二、技术使用费的支付方式

按照国际惯例，对专利和专有技术的使用费，采用总付、提成或入门费加提成费的方式支付。

（一）总付方式

总付（Lump-sum）即在许可协议中规定技术转让的内容、双方的权利和义务以及应付的使用费总金额。由接受方在约定的时间一次付清。这种支付方式与利润无关，它是把技术秘密和技术知识的使用权归为接受方的交换物。一次付清通常可分几种情况：协议签订时支付；提供书面技术文献时支付；投产制造出产品时支付。

对许可方来说，一次付清的有利之处在于：许可方可以一下子回收研发费用、技术转让费用；当技术使用过程风险较大时，一次付清就更具优势。但一次付清也有不利之处：如果接受方在以后生产中取得重大的商业利益，而许可方不能成为其合作伙伴时，对许可方来说就错过了赚钱的机会。

对接受方来说，一次付清的有利之处在于：事先定价，便于核算；价格固定，在协议有效期内不变，可避免通货膨胀的影响；手续简便，不需另列账册，避开记账、查账的麻烦；能使接受方较快地从对许可方的依赖中解脱出来。但这种方式下也有不利的情况：支付期短，签约后不久就要支付一大笔费用，增加了创业资本；风险较大，若使用引进技术生产的产品质量达不到协议规定，则很难补偿损失；技术许可方没有继续提供改进技术的义务，不利于接受方技术改进；许可方可能与当地另一家公司以不同的使用费比率达成许可交易，从而危及接受方的利益。

（二）提成费方式

提成费（Royalty）是指接受方使用转让技术进行生产后或技术项目交付使用在经济上取得效益后，在一定时期内用连续支付方式每年支付使用费，作为给技术许可方的一种报酬。这种交付方式意味着双方分享由技术转让而获得的利润。一般性项目产品使用费率为产品的5%～10%，或净销售额的5%～7%，支付5～10年。协议时间不宜过长，在技术日新月异的年代里，协议期限应尽可能缩短，以免对业已老化的技术支付费用负担过重。一般说来，协议期限愈长，引进技术经济效益的计算概率就愈低；反之，期限愈短，概率就愈高。

提成是按利润分成原理计算许可方、接受方之间利润分配比例的一种方法。这种支付方式具体是按什么提成或者说以什么为基础计算提成费，称之为提成基价。国际技术贸易中通常采用以销售价格为提成基价，也有按产品数量或按利润计算的。

提成率计算公式为：

$$提成率=\frac{技术许可利润（提成费）}{产品销售价（提成基价）}\times 100\%$$

提成率又可分为固定提成率和递减提成率。

据协议的规定，接受方采用一次付清或连续支付使用费的方式，许可方所承担的义务是相同的。从理论上讲，无论采取哪一种方式，它们的内涵是相同的，而且在计算上也是相等的。

（三）入门费加提成费支付方式

在实际业务中，人们在总付和提成两种方式基础上派生出一种折中的方式，即入门费加提成。

入门费（Initial Payment）指许可方为约束接受方严格履行合同而收取的定金，也是对许可方提供资料、披露技术机密、传授技术的报酬。

入门费实为总提成费中的初付部分，支付入门费多，提成费应相应减少。按习惯做法，入门费一般为技术价值的15%左右。入门费在技术合同经双方政府批准生效后才能支付。

第四节 跨国公司国际技术贸易的签约与履约

跨国公司的技术贸易主要以对子公司的内部技术转让和对外进行许可贸易等形式进行。在跨国公司大致决定了技术转让形式之后，就会着手进行技术转让的各项准备工作。

一、签约前的准备工作

(一) 技术供应方的准备工作

跨国公司决定把某项技术对外转让，就要进行技术市场的研究与分析、技术包装、技术促销和技术谈判等各项技术转让的事前准备工作，这对技术贸易的成败有着重大的影响。

1. 技术市场的研究

技术销售与货物销售有明显的差别，技术是用以制造最终产品的工具而本身并不是最终产品，要创造一个需求者是很困难的，而且需求者的需求差异很大，他们决定是否需要该项技术也是一个漫长而复杂的过程。但有一点是肯定的，引进的技术一定是适用技术。所谓适用技术（Suitable Technology）是指既能适应技术引进方的社会经济的特殊条件又能创造最大经济效益的技术，它要求技术具有先进性、合理性和示范性。

跨国公司对技术市场客户的研究，主要集中在以下两个方面：

(1) 潜在客户的自身条件，其内容包括：他们在该技术产品市场中的地位；现有技术状况；引进技术的目的；需求的程度；原材料供应情况以及企业财务经营状况等。

(2) 潜在客户所在国的经济状况，其内容包括：该国的经济增长速度；现有的技术水平；工业基础与基础设施；市场容量以及政府的宏观政策等。

2. 技术的包装

在技术转让中，技术产品与货物商品一样都需要包装，但无形商品与有形商品的包装作用区别很大。技术作为知识产品，没有物质外壳是很难转让和推销的，因此，技术包装的好坏直接影响技术交易的成败。

技术包装是指技术供应方为了让人们对销售的技术及其价值有所了解并吸引客户，而通过一定的形式对技术所作的宣传和提供的信息。跨国公司在对所售技术进行技术包装时，既要向潜在客户提供足够的信息以便他们对技术进行评估，又要注意技术保密，不能和盘托出而泄露了技术秘密。在实际操作中，有时会无意之中泄露了核心秘密而得不到相应的补偿；有时又可能把技术特色保护过严而使客户无法清楚地了解该技术的特色，从而难以成交。跨国公司在进行技术推销时，其重点应放在技术的商业实用性、操作简易性及自己的转让能力等方面。

跨国公司的技术贸易过程，可分为技术推销和转让两个步骤，与此相应地技术包装可分为推销包装和转让包装。

（1）推销包装（Marketing Packages），是技术供应方为了让客户能对技术价值作出一定的评价而提供的适度信息，但这些信息不足以使客户能利用该技术进行加工和生产出产品。推销包装的目的是：一则能使客户事先了解技术的经济价值，便于作出决策；二则是非常谨慎地保护技术的关键性细节以防止被人无偿地使用。

（2）转让包装，是在技术贸易协议生效后，技术供应方如何把所售技术有效地转让给技术引进方所采取的形式。常见转让包装有工艺程序包装（Processing Package）、详细的设计（Detailed Design）和生产设备（Production Facility）。在上述三种形式中，工艺程序包装是最基本的。引进方可以通过工艺程序包装获得自行设计和制造生产设备所必需的整套技术信息和生产程序。

在实际转让过程中，技术转让包装还不是技术转让过程的全部，还要有具体转让过程中技术供应方的实地指导、技术援助和操作管理。

（二）技术引进方的准备工作

东道国企业与跨国公司签订技术贸易合同是一项十分细致而复杂的工作。在正式签约前必须做好充分的准备，要充分、及时、准确地占有信息资料和背景材料，力争使自己处于最佳的优势地位。技术贸易合同应注意内容完整、权利义务明确，以便合同顺利履行。技术引进方应做的准备有如下一些。

1. 技术引进方确定技术选择的依据与引进技术的类别和范围

技术引进方首先应该明确技术选择的依据，引进技术的类别和范围，为此必须考虑以下几个因素：

（1）技术产品目标市场。考察引进技术生产出来的产品能否被市场接受以及进入市场的能力。

（2）企业现有技术与引进技术的差距。明确新老技术的差距，有助于企业有针对性地引进关键技术和主要设备，防止盲目引进。

（3）企业就自身技术条件出发，充分考虑到经济上的支付能力，生产上的配套能力，技术上的消化、吸收和创新能力，以便引进技术发挥最佳的经济效益。

2. 东道国确定引进技术的选择标准和原则

东道国企业对引进技术选择的主要标准和原则是：

（1）先进性。选择引进的技术应比企业现有技术、国内同类技术高若干个档次，且具有较长的生命周期和发展前途。

（2）实用性。选择引进的技术应是与本国条件相适应的能够解决技术难题的，能够很快消化、吸收和提高的技术。

（3）可靠性。选择引进的技术的工业应用、生产操作应具有较高可靠程度。

（4）安全性。选择引进的技术应是操作简便，维修方便，从社会和劳动保护角度考察不会对人身、社会环境造成危害的技术。

（5）经济性。选择引进技术要注意费用低，能够获得最大的经济效益。

3. 做好商务准备、法律准备，制定谈判方案

应该从市场、资金、技术和环保各个方面对技术方案作出总的分析评价，也就是对技术方案综合评价。

（1）必须做好商务准备。引进方的商务准备工作主要包括：① 估计生产规模、目标市场和销售数量；② 预测引进技术后可能产生的利润；③ 确定可以接受的价格、支付金额和支付方式；④ 做好近期及中长期财务预测，把握技术的经济效益。

（2）引进方在做好商务准备工作的同时，还要做好法律准备，主要内容包括：① 明确双方有关技术交易的法律、法令和条例；② 规定双方的权利和义务；③ 做好技术转让合同条款的起草工作。

（3）东道国企业在与跨国公司代表正式接触前，还需要制定一个谈判方案，其主要内容包括谈判的总体规划、谈判策略、谈判进行的期限、谈判的进程安排等。为了应付对手变幻多端的策略和做法，引进方要根据不同的情况多拟定几套方案，以应付不测。

二、技术贸易谈判

技术贸易谈判应遵循自愿平等、等价互利、灵活合作的原则。双方谈判成败的前提取决于以下三方面的因素：第一，双方能否在自愿平等的基础上，乐于“给”和“取”；第二，双方是否互相信任，能作出必要的让步；第三，这项技

术能否通过其他途径和方式进行转让。

引进方经有关部门批准后，可以正式进行技术引进工作。技术贸易谈判比商品贸易谈判更为复杂。谈判的主要内容有：技术的性能和指标；技术服务和培训；保密条款；产品标准和考核验收以及商标等。

(一) 技术性能和指标谈判的内容和要求

技术性能是谈判中的重要议题，它关系到引进技术的内在素质和水平，影响到投资项目的经济效益。而技术指标包括技术工艺、产品数量和质量、能源消耗、环保状况等技术指标和参数。同时，要求技术供应方提供有关的技术资料。

在技术引进过程中，供应方的技术知识和经验不可能完全由设计图纸、技术资料和机器设备中反映出来，引进方想要尽快吸收消化引进技术，往往必须通过技术服务和人员培训。因此，谈判中应就培训目的、内容、范围、时间和地点等作出明确的规定。

引进技术指标的可靠性，可以从生产出来的产品是否符合要求、能否产生有效价值来进行考核。考核验收是技术合同的关键，考核内容包括：(1) 考核产品的型号、规格、数量；(2) 考核测试的内容和标准；(3) 考核试验的单位、人员、时间、地点和考核的次数；(4) 考核试验结果的评定和处理，以及考核试验的费用负担等。

(二) 商务谈判的内容和要求

技术贸易谈判的另一个重点是商务谈判。在技术贸易中商务谈判的主要内容有：技术价格、付款条件、支付方式、包装标签、运输保险、保密条款、不可抗力、税收、侵权、罚款、仲裁、索赔和合同生效及其他法律问题。

技术价格、支付方式等内容前面已经述及，现就其他一些容易发生争议的问题作一简介。

1. 技术保密

技术保密是供应方要求引进方严格遵守的义务。双方通常在合同中就保密技术的范围和保密的地区作出具体的规定，以保护供应方的利益。

2. 商标使用

跨国公司的商标在市场上已享有信誉，具有强大的渗透力，引进方通常愿意使用这样的商标，以便扩大产品的销路。但如果长期使用，就会影响自身的声誉。双方经过充分协商作出具体安排，可以采用联合商标（Combined Trade Mark），即一切佩有外国商标的商品同时也佩有本国自有注册商标，以防止对外国公司商标的过分依赖。有的采用联结商标（Associated Trade Mark），即按双方商标的特点，设计成联结在一起的新商标，商标上应使用引进国家的文字和符号，也带有某些外国文字。在实际业务中，双方愿意采用当地文字和符号来表示许可方商标的文字和符号，使其意义上相当，避免双重商标。

3. 销售范围

有关销售范围往往是商务谈判争议的焦点。引进方将产品出口，就可能与供应方的同类产品在市场上发生竞争。技术供应方为了保护自己的产品市场，力图对引进方销售产品的地区、价格、数量加以限制。通常引进方要求销售的地区越广，供应方索取的提成费越高。

4. 交换改进技术

关于交换改进技术的谈判，按照国际惯例，技术供应方和技术引进方都有义务向对方提供各自取得的改进技术。引进方要求供应方在技术合同有效期内不断提供新发展的改进技术，称之为技术继续援助（Technology Continuing Assistance）。同样，供应方也要求引进方将自己改进的技术提供给供应方，称之为技术反馈（Grant-Back）。双方必须就此充分洽谈，但应坚持对等互利的原则，防止只约束引进方的单方反馈的不合理条件。

5. 税收

由于各国税收制度不同，对技术供应方产生的影响也不同。目前实际上实行三种税收制度：一是双重课税（Double Taxation），二是一次税收制，三是外国税收抵免制（Foreign Tax Credit）。在双重课税的国家里，供应方一方面要向收入来源国纳税，另一方面还得向本国政府交付所得税。供应方为转嫁这笔税收，往往要求提高技术使用费。

技术贸易的谈判是艰巨的，技术引进方想要取得谈判的成功，派出人员的结构和素质就显得十分重要。引进方必须派出由项目经理、科技人员、工程设计人员、外经贸人员、财务金融税收人员等组成的谈判班子。

三、技术贸易合同的内容与合同的履行

（一）合同内容

国际技术贸易协议（或合同），根据转让的标的不同，可分为专利许可协议、专有技术许可协议、技术咨询协议、技术服务协议等。

国际技术转让绝大多数是通过许可证贸易来进行的，许可证贸易合同（协议）的主要内容包括两大部分，一是合同的正文，二是合同的技术附件和商务附件。概括起来有以下几项内容：

（1）定义条款——对合同中所列的专业名词术语作出准确的解释，以免误解。

(2) 转让项目条款——明确说明所转让技术的内容和范围。

(3) 基本条款——规定合同的价格或提成费的计价、支付和支付方式、技术文件的支付、技术改造和发展的交换。

(4) 技术指导和培训条款——就有关派遣时间、人数、待遇、工作条件作出规定。

(5) 保证条款——详细规定许可方的义务。

(6) 保密条款——明确规定引进方保密的范围、办法、泄密的责任。

(7) 考核与验收条款——具体规定考核验收的内容、手段、次数及损失赔偿。

(8) 商标许可权条款——商标是跨国公司竞争力的核心表现，商标许可权是买卖双方专项商定而单独设立的条款。

(9) 特殊条款——就设计与联络、税费、合同价格的保值等作出规定。

(10) 法律条款——规定人力不可抗力、争议解决办法，以及合同的生效、期限、续展及终止。

(二) 合同的履行

按照各国的惯例，本国企业（或公司）与外国公司签订的任何技术转让合同必须经过政府批准后方能生效。合同生效后，技术供应方要根据合同的规定履行自己的义务。供应方应按合同条款的规定，提供技术资料和机器设备，派遣人员安装调试，配合培训引进方人员。

在技术贸易合同履行中，技术供应方要根据合同规定的条件交货。技术引进方首先要按清单清点验收技术资料，如有短缺，应及时通知供应方补交。验收后，组织技术人员、翻译人员熟悉和掌握技术要领。其次，与技术交易相关的设备也要进行检验，未经检验的部件不准安装试车。设备安装完毕后，考核设备质量和安装质量，通过试车，确定一切正常，这是保证合同顺利履行的良好开端。

◇ 问题与思考

一、名词解释题

1. 技术转让
2. 国际技术转让
3. 技术许可贸易
4. 独占许可
5. 专有技术

6. 特许经营

二、填空题

1. 国际技术转让是指将三种技术要素从一国到另一国、从一个企业到另一个企业的转移。这三种技术要素是________、________和________。

2. 跨国公司技术转让中的技术可分为三大类，第一类是________；第二类是________；第三类是提供技术服务。

3. 跨国公司技术转让的先进程度与股权投资成________；技术使用的限制性条款与股权投资成________。

4. 技术贸易的标的是________，它可以多次交易而不需要多次生产。

5. 在技术许可贸易中，根据贸易标的不同可分为：专利许可、专有技术许可、商标许可、________以及________。

6. 跨国公司技术贸易协议包括专利使用权、商标使用权、专有技术使用权、________和________等五种协议。

7. 技术使用费是一种________支付，而不是买卖支付，是技术接受方给予许可方的一种补偿。

8. 按照国际惯例，对专利和专有技术的使用费，采用________、________的支付方式。

三、是非题

1. 跨国公司国际技术转让中的技术可分为三大类，其中一类是工业产权技术。工业产权亦称为产业产权，是一种有形的财产权，也是一种商品。(　　)

2. 跨国公司技术转让的先进程度与股权投资成正比。(　　)

3. 在技术贸易中，技术的供应方把某种技术的所有权和使用权均转让给技术的接受方。(　　)

4. 技术贸易的作价，通常是以技术接受方从技术中得到的经济利益为基础。使用的经济效益高，技术的价值也大。(　　)

5. 商标权和专利权，都是一种工业产权，可以转让。这两者均以登记注册为前提，并受到国家专门法律的保护。(　　)

6. 技术贸易中的技术价格的高低，主要取决于“技术许可方提供的技术值多少”，只有当技术许可方得到适当的报酬，双方才会成交。(　　)

7. 技术是一种特殊的商品，技术贸易的定价，主要是受成本、需求和竞争三大因素的影响。(　　)

8. 特许经营是经销商品或提供服务的一种特殊许可。技术供应方不仅转让技术和商标，而且也传授经营方式和方法以及提供人员培训。(　　)

四、问答题

1. 技术创新与跨国公司的成长和发展有着什么内在关系？
2. 什么叫国际技术转让？跨国公司技术转让中的技术可分为哪三大类？
3. 跨国公司技术转让的特点是什么？
4. 试述跨国公司技术贸易的发展及其主要特点。
5. 技术许可贸易的含义是什么？技术许可有哪五种形式？
6. 跨国公司技术贸易协议包括哪些主要内容？
7. 技术贸易价格是如何构成与确定的？
8. 按照国际惯例，技术使用费的支付方式有哪几种？
9. 技术供应方和技术引进方在技术贸易协议达成前应做好哪些准备工作？
10. 技术贸易合同的主要内容是什么？

◇案例分析

惠普公司国际化经营中的技术转让

美国惠普公司（Hewlett-Packard Co. Ltd. 简称 HP 公司）是由 David Packard 和 Bill Hewlett 于 1939 年在美国加州硅谷创立的，故取名为 Hewlett-Packard。惠普的创办，被公认为等同于硅谷的诞生，惠普被称为硅谷文化的代表。经过半个多世纪的努力，目前，它已成为世界闻名的国际电子公司，其主要产品为计算机及外围设备、电子测量仪器、化学分析仪器和医疗电子设备。自从 20 世纪 60 年代起，惠普公司开始跻身于计算机领域，在之后的十多年中突飞猛进，到 20 世纪 70 年代末，计算机产品的销售额已占了全公司营业额的一半以上。进入 20 世纪 80 年代，惠普公司率先推出了基于 RISC 技术的精密体系结构的计算机系统，不仅确立了公司自身遵循开放系统标准的发展方向，而且大大推动了整个计算机工业的发展，从而使惠普公司成为全球开放系统领域公认的先驱。今天，惠普公司已在 120 多个国家建立了全球性的生产销售服务网络，是全美第二大计算机公司，列全美 500 家大企业中的第 19 位，至 1996 年已连续五年被评为最受仰慕的计算机公司之首。近两年来，惠普在《财富》杂志评选的世界 500 强中，排名不断上升，2004 年跃升至第 24 位。

2001年9月，惠普以240亿美元收购康柏，世界各地的权威机构几乎把这次合并列为2001年全球十大并购之首，两大集团的联合在规模上造就了一个巨人。合并后的惠普拥有15万员工，年营业收入达817亿美元，在IT服务领域惠普位列第三，在服务器产品、PC系列产品与手提设备等领域，惠普已成为全球最大的厂商。

跨国公司是国际直接投资的主要承担者，惠普作为一家大型企业，随着对外直接投资的扩大而成为国际知名的跨国公司。在当今经济全球化日益加强的情况下，对外直接投资已不是单纯货币资本的转移，而是货币、技术、设备、管理和经验等要素的一揽子转移。通常，一般高科技企业在海外投资的时候，是将低附加值的生产制造活动转移到海外子公司，而将高附加值的研发活动留在母公司，向海外子公司转移关键技术或发展子公司自主创新的能力，将会影响到母公司的优势地位。但是，惠普公司作为世界知名跨国公司，认为海内外公司是一个整体集团，注重的是全球资源的最佳组合及整体利益的最大化。

惠普公司在新加坡的海外投资，是跨国公司向海外子公司进行技术转让最成功的典范。20世纪70年代，惠普在新加坡投资的工厂主要负责HP－53型计算机的组装和生产键盘、显示器；20世纪80年代新加坡工厂生产喷墨打印机时，其中已有80%的零部件是来源于子公司自己的采购渠道；到了20世纪90年代初，惠普新加坡工厂开始对打印机的一些功能进行局部改进，其中最成功的一项改进是针对日本市场的需求，将美国母公司的500c彩色喷墨打印机在机械结构上加以重新设计，并开发出专门针对日文的软件，使惠普成功地打开了日本市场。之后，新加坡工厂又自主开发了便携式打印机，这个新产品后来在美国获得了卓越设计奖。

惠普公司敢于把研发活动和关键技术转移到海外子公司，海外子公司又开发出具有本土特色的技术，不仅使创新技术回流到母公司，在全球市场形成新产品畅销的热潮，还可以为跨国公司创造全球市场的竞争优势。如果仅仅把海外子公司看成是生产基地，缺乏全球化的经营思维和技术转让的长期规划，就只能在这些地区赚取微薄的劳动力成本价差的利润，而无法成为全球领先的跨国企业。

一个有远见的跨国公司，要想从海外投资中获取丰厚的回报，就必须有计划地进行技术转移的战略规划，而不应该把海外子公司当成简单的生产基地，对海外子公司的投资应考虑劳动力资本、税赋和其他因素的最优结合。

美国惠普公司将公司的研发活动和关键技术转移到海外子公司进行，这说明当代跨国公司在国际化经营中又有什么样的新突破？发展中东道国为何吸引跨国公司在当地市场上建立研发中心？

第八章

企业国际化经营的市场营销策略

学习目标

掌握跨国公司选择目标市场的营销策略；跨国公司市场营销的竞争策略和选择营销渠道的方法；跨国公司市场定价的方法；国际营销调研的主要方法。熟悉跨国公司市场定价目标的选择；不同产品生命周期的市场定价；国际营销调研的种类。了解跨国公司市场营销的促销决策。

第一节 跨国公司的市场营销策略

跨国公司以全球市场为经营目标，面向世界市场作出自己的生产、经营决策。据估计，跨国公司大约有20% ~50%的利润来自国外市场。因为国际市场的环境要比国内市场的环境更复杂，所以跨国公司在进行国际营销活动以前，必须首先分析国际环境，包括政治和法律环境、经济环境、社会文化环境，掌握商情和各种经济技术信息，熟悉国际惯例，尽量减少风险。

一、跨国公司国外目标市场的选择

跨国公司对国际市场进行环境分析和市场细分的目的就是为了选择目标市场。所谓目标市场（Target Market）是指跨国公司产品的销售市场和服务对象市场，也就是公司确定的作为公司经营对象的某些特定的顾客。一家跨国公司应该如何选择目标市场，取决于产品性质、市场特点以及跨国公司资源能力等因素。

（一）跨国公司选择目标市场的策略

跨国公司目标市场营销策略有无差异营销、差异化营销和集中营销三种。

1. 无差异营销（Undifferentiated Marketing）

经过市场细分之后，跨国公司虽然认识到市场有差异，但这种差异不大，即市场上共性胜于个性。因此跨国公司决定以统一的产品、同样的销售渠道、整齐划一的促销措施和价格向全球广泛推销。例如，可口可乐公司多年来在世界各地使用相同的瓶子、相同的口味、同样的广告。这种策略最大的优点就是可以降低生产和营销成本。但在国际市场发展日益加剧的形势下，除经营农矿初级产品和规格统一的原料性工业产品的跨国公司还勉强使用这种策略外，其他跨国公司对这一策略的使用已越来越少。

2. 差异化营销（Differentiated Marketing）

跨国公司按照各个市场部分的不同需要，分别设计不同的产品和运用不同的市场营销组合，同时为好几个市场部分或子市场服务。这种策略的好处是分市场较多，能提高总销量，同时，也可以避免过分依赖某一市场。但这种营销方法会相对增加产品费用、生产成本、管理费用和促销费用。

3. 集中营销

集中营销策略是在市场细分的基础上，公司只选择一个或几个性质基本相同的分市场，作为本公司这一系列或某品种商品的目标市场。

（二）跨国公司选择目标市场应考虑的因素

公司应当使用何种方法选择目标市场，取决于对与公司内部和外部有关的因素的充分衡量，其中主要因素有企业规模、产品的同质性、国际市场的差异性、产品生命周期和竞争对手策略等。

1. 企业规模

大公司拥有较雄厚的经济实力，在选择差别和无差别市场营销策略时就占有优势。而小企业由于管理和销售力量较弱，一般宜采用密集性市场营销策略。

2. 产品的同质性

根据产品差异程度的大小，采取适当的市场营销策略。对差异性较小的产品，可采取无差异市场策略，如软饮料、农产品；而对于差异性较大的产品，则宜采用差异性或密集性市场营销策略，如电器产品。跨国公司营销的成功与否往往取决于满足差异性需要的程度。

3. 国际市场的差异性

对政治、经济和社会文化环境大体相同或相近的不同国家或地区的市场，如购买者的需求特性也基本一致，可视为相同市场，采取无差异市场营销策略；而对于差异程度较大的市场，跨国公司一般采用差异市场营销策略或集中市场营销策略。

4. 产品生命周期

当产品处于介绍期或成长期时，一般宜采取无差异性市场营销策略，因为这时公司的目的在于探测市场。当产品处于成熟期或衰退期时，宜采取差异性市场营销策略，以扩大销售量；或采用密集性市场营销策略，以维持和延长产品在某市场的寿命期。

5. 竞争对手策略

国际市场竞争对手采取何种策略，也是影响跨国公司如何进行国际市场营销的一个重要因素。如竞争对手在目标市场上采用无差异性市场营销策略，跨国公司采用差异性市场营销策略则比较容易成功；而假如竞争对手采用差异性市场营销策略，跨国公司采用无差异营销策略就将处于不利的竞争地位。

(三) 跨国公司产品的国际市场定位

如果跨国公司对目标市场分析的结果表明公司必须发展新目标或维持原有目标的话，那么，公司必须对产品进行市场定位，并依此确定本企业产品与竞争者产品在市场上分布的相对关系。

对产品进行市场定位，就必须了解消费者对产品的需求及追求的利益是什么，在这些需求中哪些是最关键的因素，在此基础上研究竞争者和本企业产品在市场上所处的相对位置，以便最快最优地树立起本企业产品在市场中的地位和形象。

假定某跨国公司选定以某国消费者使用的18英寸彩色电视机市场为其进入的目标市场。经调查发现，顾客们关心的主要是产品质量和价格高低。目标市场上竞争者所提供产品的情况如图8-1所示。

图中A、B、C、D四个圆圈代表目标市场上四个竞争者。圆圈面积大小表示这四个竞争者的销售额大小。竞争者A生产和出售高质量和高价格的彩电；竞争者B生产和出售中等质量和中等价格的彩电；竞争者C生产和出售低于中等质量和低价格的彩电；竞争者D生产和出售低质量和高价格的彩电。我们假设目标市场上竞争的主要情况就是这样。那么，这家企业的产品应当定在什么位置上呢？这家公司主要有以下两种选择。

图 8-1 目标市场竞争产品的情况

（1）选择把本企业的产品位置定在竞争者 A 的附近，与 A 争夺顾客。这家公司这样定位必须具备以下条件：① 本企业能比 A 生产出更好的产品；② 市场本身容量很大，足以吸收这两个竞争者所生产的产品；③ 本公司比 A 有更多的资源；④ 这样定位与本公司的信誉和特长相适应。

（2）选择把本企业的产品位置定于图的左上角的空白处，即决定生产和出售高质量和低价格的 18 英寸彩电，这种产品目前还没有人提供。公司这样干，固然可以在这一部分市场上立即取得领导地位，但必须具备以下条件：① 本公司有制造高质量的彩电的技术；② 本公司以低价格出售高质量的彩电，仍能获利；③ 本公司通过各种促销手段能使消费者相信本公司的产品质量比得上 A 的产品质量。

二、跨国公司市场营销的竞争策略

跨国公司的产品在国际市场上的地位，决定着公司在市场上扮演的角色。角色的不同决定了公司采用的竞争策略亦有所差别。

（一）市场领袖战略

几乎每个行业都有一个公认的“领导者”，领导者通常在市场上拥有较大的占有率，它在价格、新产品、促销等方面的活动，足以影响其他企业的活动。

为了维护领导者的地位，跨国公司可采取以下策略：发展目标市场的每一细分市场；或维护其取得的市场占有率，通过努力增加产品线中的产品项目，吸引潜在顾客进入市场，增加产品用途；或增加原购率、重购率。

作为某行业或某产品的市场领导者，拓展目标市场的每个细分市场，都应在市场调研的基础上经过“实地试营销”阶段，以发现可能存在的问题。在这方面美国婴儿尿布头号生产商宝洁公司跨国经营婴儿尿布的经验教训很有代表性（见“相关链接”）。

相关链接

宝洁公司在20世纪80年代把美国市场最受欢迎的婴儿尿布打入中国香港地区和德国市场。公司自认为该产品在美国已销售多年，受到普遍好评，因此，决定跨越试销阶段，直接大举进入中国香港地区和德国市场。但事情大大出乎宝洁公司意料之外。中国香港地区的消费者抱怨尿布太厚，德国消费者却反映尿布太薄，吸水性能不足。同样的尿布，怎么可能同时太厚又太薄呢？经过深入细致地市场营销调查才发现，婴儿一天平均尿量虽然大体相同，但婴儿尿布使用习惯在香港和德国却大不相同。香港的消费者把婴儿的舒适作为头等大事，孩子一尿就换尿布，因此，宝洁公司的尿布就显得太厚；而德国的母亲比较制度化，晚上给孩子换块尿布然后到早晨再换一块，于是宝洁公司的尿布就显得太薄。

（二）市场挑战者战略

处于市场挑战者地位的企业，通常仅比领导者所占的市场占有率稍小一些，仍然有希望获得领导者的地位。

作为挑战者，必须发现其竞争对手的一些弱点，从中找到增加市场占有率的机会。通常可供挑战者选用的策略有：

（1）采用低价渗透市场，快速进入目标市场，待市场地位巩固后，再提高产品的售价。

（2）选择合适的推广对象，包括中间商和零售商。

（3）发展新产品。这样一方面可以巩固其挑战者地位，另一方面能进一步扩大市场份额，进而取得领导者的地位。

相关链接

日本本田摩托车在20世纪60年代进入美国市场时，所推销的四种车型（50cc，100cc，150cc和200cc）中，获得成功的是美国摩托车厂不生产的50cc轻型摩托车，销售渠道选的是自行车商店，而不是专业摩托车商店，从而避免了“正面攻击”，另辟蹊径，取得了成功。

（三）市场追随者战略

市场上大多数公司是处于市场追随者的地位。因为它们经济实力不雄厚，没有能力来竞争领导者的地位，只能扮演追随者的角色从事市场营销活动。追随者选用的策略有：

（1）市场细分策略。即设计恰当的营销策略，满足某类产品市场的需要。

（2）追求高利润策略。对追随者而言，利润的大小往往比市场占有率更有吸引力。

（3）市场追随者战略。即在重要的发达国家市场紧跟领先者的产品政策、价格政策和销售行为，密切注视领先公司在价格、新产品引进方面的变化对本公司的影响，根据这些影响的性质和大小制定本公司的营销对策。

由此可见，上述三类跨国公司的营销战略，是从市场的主从关系角度考察问题。作为发展中国家的新兴跨国公司尤其应当重点研究市场追随者战略，以便为自已在国际市场上开发一席之地。

三、跨国公司选择营销渠道的方法

跨国公司对目标市场进行选择和定位以后，接下来就该决定采取何种方式进入目标市场，即是通过直接出口、间接出口，还是在当地市场上通过合资、独资、许可证贸易、合同生产和管理等形式就地生产、就地销售。跨国公司在选择营销渠道时，既要考虑公司的总体利润目标，又要考虑不同营销渠道的特点。跨国公司一般从成本、资金、控制、覆盖、特性和持续六个方面来考虑如何选择营销渠道。这六个因素被称为“六个C渠道营销战略”。

（一）成本（Cost）

成本是指公司开发和保持一个营销渠道所需的费用。公司开发国外市场营销渠道的成本越低，其他五个“C”的经济效率越高。通常降低成本的最有效方法莫过于缩短营销渠道。

（二）资本（Capital）

公司选择营销渠道应从节省资本开支出发追求最佳效率。这里利用中间商进行产品分销可以减少资金投入。其中独立的中间商在买下商品时即能提供现金流转，而代理商在没有最后售完商品以前，不会要求公司进行现金流转，但往往要求在经营开始时提供资金补贴，因此，跨国公司应根据不同的营销渠道，结合自身的经营目的和财力情况作出不同的营销决策。

（三）控制（Control）

跨国公司为了控制国外市场的营销机构，往往不惜重金投资建立能实现最大程度控制的销售系统，缩短营销渠道的长度，以便加强跨国公司对产品售价、促销方法和销售方式的控制。

（四）覆盖（Coverage）

跨国公司扩大国际市场销售的方法，一是加大对购买力强大的市场的渗透力，二是扩大市场的覆盖面。所谓市场覆盖是指为了保证目标市场销售量的完成而要实现的在目标市场上的销售份额。

（五）特性（Character）

跨国公司在选择营销渠道时，应同时考虑两个方面的特性，即公司的特性和目标市场的特性。公司的特性是指产品性质以及公司的规模、经营能力和财务状况。公司的特性与营销渠道的选择密切相关。目标市场的特性是指客户、中间商和竞争者的特性。

（六）持续（Continuity）

一般来说，成功的企业，其营销渠道要保持长期的、连续性的畅通。为此，跨国公司应选择持续性较好的经销商和专营零售商作为自己的中间商，并且在目标市场上培育品牌忠诚者。

第二节 跨国公司市场营销的价格策略

跨国公司制定出合适的定价策略，是保证公司目标实现的重要条件。通常，产品的价格有三个制约因素，即生成成本、竞争性产品的价格和消费者的购买能力。其中，产品的生产成本决定了产品的最低定价，而可比产品的竞争性定价和消费者的购买能力则制约着产品的最高定价。

一、跨国公司市场定价目标的选择

跨国公司在确定目标市场产品销售价格时，一般以营销目标为依据，按照公司的利润目标、市场目标、竞争目标来确定其产品的价格。

（一）利润最大化目标

跨国公司的利润最大化是指公司在较长的时间内谋求整体目标的最大利润，而不是指公司短期内在单个产品上尽可能获得的最大利润。因此，公司为了保证长远的、整体的最佳利润，不惜在短期或个别产品上少获利或暂时亏损。如在产品的组合方面，日本佳能公司宁愿在复印机上制定较低的市场价格，获得少量利润，而趁机扩大了复印纸和油墨等销售量，以合理的定价赚取了较高的利润，从而保证公司总体的最大利润。

（二）争取预定的投资利润率

跨国公司目标投资利润率是公司根据自己的发展目标而制定的利润与投资总额的比率，通常目标投资利润率要高于一般利率。这种定价目标一般被在行业中处于领导地位的公司或那些受专利保护而暂时没有竞争压力的系列产品所采用。这种定价方法比较简便，公司只要以产品的生产成本为基准，并预测产品的市场销量便可算出相应的市场售价。

（三）巩固和扩大市场占有率

当跨国公司产品已打入了目标市场，公司的营销战略目标和价格目标的重点便在于维护和扩大市场份额，使公司的产品在目标市场上占有优势地位，从而通过扩大市场份额增加利润。此时公司扩大市场占有率的途径一般是通过建立产品声誉，大力促进适销产品的销售，进而扩大销量。

（四）始终盯住竞争对手的价格

以全球市场为经营目标的跨国公司，无疑会遇到竞争对手的价格竞争。为此，跨国公司在作市场定价前，应综合考虑公司与竞争者实力的比较，如生产规模、产品成本、产品质量、产品信誉等。如果综合实力超过对手，出价可高于竞争者；如果实力不如竞争者，出价可低于对手。

（五）限制竞争，稳定价格

在竞争激烈的世界市场上，一些大跨国公司为了避免在竞争中两败俱伤，往往通过协商，组成各种卡特尔，实行价格领导制限制竞争，稳定价格，确保市场。

二、跨国公司市场定价的方法

跨国公司市场定价的基本方法有三种，即成本导向定价方法、需求导向定价方法和竞争导向定价方法。

(一) 成本导向定价法

成本导向定价法是指跨国公司定价时虽然也考虑其他因素，如企业目标、政府法令、需求状况、竞争格局等，但最主要的依据还是产品成本。成本导向法可分为以下两种。

1. 成本加成定价法

这种方法是指在总成本基础上加上一定的利润，以此作为产品价格。这种方法对那些刚刚从事出口业务、对市场竞争状况了解不多的企业比较合适，但在多数情况下，这种定价方法会导致中间商赚走大部分利润。

2. 边际成本定价法

指企业在定价时只考虑变动成本，不计算固定成本，在平均利润率降低的情况下，增加市场份额和总利润水平。这种方法有一定的限制条件：第一，企业除满足原有市场外，还有剩余生产能力；第二，按此方法确定的价格对原有市场价格不会有大的影响；第三，不被认为是倾销。

(二) 需求导向定价法

需求导向定价法，是指跨国公司主要考虑国外市场的供求关系，根据市场需求强度即客户能够接受的水平制定价格。需求明显增大时就定市场可能接受的最高价，需求降低时就定低价。按照这种方法，首先要了解国外市场上的供求关系，估计出产品在国外市场上的最终价格水平，然后估计中间商利润、关税、运费等，从而倒算出产品的出口价格。

(三) 竞争导向定价法

竞争导向定价法，是指跨国公司在考虑产品成本和需求的同时，主要依据同一市场上同类产品竞争对手的价格来确定自己产品的价格。在竞争格局中处于寡头垄断和垄断竞争的企业，应主要考虑这种方法。这种方法适用于以下一些情况：

(1) 企业在某一时期、某一市场上，以击败某一或某些竞争对手为主要目标，此时应以竞争对手的价格为依据低于或等于竞争价格，并随竞争对手价格变动而变动。

(2) 某些大宗商品，如小麦、茶叶、石油等，其世界价格是众所周知的，企业在这种情况下一般只应随行就市，高于流行价格就会失去交易机会，低于流行价格则会降低利润水平。

(3) 企业刚刚进入某一市场，对需求、中间加成等因素了解不够，此时的一个简便方法就是模仿竞争对手同类产品价格，待情况掌握充分后再进行调整。

三、跨国公司市场定价的步骤

跨国公司制定合适的定价，必须从公司的全球战略目标出发，考虑消费者的需求、生产成本、竞争压力、产品的特性等因素的影响，在此基础上进行可行性研究，最终制定出合理的销售价格。跨国公司制定产品定价一般由以下几个步骤组成。

（一）寻求产品可能的消费者

跨国公司制定产品和服务价格的出发点是顾客可能接受的价格水平，这些最终支付价格的购买者对公司定价的反应在很大程度上影响着跨国公司营销计划的成败。跨国公司制定价格时，必须综合考虑产品的使用者、购买者和影响购买者需要的因素以及他们对产品不同价位的态度。

（二）预测潜在的需求量

跨国公司要做好合理定价，首先要估计消费者的需求量。公司营销决策者先按照地区、收入、消费倾向的相似性来对消费者进行分组，然后预测在每一个不同的细分市场上产品和服务的不同价格和不同的需求量，最后汇总各个不同细分市场的需求量，这样就取得了产品和服务在不同价格下可能的需求量。

（三）了解竞争者的价格变化

一般说来，了解竞争者产品的市场价格并不困难。然而，要掌握竞争者产品的实际价格结构却非易事。在市场竞争中，设法获取竞争者产品的价格折扣表及有关价格信息至关重要。许多公司习惯上采用数字代码，以防泄露。为了解读数码，了解实情，一些公司采用接近竞争者的推销员、海外子公司的管理人员、公司决策者和重要往来商的办法，刺探竞争者的价格信息。

（四）掌握竞争者的价格定位

在确定市场、预测需求、了解竞争者的价格结构之后，跨国公司营销决策者就能大致掌握竞争者的定价方案。不同定价的数目取决于公司在世界市场上参与竞争的产品价格的变动范围和产品的定价弹性。产品价格的变动范围越宽，产品的交叉需求弹性越大，产品定价可选择的数目就越多；如果定价范围狭窄，产品交叉弹性又低，对该产品而言，可供选择的定价方案可能就屈指可数了。

（五）测算公司的净价格

测算公司不同产品的净价格，对于正确估计在产品不同价格下公司的利润大小是很重要的。跨国公司在借助于中间商推销商品的情况下，它们的实际所得应当是产品市场定价减去中间商的利润。跨国公司通过自己的营销渠道将产品直接销售给消费者，公司只要支付一部分营销费用，便可得到全部的销售收益。

(六) 估计产品的成本

跨国公司销售产品的成本由三部分组成，即固定成本、可变生产成本和促销费用。

1. 固定成本

通常由固定资产的折旧、租金、利率和管理费组成。它不随生产量的改变而变化，但单位产品中的固定成本比例随生产量的增加而不断下降。

2. 可变生产成本

包括原材料、能源、劳动力成本等内容，它随着产量的增长而增大，但单位产品中所占比重并不随产量的变化而变化。

3. 促销费用

包括产品在国际市场营销中的费用，加上关税、运输费、保险费、通货膨胀、汇率变动和分销渠道等费用。

(七) 预计产品销售利润

公司在计算出产品在不同价格条件下的销售量和总成本后，就可以预计产品在不同价格下的不同销售利润，并在此基础上进行产品的最优定价。

(八) 分别针对不同的消费群体进行价格定位

跨国公司为了扩大销售，获得最大的利润，应按照上述步骤对不同的消费群体进行独立的价格定位，并且对不同群体设计不同的营销方法。

四、不同产品生命周期的市场定价

跨国公司参照美国哈佛大学教授雷蒙德·弗农（Raymond Vernon）提出的产品营销生命周期理论,① 制定在各个不同阶段上的产品定价方法。

(一) 产品市场的开创阶段

在产品市场的开创阶段（Introduction Stage），新产品刚刚推入市场，跨国公司依靠新产品的独创性及其技术、品牌等非价格因素，得以维持其垄断或寡占的优势。其产品的定价战略取决于新产品的新颖性和这种性质能维持的时间。由于产品处于垄断地位，定价方式以获取最大利润为目的，一般总是使产品的边际成本与边际收益相等。

新产品垄断所得的高额利润对其他公司会产生很大的吸引力，由于竞争者的模仿，新产品很难在较长时间内保持垄断地位，尤其是那些容易失去新颖性的产

---

① Raymond Vernon. International investment and international trade in the product cycle. Quarterly Journal of Economics. 1996 (5): 190 ~207.

品，跨国公司往往采用撇脂定价和渗透定价方法，以保证公司获取最大利润和实现一定的定价目标。

撇脂定价是指那些缺少弹性的产品，其价格定位于比垄断价更高的价格，从而在短时期里取得高额的利润。渗透定价则是指那些富有弹性的产品，其价格定位较低，从而在短时期内迅速占领市场。

（二）产品市场的增长阶段

由于产品定型，需求日增，生产扩大，这时国内和国外出现了模仿者，这标志着产品进入增长期，趋于成熟。在产品市场的增长阶段（Growth Stage），潜在竞争者的仿制品已进入市场，这时跨国公司主要根据市场上的竞争情况来决定自己的产品定价，以便保持并扩大市场份额，降低成本，实现规模效益。

在这一阶段，寡头垄断的市场条件已经形成，少数几家跨国公司垄断了市场，占据了大部分市场份额。其定价策略是按照纽结断折需求曲线（见图 8－2）进行的。

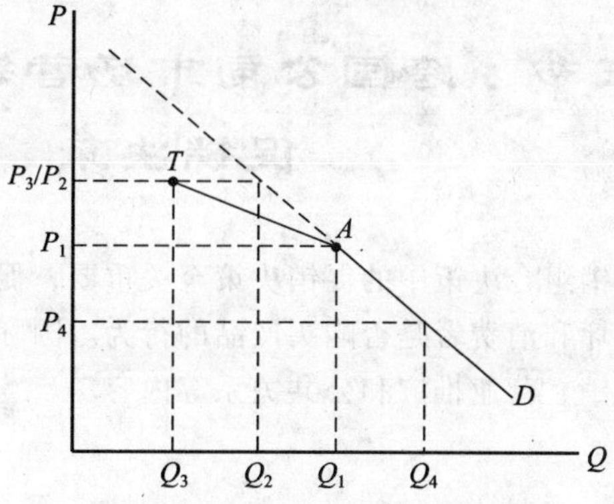

图 8－2　纽结断折需求曲线

若市场产品价格为 P_1，公司销售量为 Q_1，D 线是该公司产品的需求曲线。如该公司提高产品价格至 P_2，其他寡头为了趁机扩大市场份额，一般不提价，或提价幅度小于 P_2，因此该公司产品的销量就会在 Q_2 的基础上进一步下降到 Q_3，市场份额大幅度下降，得到另一条偏离 D 的需求曲线 AT。而当公司降价时，其他寡头也会相应降价，以保持市场份额不变。为了避免引起价格战，其他寡头价格下降幅度一般与本公司产品价格下降的幅度相适应。

图 8－2 表明了竞争对手作用的重要性，只有仔细研究分析竞争者的定价战略和对价格变化的应变能力，跨国公司才能制定出更为合理的市场价格。

(三) 产品市场的标准化阶段

在产品市场的标准化阶段（Standardized Stage），市场上产品广泛流行，产品的新颖性正在减退，市场销量接近饱和，增长停滞，产品趋于成熟阶段，同一产品在市场上竞争者众多，出现了替代品，形成了垄断竞争的市场条件。此时，跨国公司仍按边际成本与边际收益相等的原则进行定价。公司应慎重定位，若定价过高会造成市场份额减少；若定价过低，又可能引发价格战，结果会两败俱伤。

(四) 产品市场的衰退阶段

在产品市场的衰退阶段（Declining Stage），产品在市场上由盛至衰，即失去了其新颖性，市场上有无数的竞争者存在，造成产品容易进入市场，这种情况类似于完全竞争的条件。为了争取消费者，保持市场份额，跨国公司对产品的定价应尽可能地低，有时候为了等待新产品的生产，产品的价格甚至低于产品的成本。

第三节 跨国公司市场营销的促销决策

跨国公司市场营销组合决策中的促销决策至关重要，促销决策的好坏，直接影响到产品的销售好坏和消费者是否购买产品的行为。国际市场上的促销活动包括广告宣传、人员推销、营业推广和公共关系等内容。

一、广告宣传

(一) 广告的作用

广告是指跨国公司通过大众媒介，以付费形式将有关产品和服务的信息传递给消费者的一种促销活动。广告由于具有广泛的公众性、强有力的表现性和能反复引起消费者注意的渗透性，而成为人们日常生活中的一个组成部分，并在国际市场营销的促销过程中发挥着越来越重要的作用。

跨国公司在国际市场上开展广告促销活动，方式虽与在国内的基本相同，但由于各国情况差异极大，所以比国内情况要复杂得多。广告作用发挥得如何，取决于下面一系列综合因素：各国不同语言带来的广告用词障碍；各国广告媒介的完备程度对广告媒体选择造成的影响；各国政府对广告媒介、可进行广告宣传的产品、广告信息内容、广告开支的各种限制；各国广告代理机构的完备程度和广告代理制度的不同规定对广告业务发展的限制；各国不同消费者对广告的态度和不同的反应给制定广告策略带来的影响等。

（二）广告促销方式的选择

与国际营销产品决策的标准化和差异化争论相联系，国际市场广告促销活动中也长期存在着是实行标准化还是当地化的争论。所谓的标准化，就是把同样的宣传主题和基本相同的广告信息传播给各国市场。

（三）广告媒体

对于各国广告媒介的选择，也是在国际市场开展广告活动时需要认真研究的问题。在国际市场开展广告活动除需要全面了解报纸、电视、无线电广播、期刊杂志、户外广告、直接邮寄等各种广告媒介的一般特点外，还特别需要注意各种媒介的作用在各国不同的情况下能否得到充分的发挥。这需要分析产品本身的性质、各国各种媒介的可利用情况和各国各种媒介成本的变化情况，最终根据单位成本的广告效应来确定媒介选择。

（四）广告费用

关于广告预算问题，在国内广告和国际广告中都是一个复杂的问题。从理论上讲，只要广告带来的收益大于广告支出，就可继续增加广告费用。但在实际工作中，由于企业很难确定广告支出的收益，所以一般用下面几种方法来确定广告预算。

(1) 量力支出法，即根据自己能承受的广告费用来支付广告费的绝对额。

(2) 销售额比例法，即根据公司在某国市场上的销售额来支付一定比例的广告费用。

(3) 竞争预算法，即根据与竞争对手大致相同的广告费用来确定自己的广告费用。

(4) 广告目标法，即根据公司总体经营战略，确定在一个时期内要达到的广告目标，如促进销售增长、提高品牌知名度等，最后确定完成这一目标所需的广告费用。这些方法也各有利弊，需要在实践中作出具体分析。

二、人员推销

（一）人员推销的作用

与广告这种经销活动相比，人员推销是更加直接的促销方式。它是指公司派出人员或雇佣当地人员、其他国家人员向顾客和潜在顾客面对面地介绍产品，以促进产品销售。

人员推销的基本过程可分为：(1) 发掘潜在顾客；(2) 做好事前准备，如掌握关于产品、顾客、竞争对手的基本情况；（3）接近顾客，创造进一步宣传产品的可能性；（4）介绍、宣传产品；（5）应付顾客提出的各种异议；（6）要求顾客购买；（7）事后与顾客的联系。

（二）推销人员的管理

人员推销的过程并不复杂，但收效如何，最主要的是看推销人员的个人素质，特别是推销人员与他人交往的能力。

人员推销的管理主要包括对推销人员的招聘、培训、激励和评价。人员招聘可从本国、市场所在国和其他国家的人员中挑选，他们除了要具备一般市场销售人员的基本素质以外，还应具备独立的决策能力、全面分析的研究能力、对异国文化的适应能力和对公司工作的忠诚。

三、营业推广

营业推广是指能够迅速刺激需求、鼓励顾客购买的各种促销形式。也可以认为，营业推广是除去广告、人员推销和公共关系以外的所有鼓励消费者购买产品、提高零售商和中间商推销能力并改善其合作态度的市场营销活动。

营业推广的形式多种多样，主要可分为两类：一是针对最终消费者的，如免费赠送样品、发优惠券、销售产品时搭配赠送别的商品、收款时舍去零头、发行彩票等；二是针对中间商和零售商的，如购买产品时给予价格折扣、合作广告、销售竞争以及发给销售补贴等。

相关链接

营业推广是一种综合促销思想的体现。据报道，在我国香港经营青岛啤酒的企业曾采用了“一个啤酒瓶盖可以换取一元港币”的现金兑换方法，从而促使香港许多大饭店的服务员积极向顾客介绍青岛啤酒，成为实际上的青岛啤酒推销员。这一方法对青岛啤酒在香港打开销路起了很大作用。

四、公共关系

公共关系是企业为搞好与各种社会组织和公众的关系而采取的一种策略。由于搞好公共关系的最终目的也是为了扩大企业的销售额，因而公共关系也就被视为是一种重要的促销手段。只是它与广告、人员推销和营业推广相比较，是一种更为间接的促销手段，因为它是通过树立企业形象来促进产品销售的。

企业要树立良好的公共关系形象，可以采用以下方式：

(1) 了解社会组织和公众的需要，通过调查和研究确定它们需要什么、关心什么，并以此确定自己行为的准则。

(2) 进行企业形象分析，判断自己在社会中的形象和地位，特别要注意进入国外市场后做到入乡随俗，使自己的形象适应当地文化。

(3) 利用各种可能的机会进行对企业有利的信息传播。

(4) 加强同政府机构、各国立法机构的交往，通过向文化、教育、体育、福利事业的捐助，与社会各界建立良好的关系，赢得人们对企业的信任和好感。

在竞争市场上，公司应借鉴生态中的共生关系。共生是指两种或多种生物互相合作，以提高生存能力。在生态系统中，共生关系经常存在于原本可能互相为敌的物种关系，由于共生两者皆获利。

在一些行业中，如电子公司总是寻求双赢的共生关系，这反映在它们的交易中与对待员工的态度上，甚至于反映在它们与竞争者的关系上。优秀的电子公司经常与另一家公司既合作又竞争，由此产生了一个新的时髦的词语——竞合。

优秀的电子公司和电脑公司不会沉溺于毁灭竞争者的念头里。它们竞争的动机是，促进公司业务的成长，扩大市场规模，为此有时它们甚至与竞争对手合作以“炒热”市场，以便大家都能赚钱。

第四节　跨国公司的市场营销调研

国际市场复杂多变，从事国际营销的企业对信息的需求无论在数量上、质量上、范围上，都比在国内营销的背景下更大、更多、更广泛。在信息革命不断推进的今天，参与国际营销的企业只有重视国际市场上的营销调研，才能及时掌握足够的、必要的信息，才能保证营销决策准确和及时。

一、国际市场营销调研的内容与要求

(一) 目标市场的宏观与微观环境的分析

1. 注重企业营销环境的分析

在从总体上注意到国际市场营销活动受各种环境因素影响之后，跨国公司的国际市场调研还必须结合这些环境分析，正面研究下述问题：

(1) 在研究是否需要进入国际市场方面，需要了解：产品的世界市场总需求量；公司潜在的世界市场份额；影响市场份额的竞争因素；替代品的发展情

况；国际和国内市场的价格比较；产品扩张后能否产生规模效益等等。

（2）在研究国别市场选择方面，需要了解：目标市场国的经济发展总水平及由此决定的市场总需求量和可能的潜在市场需求量；产品在该国的市场竞争强度，竞争者已有或可能有的市场份额，营销策略及变化趋势；该国的政治、法律和文化情况；政府对外国投资和商品的有关政策及法规等。

（3）在研究市场进入方式方面，需要制定各种可能的方案，如：是采用出口还是许可证贸易方式；是直接销售还是寻求建立地区代理商；是在目标市场国生产还是仅在那里组装；是单独投资还是合资经营。进而在各种方案中权衡利弊，进行可行性分析。

（4）在研究营销组合决策方面，需要全面了解：关于买方的信息；关于产品品质、设计、操作等方面的信息；关于分销渠道的信息；关于价格决定和可能遇到的限制的信息；以及有关广告、人员推销、营业推广和公共关系方面的信息。

2. 对目标市场的宏观环境分析

公司对目标市场的宏观环境分析，直接关系到选择目标市场，确定产品定位及新产品开发方向，安排分销渠道及促销方式，决定定价方案等一系列营销战略和战术决策。目标市场宏观环境分析的主要内容如下：

（1）有关的政治法律制度。包括：该国的国际关系，政治稳定性，政府对经济事务的干预程度，税收制度，有关行业的相关政策法规，参加的国际公约和协定，劳工、广告、包装、环保、定价、消费者权益保护等方面的法律规定。

（2）外资与外贸政策。包括：外汇管理，相关产品的关税、配额、许可证以及其他非关税贸易壁垒的情况，对外资企业的政策等。

（3）宏观经济状况。包括：经济制度的形成和特征，经济发展水平，基础设施、通货膨胀、国际收支和进出口贸易等情况，有关的行业标准和规范等。

（4）人口状况。包括：人口的数量、密度、自然增长率和年龄结构，家庭的规模和数量，人均收入和收入的分配形式。

（5）自然环境。包括：森林、矿产、土地、水利等资源条件，地形，气候等。

（6）科学技术水平。即相关行业中科技的研究与应用水平。

（7）社会文化。包括当地的语言、文字、文学艺术、交流方式、价值观念、社会组织、教育水平、生活习俗等。

3. 对目标市场的微观环境分析

公司对微观环境的分析，体现了“知己知彼，百战不殆”。公司只有在了解自身的人、财、物等条件，分析自己在东道国的市场份额及销售潜力，并且明确自己的产品在目标市场上的具体地位（如所处生命周期的阶段、产品的形象等）的基础上，才能将有限的企业资源合理地配置于相应的国际营销决策之中，获取最优的经济效益，不断地提高自己在竞争中的实力。

公司在对目标市场的微观分析中，应注意：竞争者来自哪些国家，其经营范围及经营策略；竞争者所占的市场份额及其未来发展趋势；东道国在市场竞争和公平交易方面的有关法规等。具体内容应包括以下几个方面：

（1）国际市场产品信息。主要有：在目标市场上，消费者对产品的特殊要求、购买习惯（如购买的时间、地点、频率和方式等）、满足程度及原因分析，如消费者对产品质量、商标、包装装潢、功能设计等的要求和意见；产品的潜在消费者和潜在购买力情况；产品在生命周期中所处的阶段及发展趋势；该产品的替代品和互补品的情况；新产品的出现及更新换代周期。

（2）国际市场价格信息。主要有：在目标市场上，该产品的价格弹性和价格水平；其他同类产品的定价方法；顾客对不同企业产品价差的反应；互补品和替代品的价格水平及变化趋势；产品生命周期不同阶段中的价格调整；顾客对价格变动的心理承受能力和经济承受能力；产品从生产到消费过程中各层次中间商的加价幅度；东道国对进口产品价格的具体规定和限制，东道国在信贷条件、支付方式、销售条件等方面的习惯做法。

（3）国际市场分销渠道信息。主要有：产品到达东道国的过程中采用的运输方式（包括交通工具、运费、运输时间、包装要求、储存条件、保险金额及可靠性等）；产品出口涉及的出口商、进口商、批发商、零售商的使用成本、资信状况、销售条件、市场地位、经营范围以及能够提供的服务（如促销、融资、谈判、储运等）。

（4）国际市场促销信息。主要有：目标市场上各种促销手段的形式和可利用程度，各类传媒的特点、费用、目标受众、市场覆盖面以及使用效果，广告代理业的发达程度及工作效率，各类中间商所能起到的促销作用。

（二）国际营销调研的种类

营销调研的目的是为了减少决策风险。决策者在调研之前就应该明确所面临的调研问题。通常营销调研可分为下面三种基本类型。

1. 探索性调研

探索性调研通常是一种非正式的定性分析，常用于企业对需要调研的问题尚不十分清楚因而无法确定应调查哪些内容的情况。探索性调研的主要目的是快速、简捷地从各种信息源收集有关信息，以启发思路，找出症结所在，确立今后调研的目的和方向。

2. 描述性调研

正式的营销调研过程通常都包含描述性调研，即记录和描述市场潜量、顾客偏好、竞争行为等多方面的市场情况。

3. 因果分析调研

这种调研通常是采取定量分析方法，其目的是揭示有关影响变量间的因果关系，以寻找某一问题产生的原因，如促销与销售的关系、出口受阻的原因等。

一般来说，探索性调研所要回答的问题主要是“是什么”；描述性调研所要回答的问题主要是“何时"、“何地”、“如何”、“谁”等；而因果分析调研所要回答的问题主要是“为什么”。通常的调研程序是先进行探索性调研以确立调研目标，然后再开展详细的描述性调研或因果分析调研。

（三）国际营销调研的要求

国际营销调研的基本出发点是为决策者提供准确信息，减少营销决策失误，因此，科学、系统、客观的营销调研能给营销决策提供依据，改善决策质量。为此，营销调研应具有真实性、完整性、可比性、适时性等特征。

1. 真实性

高质量的信息应该是真实、可靠和有效的，应该能够准确地反映客观世界的真实情况。因此，在市场调查过程中，对调查资料的分析必须实事求是，对市场活动的环境、条件、因果关系、各种因素的制约和影响程度的描述，都应准确无误、真实可靠。要把收集到的资料、情报和信息进行筛选、整理，再经过调研人员的分析之后，得出调查结论，供企业决策之用。

2. 完整性

市场调查的完整性，体现为应该全方位地收集营销决策所需要的各方面信息。企业的营销决策受到企业内部和外部诸多因素的影响和制约，因此，为了对影响企业营销决策的关键因素作出正确结论，就必须对该因素所涉及的营销环境的各个侧面作全面、系统的了解和分析。

既然营销调研的目的是辅助营销决策，调研过程所处理的信息就应首先能够适合决策者的需要。完整性强的信息就可以很好地解决决策者所面临的具体问题。

3. 可比性

国际营销调研大多涉及几个国家的比较，而从各国收集来的情报资料，在时间的基期、专有名词、指标的含义和统计口径等方面往往并不一致，从而缺乏可比性。要使来自不同国家的信息有实际价值，就要有较好的可比性，一个比较可行的办法就是从一些国际性组织如联合国的下属机构、世界银行或 IMF 索取情报。尽管这些报告也来源于世界各国，但它们设有专门机构负责情报资料工作，对各国的原始数据进行了分类、整理、加工、处理，使其具有较好的可比性。

4. 适时性

商场如战场，过时的市场情报可能会导致决策失误，只有最新的信息资料，才能反映国际市场的现实情况，成为企业制定国际市场营销策略的客观依据。市场调查的局限性就表现为应及时捕捉和抓住市场上任何有用的情报、信息，及时分析、及时反馈，为企业在营销过程中及时制定和调整策略创造良好的条件。

营销调研活动需要付出大量经费、时间和人力，才能确保调查工作的顺利进行和调查结果的准确。在调查内容不变的情况下，采用的调查方式不同，费用支出就会有所差异；同样，在费用支出相同的情况下，不同的调查方案也会产生不同的效果。因此，营销决策者要根据自己企业的实力、营销决策的重要性、所需信息的可获性，以及营销决策的时间紧迫性，来制定相应的调研方案。

二、国际营销调研的具体步骤

营销调研是一项目的性很强的工程，调研人员为了实现公司的营销目标，就需要将营销环境中的有关信息通过营销信息系统进行加工处理。营销信息系统（Marketing Information System，简称 MIS）是一个由人、计算机和程序组成的系统，它的任务是准确地对有关信息进行收集、分类、分析、贮存和评估，以便于决策者检索信息，为他们的营销决策提供依据。

跨国企业营销调研工作通常经过确定调研目标、制定调研方案、收集处理数据和撰写调研报告四个步骤。

（一）确定调研目标

首先，营销决策者和市场调研员共同研究公司营销现状、存在的问题，明确调研意图，然后，市场调研人员进行初步的小规模试点调研，对大量纷繁复杂的营销现象进行分析，从中找出问题所在，最终确定调研目标。

（二）制定调研方案

在明确了调研问题，确定了调研目标之后，就要制定调研方案。调研方案是对调研任务的过程进行的设计和安排，包括调查的目的和对象、调查的地区和范围、调查资料的来源，以及收集所需资料的具体方法等。一个完善的调研方案能够提高调研工作的效率。一般来说，调研方案主要涉及以下三个方面的内容。

1. 明确信息来源

信息来源可以是现成的统计资料和有关的书面材料，也可以通过调研员发放问卷、亲自面谈等形式收集一手资料。

2. 确定资料收集方法

常用的资料来源和信息检索方法，有询问调查法、观察法、实验法、实地考察法等多种方式方法。

3. 设计抽样方案

调研员无论选择哪一种调研方法，多数情况是抽样调研，其具体内容包括确定调查对象，确定抽样规模，选用概率抽样和非概率抽样。如果使用概率抽样，总体中的每个元素都有被抽中的概率，且这个概率值是非零的和可计算得知的；而如果采用非概率抽样，则具体样本单位的选择完全是建立在调研人员个人对调研背景、调研任务和调研过程判断的基础上的。

(三) 收集、分析、处理和综合数据

调研方案确立之后，就要按照调研方案去实地收集信息，并对这些收集上来的“原材料”进行分析和处理。

1. 选拔和培训实地调研人员

实地调研人员是调研方案的具体执行者，他们素质的高低及工作实效的好坏将直接影响调研的质量。因此，在调研活动正式开始之前，通常要根据调研目标及调研方案的要求，对他们进行选拔和培训，保证他们具备应有的素质。

2. 实际收集资料

根据调研目标和调研方案的要求，实际收集所需的各种信息。根据企业的实际情况，这一过程既可由企业内部的调研人员进行，也可委托国内外的专业的调研公司或咨询机构完成。如果是委托企业之外的机构进行，则还应在整个调研过程中注意对调研质量的控制和监督。

3. 对收集上来的资料进行检查、核实和校订

刚刚收集来的资料在未经处理之前，往往是零星、分散的，有的过于陈旧；有的明显地带有主观性和片面性；有的资料（如答完的问卷）不符合设计者的要求；有的来自不同国家、地区，由于统计方法和统计口径不同，其时效性、准确性和适用范围都不一致，使得信息的可比性不强，如世界各国对“可支配收入”的界定就有很大差异。因此，只有先对收集到的信息进行检查、核对、换算、调整，才能使其具有良好的可比性和准确性。

4. 资料的分类和编码

对资料的分类是将经过检查核实为有用的资料，根据调研方案的要求进行分类，以便检索和使用。编码是指将经过初步编辑的定性的材料定量化，即对所询问问题或观察内容的每一个可能的答案或结果指定一个数量值，以便随后对这些

信息进行计算机处理和分析。

5. 数据的综合分析和处理

运用回归分析、相关分析、时间序列分析等多种统计方法，对整理好的数据进行综合处理和分析，以得出结论。通常这项工作是由现成的计算机统计分析软件如 SPSS 或 SAS 等完成的。

（四）撰写调研报告

国际营销调研的最后一项工作，就是由熟悉数据收集和处理过程的调研人员，同了解企业面临的营销问题的管理人员一道，共同对调查结果作出解释和说明，得出结论并撰写调研报告。调研结束后，调研实施者通常是以书面和口头两种形式向调研的委托者进行汇报的。书面的调研报告一般包括三部分内容：（1）调研总结；（2）报告正文；（3）参考附件。

三、国际营销调研的主要方法

大公司国际营销调研的常用方法有案头调研（Desk Research）和实地调研（Field Research）两种。

（一）案头调研

案头调研又称为第二手资料调研，是指查寻并研究与调研课题有关的资料的过程。进行案头调研主要是因为国际营销中许多课题的范围相当广泛，而市场营销人员不可能完全熟悉外国的基本社会和经济情况，因此需要利用现有的研究资料、统计数字来进行分析。通过资料研究可以进行市场供求趋势分析、市场相关因素分析、市场占有率分析等。

案头调研的资料来源，通常可以分为企业内部信息和企业外部信息两大类。

1. 企业内部信息

许多从事国际营销的企业，特别是那些现代化的大型跨国公司，都在企业内部建立了以电子计算机为基础的管理信息系统，该系统记录了企业内部各职能部门的有关数据和信息，如产品规格、生产进度、原料采购、库存管理、产品销售、成本控制、人事管理以及市场商情预测等。

2. 企业外部信息

企业外部信息的来源有很多，主要的有以下几个方面：

（1）政府机构。各国政府有关部门每年会公布相关资料，如各级统计部门公布的统计资料、各级政府颁布的经济发展计划等。有些国家还专门设有“促进进口办公室”，负责提供有关进口程序及规定、当地营销技巧和商业习俗、经营各类产品的各级中介机构的目录、当地市场对某些产品的需求信息等方面的情报。

(2) 国际组织。为方便国际贸易往来和共同处理一些国际事务，世界上已经成立了多种类型的国际组织，这些组织一般都定期出版一些刊物，发布有关市场信息，并对该组织所处的领域中出现的问题或趋势进行研究。影响比较大的国际组织有：联合国贸易与发展会议和国际贸易中心、联合国粮食与农业组织、联合国教科文组织、国际货币基金组织、联合国经济委员会、世界知识产权组织，还有一些区域性组织，如石油输出国组织、东南亚国家联盟等。

(3) 银行机构。作为金融中心，银行是国际市场信息的重要来源。世界性的银行如世界银行及其所属的国际开发协会和国际金融公司，区域性的银行如欧洲银行、亚洲银行等，每年都对许多重要的经济和金融信息进行公布、分析和预测。

(4) 国际商会。国际商会的总部设在巴黎，以公开发行有关国际商务各方面内容的刊物而著称，其会员是各国、各地区的商会。各级商会通常能提供直接的市场信息，如成员名单及成员资信、当地商业状况、贸易习惯和贸易条例等方面的信息。

(5) 行业协会。这些行业协会都定期收集、整理和出版一些有关本行业的产销信息。如美国制造商协会、日本的汽车进口商协会、英国的航空工业制造商协会等，都能为行业内部的企业提供情报。因此，从事国际营销的企业要想了解本行业的国际市场行情，各国的行业协会是很有价值的信息来源。

(6) 专业调研机构。许多专业的市场调研公司、广告公司和信息咨询公司都定期就某些特定行业或领域的市场形势、发展趋势等情况进行汇总、分析及预测。

(7) 有关的出版物及各类传媒。各种综合性的、地区性的和行业性的年鉴、报刊、书籍中都有丰富的国际营销信息。虽然它们的系统性和时效性各不相同，但都是国际市场信息最重要、最丰富的来源之一，对企业预测国际市场、开发新产品、进行海外投资具有重要的参考价值。

(8) 其他。各国的消费者组织、官方或民间的信息机构、有关的学术团体等都可以提供许多有价值的信息。

总之，案头调研的信息来源主要应重视外国的政府机构、行业协会所提供的报告和重要的国际组织所提供的研究报告及统计数字。

(二) 实地调研

尽管案头调研能为国际营销决策者迅速地提供大量的国际市场情报，然而却无法回答那些有关企业经营活动的具体、细节的问题，如国际市场上的顾客对某个品牌产品的看法和改进意见、各个层次的中间商在经营该产品的过程中所遇到的问题、广告及其他促销措施的效果。

实地调研又称为第一手资料的调研。相对于案头调研，实地调研的成本较高，因此一般是必须开展的具有重要决策意义的调研题目才采用实地调研方式。实地调研的方法与在本国进行调研的方法基本相同，如问卷调查、个别访问调查、电话调查、邮寄调查、商店观察等，但各国情况千差万别，所以要从各国情况出发，同时注意取得当地人的帮助。

国际市场上的实地调研是指在有潜力的国外市场上收集原始资料（也称一手资料）的过程。原始资料的收集方法一般有询问调查法、观察法、实验法三种。

1. 询问调查法

询问调查法是指调查者直接向被调查者询问有关问题，并记录所答信息的方法，是国际营销调研中最基本、最常用的实地调研方法。询问调查可以通过电话、信函、面谈、传真、计算机网络等途径进行，其中采用最普遍的有三种：面谈、电话访谈和邮寄问卷。

（1）面谈调查。即调查人员通过与被调查者面对面地问答或讨论来获得有关信息。面谈访问的对象、时间、人数和形式等都可以由调查人员根据调研需要掌握，较为灵活，这是面谈访问的一个突出特点。由于当面交谈比较容易获得被调查者的配合，形成比较融洽和谐的气氛，便于深入交换意见，所以了解到的信息就较为全面、深刻、真实，并富有启发性。面谈的主要缺点是费用大、时间长、对调查人员要求高。面谈调查的质量在很大程度上受调查人员的调查技巧、工作态度、心理素质以及调查当时的状态的影响。

（2）电话访谈。即由调研人员按照事先拟定的调研问题，并根据抽样要求，通过电话询问被调查者的意见。电话访谈通常是以电话号码本为基础进行随机抽样的，它最大的优点就是速度快。对于那些时间紧迫的调研，电话访谈通常是最快、最及时的方案，如广告效果测试等。另外，由于电话访谈无须面对面接触，因此可以减轻被调查者某些心理上的顾虑，使他们能够畅所欲言，而且也能被那些不愿意陌生人来访的家庭所接受。

目前计算机和通讯技术的高速发展给营销调研提供了更加先进和便捷的手段。许多企业的调研部门和专业调研公司都采用了在线的计算机辅助电话调研技术，可以由计算机从预置的抽样框中进行随机抽样。

（3）邮寄问卷。即调研人员将设计好的调查问卷或表格邮寄给被调查者，请他们填好后寄回。邮寄问卷的适用区域广泛，只要是邮政所达之处都可以采用，有利于提高样本的代表性，而且费用也比较低。从被调查者的角度而言，回答问题可以不受时间和场合的限制，有充分的时间考虑，如有必要还可以查阅有关资料，而且通常不要求署名，匿名性较强，调查结果的可靠性高。

2. 观察法

观察法是指调研人员亲自到现场或由仪器设备对调查对象进行观察与记录的一种营销调研方法。与询问调查法相比，观察法最显著的特点就是调查者同被调查者之间通常没有直接交流。因此在运用观察法的大多数情况下，被调查者并没有意识到自己正在接受调查，往往就表现得比较真实自然，这使得调研结果更加准确。观察法很适合于观察人们的行为、表情、姿势和物体的性状、位置、相互之间的距离，还可以用于记录声音和图形等。

3. 实验法

实验法是一种定量调研技术，它首先根据调查目的选定调查对象，然后人为地改变或操纵某些因素，并记录这些因素的变化对所选定调查对象的影响，从而获得调查结果。实验法一般是在准备推行一种新产品或一项新的营销举措之前在小规模内进行的实验，目的是证明这种新产品或新举措的推广价值。

在跨国公司国际市场营销调研中，询问调查法、观察法和实验法这三种实地调查方法很少单独使用，从事国际营销的企业往往是根据当地的环境和企业自身的实际情况，将其中的一些具体技巧结合起来运用。

◇问题与思考

一、名词解释题

1. 目标市场
2. “六个 C 渠道营销战略”
3. 案头调研
4. 现场调研

二、填空题

1. 跨国公司已控制世界四大类市场，即资本市场、商品市场、服务市场和技术市场，成为世界市场上的主要__________和__________。

2. 跨国公司市场营销是指__________营销和__________营销。

3. 跨国公司目标市场营销有__________、__________和集中营销等三种。

4. 跨国公司选择营销渠道的“六个 C 渠道营销战略”，包括成本、资金、

________、________、________和持续等六个方面。

5. 跨国公司制定合适的定价策略，是保证公司目标实现的重要条件。通常，产品的价格有三个制约因素，即生产成本、________和________。

6. 跨国公司市场定价的基本方法有三种，即成本导向定价方法、________定价方法和________定价方法。

7. 营销调研的目的是为了减少决策风险。营销调研可分为三种基本类型：________调研、________调研和________调研。

8. 大型跨国公司国际营销调研的常用方法有________和________。

三、是非题

1. 跨国公司选择目标市场应考虑的因素很多，其中，企业规模不同，选择目标市场的策略也有所不同。一些小企业由于管理和销售力量较弱，采取差异化营销，则占有优势。(　　)

2. 为使自己在国际市场上占有一席之地，作为发展中国家的新兴跨国公司在推广营销战略时，应重点研究挑战者战略和市场追随者战略。(　　)

3. 通常，产品的价格有三个制约因素，即生产成本、竞争性产品的价格和消费者的购买能力。其中可比产品的竞争性定价决定了产品的最低定价。(　　)

4. 跨国公司利润最大化是指公司在短期内在单个产品上尽可能获得最大利润。(　　)

5. 跨国公司市场定价的方法之一是竞争导向定价法。企业在某一时期、某一市场上，以击败某一竞争对手为主要目标时，应采用竞争导向定价法。(　　)

6. 产品生命周期的不同阶段，制定产品的定价的方法也各不相同，在产品市场的标准化阶段，公司应按边际成本与边际收益相等的原则进行定价。(　　)

7. 跨国公司市场营销调研有三种基本类型，即探索性调研、描述性调研和因果分析调研。通常，调研的程序是先进行探索性调研和描述性调研，再开展因果分析调研。(　　)

8. 跨国公司营销调研的常用方法有案头调研和实地调研两种。案头调研又称为第一手资料调研；实地调研又称为第二手资料调研。(　　)

四、问答题

1. 跨国公司选择目标市场的策略是什么？

2. 国际市场营销的竞争策略有哪几类？

3. 什么是“六个C渠道营销战略”？

4. 如何选择市场定价目标？常用的市场定价方法有哪些？

5. 市场定价有哪几个步骤？每个步骤应注意什么问题？

6. 什么是产品营销生命周期理论？处于不同生命周期阶段的产品有什么不同的市场定价策略？

7. 市场营销组合中促销决策的主要内容是什么？

8. 试述国际营销调研的主要内容和要求。

9. 国际营销调研有哪些步骤？主要调研方法有哪几种？

◇案例分析

戴姆勒与克莱斯勒的曲折合并之路

背景资料

克莱斯勒汽车公司是美国第三大汽车公司，创立于1925年，创始人叫沃尔特·克莱斯勒。随着经营的扩大，克莱斯勒开始向海外扩张，先后在澳大利亚、法国、英国、巴西建厂和收买当地汽车公司的股份，在意大利购买了马莎拉蒂公司和兰伯吉尼公司，从而使克莱斯勒公司成为一个跨国公司。20世纪80年代初，在世界汽车业，克莱斯勒汽车公司排在世界前5大汽车公司的行列。进入20世纪90年代，因日本汽车公司的进攻，克莱斯勒陷入困境，它在世界汽车公司的排名中一降再降。

戴姆勒汽车公司是世界十大汽车公司之一，在德国按销售额排名为第一大汽车公司，按产量排名则居第二。戴姆勒汽车公司创始于1926年，创始人是卡尔·本茨和戈特利布·戴姆勒。它的前身是1886年成立的奔驰汽车厂和戴姆勒汽车厂，1926年合并后，叫戴姆勒—奔驰汽车公司（中国翻译简称奔驰汽车公司），总部设在德国斯图加特。现在，奔驰汽车公司除了以生产高质量、高性能、豪华汽车闻名外，也是世界上最著名的大客车和重型载重汽车的生产厂家。奔驰汽车公司在国内有6家子公司，国外有23家子公司，在世界各地都设有联络处、销售点及装配厂。1909年戴姆勒申请登记了三叉星作为轿车的标志，象征着陆上、水中、空中的机械化。1916年在此标志的四周加上一个圆圈，在圆的上方镶嵌了4个小星，下面有Mercedles（梅塞德斯）字样，“梅塞德斯”是幸福的意思，意味着戴姆勒生产的汽车将为车主们带来幸福。

两大汽车公司的并购

1998年戴姆勒—奔驰汽车公司与克莱斯勒汽车公司宣布合并，这是当时最大的一桩跨国并购案。同其他并购案相比，这是一项具有全球化实际意义的交易。分属于欧洲和美国的这两家大型汽车公司承认，如果不通过扩大企业规模来应对汽车业全球化带来的影响，它们都不可能走向繁荣。这次合并是汽车业内的一次巨变，它很快促使雷诺汽车公司和日产汽车公司走向联合，这一联合同样具有全球影响力。

当这项合并案最终于1998年底划上句号的时候，一个汽车业巨头诞生了，其全球销售额超过1 500亿美元，在业界排名第五。两大汽车公司合并后，克莱斯勒公司不再是底特律三大汽车公司中苦苦挣扎的最后一名，而一心希望扩大产品种类的戴姆勒—奔驰也不再只专门生产豪华轿车。它们联合起来的力量有望征服整个世界。

并购后的问题

"有望征服整个世界"，这只是停留在理论层面。事实证明，这次并购要糟糕得多。戴姆勒—克莱斯勒的股票价格从1999年1月时的每股108美元下降到了2000年11月时的每股38美元。合并后的公司市值仅仅相当于合并前的一半。这段天作之合的姻缘很快变成了错配的鸳鸯，数十亿美元的股票价值被葬送。很快，克莱斯勒碰到的新问题让投资者更加担心，真正实现两家公司的融合是很难的。

从一开始，合并后的公司就面临着各个层面存在的分歧。双方无法认定这是两个同一重量级别公司的合并，还是一个财力更雄厚的德国公司收购了一家美国公司。至少在合并的第一年内，戴姆勒—克莱斯勒有两个董事长，一个是来自戴姆勒的施伦普，一个是克莱斯勒曾经的老板鲍勒·伊顿。在伊顿表示他将早日退休后，其地位受到了削弱。

尽管经历了几个月的精心策划和多年的努力，两种不同的工作方式还是没有彻底地融合。不错，德国人确实学会了不再那么刻板，减少了他们钟爱的书面工作，而美国人也学会了在决策和会议过程中更加遵守纪律。但德国人犯的一个错误就是不踏足底特律，因此当斯图加特的总部知道美国那边出了问题的时候，总已经是慢了半拍。

合并后最初几年的时间都消耗在了斗争上，而斗争的中心问题是：到底是谁控制着公司以及合并后的公司该如何运作。尽管这次合并被宣传为两个同一重量级别公司的结合，但后来事实证明并非如此。例如：戴姆勒无法承受成立一个总部设在荷兰的合资公司的合并方案，因为这需要交纳大笔的税费。所以，克莱斯勒不得不成为这个德国股份公司的一部分。作为对这种实际上是收购的合并的合作方式的补偿，克莱斯勒的股东获得了比当时市场价格高出28%的溢价。

随着时间的流逝，合并过程中遇到的这些不可避免的障碍被慢慢克服。但是，合并后的公司在大西洋两岸都遇到了麻烦。尽管20世纪90年代中期，克莱斯勒曾是世界上最赚钱的汽车公司，但与戴姆勒合并后，其自身的弱点就像一辆老旧汽车上的铁锈一样开始显现。合并协议生效一年后，克莱斯勒的美国老板被解雇。随着克莱斯勒从上半年盈利25亿美元发展到下半年亏损20亿美元，更为严峻的市场形势，暴露了公司生产线上存在的问题——公司提供的车型无法满足日益分化的市场需求。

艰难的磨合

戴姆勒—克莱斯勒的首席执行官策彻在到达克莱斯勒总部的时候，他发现公司各个部门都存在问题。公司的生产率远远低于业界的标准。克莱斯勒每生产一辆汽车需要大约40个小时，而本田和丰田汽车公司在美国的工厂则只需要20小时。采购效率低下，固定成本过高，投资占销售额的10%，即使这样也不能消除生产线上的巨大差距。质量控制也不断出现问题。策彻说："更糟糕的是，当时没有解决这些问题的一条途径。"接替策勒担任克莱斯勒分部主管的汤姆·拉索尔达回忆起当时的危机时，说得更加直言不讳，他说："我们的投资比通用汽车公司还多，尽管它们的规模是我们的两倍。这是一条通向破产的路，而我们还在为此付出代价。"

策彻为此制定了复苏计划，其中的一个目标就是，在2007年前，将生产一辆汽车的时间压缩到30个小时，2005年这个时间被压缩到33.6小时。一项为期5年的420亿美元的资本支出计划将被减少到290亿美元。由于资本得到了更加有效的利用，所以开发的新产品数量将增加50%。推出新车型的时间也从2年减少到17个月。克莱斯勒将产量降低到它所能售出的数量，关闭了6家工厂，裁减了4.5万名员工，占其员工总数的1/3。

克莱斯勒也开始从梅赛德斯的技术中获益。新开发的克莱斯勒300型轿车利用了德国后轮驱动技术，这款新车开起来就像开梅塞德斯轿车一样，因而取得了成功。这款车出来后不仅销量激增，促使收入和利润提高，而且它花哨的外形还为克莱斯勒这个品牌带来了奇迹，使这个品牌打入了高档汽车市场。在2004年和2005年，克莱斯勒推出了15款新车，2006年还将再推出10款新车。

策略的调整

如今，克莱斯勒是底特律最蒸蒸日上的汽车企业，在汽车行业生产能力过剩和裁员的情况下，其品牌价值依然逆势上扬。现在，克莱斯勒每年生产280万辆汽车，其中大部分在美国市场销售，而美国市场竞争激烈，以致克莱斯勒新建的不同凡响的生产线也面临困难。克莱斯勒利用各种机器人来削减昂贵的人力成本。汽车行业人士估计，与一年前相比，克莱斯勒不得不在2006年第一季度将产量减少10%~13%。

戴姆勒—克莱斯勒现在将注意力放在另一个问题上，即小型车品牌。十多年前，梅塞德斯曾与斯沃琪手表的创始人利用创新技术联合开发了外形小巧的城市小型车，但小型车从未达到设计者的期望，而且小型车部门总在亏损，去年还贴出了“大甩卖"的通告，但迄今无人前去洽谈。

另一个合并后的危机出现在亚洲。日产汽车公司1999年初有意与戴姆勒—克莱斯勒合作，但在数次接洽后，德国人认为他们并购克莱斯勒后要做的工作已经够多了。2000年，戴姆勒—克莱斯勒又斥资21亿欧元购买三菱汽车工业公司34%的股权。之后在传出这家日本汽车公司的汽车有质量问题后，戴姆勒—克莱斯勒董事会拒绝为三菱投入更多资金的请求，并于2005年11月彻底退出了这家日本企业。戴姆勒—克莱斯勒又不得不匆忙挤进中国等国家的市场，以借助于这些国家高速发展的经济来赚钱。

前车之鉴

合并后的戴姆勒—克莱斯勒汽车公司带来的经验教训是：任何重大的战略都不可能使公司摆脱所有问题，无论是跨大西洋合并计划带来的后果，还是企业自身存在的弱点。在戴姆勒—奔驰与克莱斯勒合并时，他们显然没有注意到克莱斯勒在20世纪90年代后期，虽然表现突出，但存在一定弱点。2000年，当亚洲汽车厂家生产轻型卡车和SUV车后，一直靠生产这两类车盈利的克莱斯勒就无钱可赚了。

戴姆勒人在浪费了两年时间后才着手解决克莱斯勒的困境，他们忽视了德国国内一个日益严重的问题：一度抢手的品牌失去了魅力。当经理们在2003年开始处理这个问题时，他们忽略了竞争对手侵占了梅塞德斯在欧洲的市场，使梅塞德斯丧失了在传统领地的竞争力。

这一切都不能掩盖戴姆勒—克莱斯勒的前任首席执行官施伦普的正确判断：没有戴姆勒，克莱斯勒将破产；没有克莱斯勒，随着竞争对手侵入豪华车市场，梅塞德斯的前途将大受限制。战略合并有时可能是必须的，尽管合并并不总能成功。

通过德国的载姆勒汽车公司与美国的克莱斯勒汽车公司战略合并的案例，我们对跨国并购的重要性、艰巨性有哪些新的启迪。

第九章

国际化企业的政策管理

学习目标

掌握跨国公司将潜在的竞争力转变为市场上的实际竞争力所采取的主要手段；政府对跨国公司的政策调控；东道国及发展中东道国对跨国企业的政策。熟悉母国政府对本国企业对外直接投资的政策；发达国家东道国对国际投资的政策。了解联合国《跨国公司行为守则》。

第一节 政府对国际化企业的政策调控

东道国政府和母国政府一直对跨国公司进行广泛的控制与管理。东道国政府和母国政府对经济增长、就业、价格、出口和国际收支等政府政策目标十分关心。跨国公司的所作所为，可能对政府的政策产生消极影响。产生这些问题的根源在于跨国公司与东道国（或母国）之间的目标不同。

一、跨国公司的全球化经营影响政府的政策

企业经营全球化，包括：组织结构一体化，是公司内部和公司之间的联系网络化，扩大了沟通，强化了联系；市场一体化，是世界各国年轻一代消费偏好趋同的结果；产业部门一体化，是国际分工深化的表现，不同部门之间出现了前向和后向连锁的趋势；劳动力市场一体化，是由于运输和通讯的现代化使绝大部分

的零部件的生产能在各国进行；其他促进一体化的因素，包括减少贸易壁垒和投资障碍，协调各国竞争政策，制定国家间的环境保护措施等。

企业经营全球化可以在不同层次上进行。一种是“简单一体化战略”（Simple Integration Strategy），即减少贸易壁垒和实现区域自由贸易，扩大各国商品和劳务交换。另一种是“复杂一体化战略”（Complex Integration Strategy），即复杂的跨国界商品和劳务生产的一体化，以实现生产要素的最佳配置，提高企业的竞争力。

跨国公司将潜在竞争力转变为市场上的实际竞争力所采取的主要手段有以下三个。

（一）在竞争中发挥公司特有优势和国家特有优势

许多大公司都认识到，一个公司的潜在竞争力取决于它的公司特有优势的发挥。公司特有优势（Firm Specific Advantages，简称 FSAs）指在将一个公司所拥有的技能和技术诀窍在地区或全球基础上职能一体化的过程中所享有的优势。这些优势可能是专有技术信息的获得和利用、产品的独特性、资源的独占性，以及商品牌号的知名度。它构成了市场中实际竞争优势的潜力。只有通过有效的竞争战略的制定和实施，公司特有优势才能变成成本优势或差异优势。因此，公司特有优势是取得市场竞争优势的关键。

公司取得潜在竞争优势的另一个关键是公司享有国家特有优势。国家特有优势（Country Specific Advantages，简称 CSAs）指能给予公司相对于其他国家竞争对手的优势（强大的国家特有优势）或劣势（微弱的国家特有优势）的国家属性。例如，国际贸易中的关税壁垒和非关税壁垒构成在本国市场上对公司提供保护的一种国家特有优势。

（二）通过对外直接投资收购和兼并他人企业

跨国公司通过对外直接投资收购和兼并他人企业，既可以节省新建和扩建企业的时间，又可以减少建立生产供应和销售系统的麻烦。企业并购的动机是多元的，并购的目的在于充分利用规模经济，降低成本，从而提高企业效率；并购可以减少企业经营风险；并购可以使企业获得竞争优势。20 世纪 90 年代，西方企业继 20 世纪 80 年代大规模并购之后，出现了新一轮的并购浪潮。1999 年全球企业并购总额高达 3.4 万亿美元，远远超过 1998 年的 2.5 万亿美元，创下 20 世纪跨国并购的新记录。

（三）采用企业跨国联合，建立企业战略联盟

采用企业跨国联合的方式，建立大型企业的战略联盟，增强企业竞争优势。它是以股份相互占有、技术相互转让、市场相互分享为内容，组成以同行业跨国

联合体为其特征的联盟。这种联合形式使双方既可从对方获得各自所需，又能保持各自的独立性，同时，提高了竞争优势，避免无谓残杀，降低产品研究开发风险成本，加速技术创新以及开拓新市场。

跨国公司的这三种全球化经营手段会直接或间接地影响政府的经济增长、就业、价格、出口和国际收支等方面的政策，因此，政府要对跨国公司的全球化经营活动进行政策调控。

二、政府干预的必要性

自由市场必须达到稳定的一般均衡，才能使所有要素都能被充分有效地利用。如果市场被少数大公司操纵和垄断，市场的缺陷就会暴露出来。政府干预市场以实现效率最大化，就以此为理论依据。

（一）政府干预的必要性

1. 根据某些公平目标进行收入再分配

最佳收入分配的传统观点，为政府加强对经济的干预提供了依据。

2. 补救市场经济的不完全性，从而提高经济效率

不完全性主要是竞争和知识的不完全性和外在性。凡是存在着不完全性的地方，政府就可实行反托拉斯政策，以促进竞争。不过，在那些有规模经济的行业中会出现各种问题，因为在那里，工厂规模是达到最佳生产规模所必需的，而这又会造成垄断。解决这一难点的方法在于由政府来管理垄断。政府制定劳动条件的法规（如限制劳动时间、确定最低工资等）、销售法规（如广告标准的要求）、职工教育培训法规等，都是政府对自由选择的限制。

跨国公司的兴趣是商品和要素市场，特别是知识市场。但是，目前知识市场尚未真正形成国际化。跨国公司通过克服这种不完全性促进了国际专业化分工。就这一意义上说，跨国公司对外直接投资和国际贸易一样，使国际比较利益得到了更多的利用。当人们把跨国公司作为克服市场不完全性的一种途径时，跨国公司可能会起到提高世界经济效率的作用。

但是，跨国公司还有不利于提高经济效率的一面。其消极性表现为：

（1）跨国公司所处的寡占市场结构很可能会引发限制性商业行为，并助长低效率市场的发展。

（2）跨国公司有限制竞争的行为，如跨国公司私下达成地区性市场分割协议、采取国际性协调定价行为、操纵专利权和许可证、接管当地企业等。

（3）跨国公司还有导致过分竞争的行为，如“追随领先者”战略，就会导致次优生产设施的建立。

（4）跨国公司在索价方面的寡占行为、广告促销行为等，可能会使有关的企业赚得并非出自高效率的超额利润。

（5）跨国公司对各国政府的国际收支和汇率政策的反应，导致了世界货币体系潜在的不稳定性。

（二）政府干预和控制跨国公司所采取的手段

政府干预和控制跨国公司的问题，通常从以下几方面着手：

（1）可以把跨国公司的对外直接投资看成和国际贸易具有同样的功能，不过它是通过资本要素流动而不是商品流动来实现的。因此，这种资本自由流动会加强国际专业化。

（2）在国际投资市场上，资本流动并不是自由的。即使把资本等要素自由流动的障碍都撤除了，跨国公司也不能实现全球效率最大化，完全竞争并不存在。实践表明，市场不完全性和外在性将阻碍全球的帕累托（Pareto）最优状态的实现（当一个社会成员如不是在损害他人效用的情况下就不能增加自己效用的时候，就是社会福利最佳点。这个最佳点就称为帕累托最优）。[①]帕累托最优要求个别消费者和企业的福利最大化，决策要同时达到社会福利最大化。这不适合一个人的行为会影响他人福利的情况，也不考虑外部福利效应。外在性可能是外在收益。例如，一条河流的上游部位根除污染改善了水质，会有利于该河流的中下游渔业的兴旺。外在性也可能是外在成本。例如，一个排放有毒气体的化工厂就会损害附近居民的健康。社会公共产品、国防和技术，这些产品的主要特征是：市场经济将分配给它们较少资源。其原因在于，公共产品是集体消费的，因此也应由集体来供应。同时，由于市场机制并不能有效地发挥作用，所以国家必须承担提供这类产品的责任。对跨国公司来说，有关的外在性不仅是指企业或行业的外在性，也指国家的外在性。这方面的典型例子，如德国境内的莱茵河遭到污染，给荷兰造成了消极影响。又如美国五大湖工业排放的污染物质，给邻近的加拿大地区造成了酸雨。

（3）不管跨国公司对全球福利影响如何，其经营活动对各东道国的影响也不是完全相同的，它只是对各国政策部分的而不是全部的反应。即使不考虑政策不完备性这一因素，跨国公司在公平问题上一般也不可能具有中立的影响。如果真正出自高效率的收益会通过垄断利润或出口低价的形式转移到国外，那么，跨国公司子公司的高效率也不会给东道国带来好处。而且，从东道国角度看，跨国

---

① ［英］尼尔·胡德，斯蒂芬·扬著．跨国企业经济学．叶刚，等译．北京：经济科学出版社，1992：341．

公司还会对其主权造成不利影响。

总之，政府干预的理论和操作的重心应放在对效率的干预、对公平的干预以及对有关主权丧失的干预等方面。东道国政府对跨国公司的干预和管理，实质上是促进东道国政治上、经济上进一步独立的重要手段。

三、加强政府宏观调控

各国政府正在转变职能，由干预者和国家垄断转变为提出合理的政策框架，使市场经济功能充分发挥作用。政府认识到，不是要放弃政策导向，而是要使国家政策与市场力量相吻合，避免政策对市场的扭曲。事实证明，不加干预的市场力量很难达到令人满意的经济增长效果，尤其是在经济增长的初期。政府应积极地解决市场经济发展中所出现的那些不可避免而市场本身又无力解决的问题。

各国政府政策调整的方向如下所述。

（一）为有效地运用市场力量创造条件

政府应制定避免任意没收的产权法，执行良好的经营程序，实施稳定的货币和金融制度，配备优质的基础设施，采取积极的措施创新和培养动态比较优势。

（二）创造有利于市场竞争的生产要素

政府提高国民素质的政策既重视正规教育，又不忽视职业培训，使人才适应未来的需要。政府要在正规教育与职业教育之间，在特殊技能培训和普通培训之间，寻求平衡点，以适应竞争激烈的市场对人才的需求。

（三）设法在边际税率不高的基础上开辟税收来源

如果一国的税率大大高于类似国家的税率，将难于吸收外国直接投资；如果一国税率过分低于类似国家的税率，将损害政府的收入。在新型市场条件下，通过制定合理的税收政策，政府既能防止自己的收入外流，又能吸收和留住外国公司的投资。美国是吸收跨国公司投资最多的国家，但美国对外国投资企业与国内企业实行同一税率，并无优惠。乌拉圭曾经是世界上对外资税率最低的国家，但它吸收外资并不成功。

（四）创造良好的投资环境

政府既要制定政策，又要提供服务，努力创造良好的投资环境，与有关国家签订避免双重课税协定、双边投资保护协议，设立投资促进机构等。

（五）充分利用投资的外在效应，增强东道国的动态比较效益

从长远角度考察，跨国公司对外直接投资会产生明显的外在效应，即令一国相对要素禀赋对其经济竞争力的影响越来越小，而由投资产生的效益却越来越大。这样，投资外在效应给整个经济带来的好处是跨国公司无法将投资的外在效

应作为其收入的组成部分而独自占有，它只是投资追求利润的副产品。因而东道国政府可以充分利用投资的外在效应，如：转移生产和销售的知识和技术；创办新的产业，面向市场投放新的产品；提高现代化企业经营管理能力；促进会计、金融、电讯等服务业的发展；增强职工的岗前和在岗的技能培训等。这将增强东道国的动态比较效益和国际竞争能力。

（六）重点扶植高新技术的应用与传播

对于发展中国家来说，经济增长的关键是新技术的推广和应用。引进新技术成本高，难度大，且进度慢。政府在处理经济增长与技术引进的政策方面，要重点扶持高新技术的应用与传播，而不是仅限于引进这些技术，也就是说，要通过政策推动新技术及时融入整个社会经济活动之中，而不是蜻蜓点水式地引进若干技术。

总之，政府首先要提供健全的法律和法规、有秩序的经济发展背景和良好的宏观经济条件，将市场松绑。让价格真正反映市场供求变化的动态。同时，政府还要精心设计政策，给市场留有充分发挥作用的余地，从而创造和开发新的机遇。

第二节 东道国政府对国际化企业的政策调控

美国是全球最大的对外投资国，又是最大的吸收外资的东道国，美国政府作为最大的东道国，其外资政策可以用下列观点加以说明。前美国驻欧洲联盟的大使J·威廉·米丹多夫说过：“送来你们的烦恼，送来你们的贫穷，送来你们的钱。”这充分表达了美国政府对欧洲联盟跨国企业的投资表示欢迎。但在美国著名的杂志——《时代》上，却流露出对外资截然不同的政策趋向：“外国投资者：同盟者还是侵略者。”事实上，在后来起草总统贸易议案和竞争法案时，国会议员在高呼自由贸易的同时，纷纷要求增强对外资的限制。这一方面反映出美国国内经济的变迁，另一方面则反映出外资对东道国制定政策时所造成的深远影响，以及东道国加大了对海外投资重新审视的力度。

一、东道国对跨国企业的政策

跨国企业对外直接投资对东道国最重要的影响是提供资金、增加税收、推动技术进步、增加就业、对贸易和国际收支的效应、主权和自主效应等。

（一）资源转移效应

外国公司通过提供资金、技术和管理，可能对东道国经济发展有积极的作用。但是，如果跨国企业投资资本主要来自东道国，就会产生挖其他生产部门墙脚的后果，这样，就会对东道国产生不利影响。引进技术的利弊得失取决于转让技术的条件和这种技术的适用性。

据亚太经合组织提供的报告显示，国外直接投资对东道国资本形成的重要性一直在下降。通过外资弥补“双缺口”（Two Gaps，储蓄和外汇）的控制权落入外国投资者之手，已成为东道国政府的最大顾忌。另外，外国公司从利润最大化目标出发，倾向于将资本投向东道国里利润丰厚的行业和部门，形成“挑奶皮”（Skimming Cream）的投资现象。这与东道国政府盼望外资的流入有助于促进本国后进产业和地区的发展目标相违背。

相关链接

所谓“挑奶皮”投资现象是指从牛奶中撇出奶油——取走精华不及其余的意思，也就是指外国投资者在东道国投资时，不承担这个国家中同类企业要承担的社会责任和义务，只挑选最有盈利前景的项目投资，但还要享受与国内企业相同甚至更好的价格、税收等优惠政策。

对于技术转移问题，跨国企业的考虑是技术转让以不损害其技术垄断地位为出发点，因而通常只向国外输出那种已经失去竞争力或正在被普及和标准化的技术，即使转移了部分高精尖的技术，也往往以各种限制性条款来限制东道国对转让技术的使用。

（二）外国公司逃避纳税，影响东道国的财政收入

跨国企业经常在数个不同国家从事经营活动，其资产受不同税制的管辖，这使得外国公司有机会在几种不同税制和几种管理制度之间寻找出路、以逃避母国政府和东道国政府的控制。此外，还要面临着一个来自母国政府和东道国政府的双重征税的问题。外国公司从企业利润最大化出发，只要有法律空子可钻，它们就会千方百计来使其纳税最小化。通常的做法是：通过公司内部的商品和劳务交换，任意规定公司内部交易的“转移价格”，以降低纳税基数、在避税地设立附属公司的方式，将利润转入低税区或免税区，以便少纳税。东道国本想通过设立

外资企业来增加财政收入，但跨国企业这些逃避纳税的经营策略是违反东道国的这一政策目标的，势必导致东道国的不满。

（三）增加就业，减少失业

跨国企业的对外直接投资对东道国就业机会的创造和就业质量的提高具有积极的意义，据联合国贸易与发展会议提供的《1994 年世界投资报告：跨国公司、就业与工作环境》称："如果不是更多的话，跨国公司为其员工提供的培训至少与东道国国内企业同样多，发达国家、发展中国家都一样。"报告中指出，与跨国公司相关的就业人数高达 1.5 亿人，其直接雇员为 7 300 万人，近 1/3 为东道国雇员。增加就业、减少失业一直是各国政府关注的问题。但东道国政府也担心，跨国企业在工资及工作条件上比东道国平均标准高一大截，这容易造成东道国二元收入结构形式，并间接影响到市场的消费结构。这对发展中的东道国尤为不利。

（四）对贸易与国际收支的影响

目前，跨国公司的内部贸易已占世界贸易的 1/3，跨国公司已控制世界贸易的 1/2，这足以说明，跨国公司是当前国际贸易的主体。另外，跨国公司可充分利用其全球市场体系和网络，控制世界市场的走势。跨国公司采用对外直接投资就是为了绕过东道国的各种关税和非关税壁垒，开辟并占领东道国的当地市场。跨国公司还采用限制性商业惯例（Restrictive Business Practice，简称 RBP）对市场、价格和销售条件进行严密控制。限制性商业惯例近年来在国际技术转让中采用得比较多。在大多数情况下，跨国公司无论是实现技术的内循环即向子公司转让技术，还是向局外企业转让技术，其技术转让合同中一般都包含这样或那样的限制性规定和条款，如限购条款、搭售条款、市场限定条款、技术反馈条款等。这些限制性做法都在很大程度上限制了公平竞争，加强了跨国企业的垄断地位，损害了东道国的经济利益。为此，早在 1980 年 4 月联合国贸易与发展会议就通过了《管制限制性商业惯例多边协议的公平原则和规则》，以保护东道国利益。

跨国企业对外直接投资最初的资本流入，对东道国国际收支会有好处，但是应该把它和随后的红利、特许费、利息和管理费等持续的资本流出相比较。跨国企业利用转移价格起到了逃避税收和外汇投机的作用。同时，外国投资对东道国的进出口水平的影响也是相当大的。所有这些都关系到东道国的国际收支和经济增长。

（五）主权和自主效应

如果外国投资的企业最终决策权在国外母公司手中，那么，外国投资不可避免地会使东道国的经济自主权遭受某些损失。由此，它削弱了东道国政府在实施其税收、贸易等方面预期政策的能力。

跨国企业对外直接投资的重大决策，包括生产安排、成本和预算、劳资关系、投资开发等，往往全部由母公司作出。外资数量越多的东道国，它们在上述企业决策职能上依靠跨国企业决策的程度就越大。

总之，在东道国与跨国企业打交道的过程中，跨国企业摄取的利益可能是以当地较低的或负社会收益为代价的。发展中东道国与跨国企业相比，仍处于相对较弱的讨价还价地位。

二、发展中东道国对跨国企业的政策

（一）发展中国家对跨国公司政策的摸索和认识

对外贸易和对外投资是经济增长的发动机。发展中国家经济发动机的传动齿轮是与西方跨国公司咬合在一起的。从贸易关系考察，发展中国家与发达国家的贸易（其中最主要的是与跨国公司的贸易）占其对外贸易总额的2/3。在投资关系方面，西方跨国公司对外直接投资的约1/4投在发展中国家市场上。跨国公司在发展中国家直接投资的主要作用是获取资源、扩大市场、实施国际分工、实现经济结构调整的转移。

跨国公司对发展中国家的投资具有的积极意义有：

（1）外资的投入在一定程度上弥补了投资的结构性短缺，并使因投资力量不足而不能发展的部门得到发展。

（2）导致了生产技术、管理经验和销售技能向发展中国家的转移。

（3）一个部门的外资引入，会产生国民经济的“传递效应”，直接或间接地影响与该部门投入和产出相关联的其他部门。

（4）发展中国家由被动接受外资向主动吸引外资的转变，将外来投资纳入整个发展民族经济的计划之中，从而为协调外国公司的投资目标与发展中东道国的发展目标提供了基础。

同时，跨国公司与民族国家之间存在着矛盾和冲突，各国政府、社会团体和政治人物纷纷对跨国公司图谋私利的各种行为提出批评：依仗其实力地位，操纵民族经济的发展；转移“不适合”的技术，影响东道国的技术发展；控制销售市场，以垄断代替竞争；逃避管制和责任，实行转移定价、逃税、操纵通货等，使东道国蒙受重大的经济与财务损失；隐瞒实情，伪造账目；干涉别国内政，阴谋颠覆主权国家的合法政府等等。因此，发展中东道国面临的问题不在于反对和阻止跨国公司的发展和渗透，而是应该制定有效的国家法律和国际行动准则以防止跨国公司滥用权力造成的危害，控制和监管跨国公司的活动，同时又不致因此而妨碍与此相联系的投资、技术传播和国际贸易。

发展中国家对跨国公司的政策是这个国家的政治文化面貌、资源禀赋、经济活动水平和总体发展战略的体现。各国政治经济条件不同，政策应各有差异。就资源禀赋而言，一个资源丰富的国家在对待跨国公司问题上要比资源贫乏的国家有更多的选择余地；就民族市场而言，一个大国与跨国公司讨价还价的能力不同于一个小国；就经济发展水平而言，对一个工业化已经达到相当水平的国家适合的政策，有时候对一个工业不发达国家并不一定合适；就长期战略而言，一种强调迅速增长的战略向跨国公司提出的要求就不同于一种着重平均分配的战略。因而，各国在对待跨国公司的政策上会有很大的差异。

各国对跨国公司所采取的政策经历了一个摸索与认识的过程，即从最初的采取谨慎态度，到20世纪60年代简单地对跨国公司加以严格限制，再到20世纪70年代中期对跨国公司采取限制与鼓励相结合的政策。因此，当前发展中国家的外资政策具有明显的两重性——既有抑制作用，又有刺激作用。有时这种抑制作用是强制性的。

（二）发展中国家对跨国公司采取限制与鼓励相结合的政策

1. 限制投资的措施

发展中国家从发展本国民族经济的战略目标出发，通过制定外资企业法，严格审查外国投资项目，控制外国公司的经营活动，以及设置各种规章制度，实施有限制的利用外资政策。主要限制性措施有：

（1）限制跨国公司的投资部门。此政策的主要特点是：将外资和技术引向特定重点建设部门；要求在重点部门的投资，应逐步增加本地附加价值，扩大出口比重并及时转让先进技术；引进外资应有助于增强本国技术与经营管理能力。在将外资引向发展民族经济的重点目标和重点部门的同时，限制或禁止外资进入战略性和敏感性的部门，一般包括：① 少数基础工业和重要工业部门；② 自然资源的开采；③ 公用事业和国防工业部门，如规定邮电、通讯、广告、电台、电视台、报纸、广播、交通等公用事业及国防工业部门；④ 国内批发和零售商业；⑤ 易于垄断和兼并的部门。

（2）限制跨国公司参股比例。发展中国家掌握外资参股比例的原则是：逐步削减外资股权，不断增加当地资本的股权，但并不相应地削减外国公司的经营管理权和利润份额。具体做法是：在合资企业中，除了特许的外，外国资本最高只能占49%，当地资本占51%，借以保证当地资本对企业有较大的控制权和决策权。特许外资在一定时期内可以持有多数股权或独资经营的部门有：① 高技术工业部门，如核能工业、航天工业、电子工业、新材料工业等；② 出口导向工业；③ 开拓性工业部门，如石油和稀有矿藏的开采等。

发展中国家逐步收回或减少外资在合资经营企业中的股权比重，通常准许有一个合理的时期。并且，在股权削减过程结束时，有的国家允许外国公司股权能有一个合理的最低水平，有的国家允许外国公司失去股权后，仍可以采取非股权安排保持与原经营企业的联系和对其控制。外资逐渐退出政策，是在外国企业国有化斗争中发展中国家对跨国公司股权限制的一种形式。它有利于发展中国家吸收外资，掌握先进技术和管理知识，并最终摆脱外资控制。但也有不利的一面，即外资有可能转向能够迅速收回资本、前景最好的投资部门，这些部门从东道国长远利益看，并不一定是最佳投资部门，这样的投资就会背离发展民族经济所希望的方向。

（3）对跨国公司资金和利润汇出的限制。发展中国家对外资的股金、利润、红利、技术使用费以及管理服务费的汇出都有限制措施。早在1970年12月，安第斯条约组织通过了世界上作为区域性经济贸易组织的文件中第一个限制外资的条例，对外国公司资金和利润的汇出加以明确的限制。

（4）对产品的限制政策。包括：对购买投入物的限制；规定外资企业的产品出口量应占总产量的最低的百分比；规定外销产品和内销产品不同的优惠待遇，外销比例越大，享受优惠越多等等。

（5）加强对跨国公司技术转让的管理。包括：严格审查引进技术的先进性和适用性；防止引进技术只提供硬件、不供应软件的做法；仔细核算技术转让的条件和费用，争取有利的转让条件等等。

（6）完善对跨国公司投资的监督和管理。主要内容包括：制定和修改外资企业管理法；加强政府对外资企业的宏观控制；利用税收杠杆，进行财务监督和管理；限定企业工资和福利待遇等等。

2. 鼓励投资的措施

近年来，大多数发展中国家已逐步调整了有关跨国公司的政策，表现出较大的务实性、灵活性和成熟性，实行了既限制又利用的政策，也就是在使跨国公司的经营活动同本国发展目标协调一致的同时，较大程度地鼓励和发挥跨国公司在发展民族经济中的作用。

（1）优惠措施。发展中国家认识到，在大多数情况下，投资和经营环境捉摸不定对外国投资的抑制作用可能会大于投资鼓励措施的吸引力。因此，许多发展中国家已将改善投资和经营环境作为吸引外资的出发点。投资环境是指影响资本行使其职能的外部条件。资本在获取高额利润的运动中，要排除环境风险可能造成的损失，达到风险最小化、机会最大化。发展中国家鼓励外资政策的前提条件是保证民族经济总目标的实现。各国提供的鼓励方式和规模，取决于该国所要吸收投资的市场的动向和它在吸收该种投资时所面临的他国的竞争程度。

发展中国家为外国投资者提供一系列的优惠措施，其主要内容包括：

① 避免采取简单的国有化手段。国有化（Nationalization）即发展中国家政府将外国投资者拥有或经营的企业、财产和经营特许权收归本国国家所有，并由国家经营的行动。其具体形式有收买外国公司的股份、征收财产、没收财产等。发展中国家对外资企业的国有化，直接触及了外国投资者的利益，因而必然会遭到外国垄断资本集团的敌视、阻挠和破坏。

② 提供必要的财政和税收优惠。发展中国家对外国公司的投资普遍实行低税率，一般比发达国家低30%～50%，对投资于高科技企业和落后地区的外资还提供特殊税收减免和财政优惠的办法。

③ 适当放宽外汇管制。大多数发展中国家准许外资企业的合法利润自由汇出。有的国家还规定，在外资企业出口创汇收入大于企业利润时，其所得的利润、红利、利息收入，在纳税后均可自由汇出。

④ 鼓励利润再投资。发展中国家对利润再投资实行减税，对在指定部门和地区的投资可以享受延长免税期。例如，新加坡规定，利润再投资于政府优先发展地区和投资周期较长的项目的免税期可长达10年。

⑤ 给予外资企业国民待遇原则。按国民待遇原则给予在其领土内的外国公司投资包括投资管理、维持、使用、享有和收益方面的待遇，不低于给予本国国民或公司的待遇。

（2）既限制又鼓励的政策。发展中国家在与跨国公司打交道的过程中，逐步认识到既要充分利用跨国公司作为生产要素在国际间流动的媒介所起到的积极作用，又要严格限制它对东道国经济发展和社会政治产生的消极影响。因此发展中国家采用了既限制又鼓励的政策，其主要内容是：

① 外资政策中的“限制”和“鼓励”两者不可偏废。在引进外资的创业阶段，应主动给外国公司创造一个良好的投资环境，并且正确引导外资投向发展民族经济的主要目标。当发展中国家普遍采取开放政策的时候，跨国公司的投资条件会变得更加苛刻。为此，发展中国家一方面要适当放宽条件，增加对投资的吸引力，另一方面要寻求投资来源多样化，利用矛盾，争取有利条件。

② 鼓励措施应使长期与临时相结合，优惠政策有主有次，使其真正起到鼓励外国投资的作用。通过对不同部门的投资给予不同的优惠，引导外资的流向和流量，从而主动把握外资的类型和形式，并且按照实际情况，随时调整优惠政策的侧重面。

③ 利用外资应使长远利益和眼前利益相结合。从发展中国家利用外资的情况看，利用外资的重点不同，效果也各异。从长远目标出发，重点应是引进先进技术，发展新兴工业，改造现有企业，增加民族经济和技术自力更生的能力；从眼前需要出发，引进外资要弥补建设资金和投资结构性的短缺及国际收支的逆差。

④ 注意政策的制定与执行相结合。发展中国家利用外资的实践表明，有时，即使有了好的政策，如果执行政策的部门不健全，也会产生左手不知道右手在做什么事的情况，导致力量相互抵消，前后不接应，效果很差。有些国家虽然现有政策的科学性和有效性比较欠缺，但是，它们的政策执行部门比较健全，行政效率高，使前后左右有一定的配合和联系，在实践中又不断完善不足之处，所以效果也较好。

第三节 母国政府对国际化企业的政策调控

发达国家既是跨国公司的母国，又是跨国公司最主要的东道国，这种双重身份与大多数发展中国家基本上是东道国的角色是全然不同的。这就决定了发达国家对跨国公司采取相对开放的政策，主张生产要素的跨国界自由流动，以便将资源在全球范围内进行有效的配置。因此，大多数发达国家对跨国公司政策的共同点，多于发展中国家对跨国公司政策的共同点。这种共同点表现为：大多数发达国家对跨国公司持传统的自由主义态度；发达资本主义国家不再像以往那样，划分各自的势力范围，使他方从属于自己，而是相互允许跨国公司进入自己的市场，并依此建立相互依存关系；发达国家普遍反对外国公司接管本国企业，并且将重要经济部门的经营权只交给本国企业经营。

一、母国对本国企业对外直接投资的政策

资本出口国和资本接受国对国际直接投资考虑问题的角度是十分不同的。母国主要关心国际收支、就业问题、国民收入的水平和分配以及对经济结构的影响等，而东道国强调的是经济增长、生产率和国家主权等问题。

母国期望对对外投资收益征收最佳税收，目的就是使母国的国民收入最大化。税收会直接影响到国内经济的发展和社会的福利事业。

首先，税收会影响国内和国外的投资配置，若增加税收就会促使资本外流，

抑制外资投向国内。上述流向国外的资本会降低投资者的国外收益，那就意味着会影响母国的投资者在国外的垄断地位。于是，母国政府征收一种能减少资本流出并支持国外收益上升到高于其竞争对手水平的税收，就可能增加母国净收益。

其次，税率变动不仅会影响国内外的投资配置，而且也会影响资本形成的实际水平，甚至会影响到收入、储蓄和国民收入的增长率。

再次，就企业而言，究竟税收交给哪国，对它无关紧要，但对母国而言，情况就不同了。多向外国政府交付所得税就代表了母国经济的损失。如果母国出现过量的对外投资，那么，母国采取的最佳税收就可能成为再分配投资和增加国内收入、社会福利的良策。

发达国家作为跨国公司的母国，对本国跨国公司的政策，既有积极支持和鼓励的一面，又有对跨国公司国外业务活动加强监督管理的一面。

（一）母国政府支持和鼓励跨国公司向外扩大投资

母国政府支持和鼓励跨国公司向外扩大投资。其主要措施是：

（1）借助于政府对外援助的贷款之机，要求受援国实行非国有化政策，给跨国公司的投资提供便利条件。

（2）利用反托拉斯法刺激私人资本向国外流动。

（3）政府通过采用向跨国公司提供出口信贷、扶植积极开拓高科技产品的跨国工业公司、有意和无意地使本国货币升值、刺激企业对外直接投资等手段，提高本国跨国公司的竞争力。

（4）对国外投资提供保护。母国政府同外国政府签订双边投资保护协定和避免双重课税协定，使本国跨国公司能享受到免遭政治风险的损失，享受国民待遇，得到因国有化而给予的合理补偿，能够自由地撤出投资的本金和汇回利润，合理解决投资争端以及避免双重课税等多方面利益。

（5）建立国外投资担保制。各国目前实行的国外投资担保，实际上是投资保险，是指在一定条件下，对投资项目所受损失，给予一定比例的补偿。

（6）提供信息服务。在美国，提供这种服务的机构是海外私人投资公司；在日本是通产省所属亚洲经济研究所经济调查部、日本输出入银行的海外投资研究所。另外，政府还协助民间成立非营利机构，进行咨询服务，如美国的“国际经营服务队”、加拿大的“加拿大海外经营服务机构”、日本的“世界经营协议会”等。

（二）母国政府加强监督管理跨国公司的对外直接投资

发达国家政府在向跨国公司提供保护的同时，对跨国公司海外直接投资加强监督管理，主要的做法有以下三种：

1. 审查外流资本和技术

短期内的大规模对外投资，会对投资国国际收支平衡造成不利的影响，因此各国政府制定了投资审批标准，这些标准因国而异。日本、意大利、澳大利亚等国侧重于对外直接投资促进出口贸易或有利于国际收支经常项目的程度；英国、爱尔兰、瑞典等国注意外流资金对国际收支的影响程度。同时，政府担心投资带动技术出口，使本国先进技术被外国利用，所以在向外国尤其是向发展中国家出口技术时，更严格进行审查。实际上，跨国公司只是将一些辅助性生产活动转移到国外，真正具有竞争优势的技术和技术密集型生产项目仍留在本国。这样做对母国来说，会促进专业化，提高生产效率，增加净出口。同时，母公司的巨额研究和开发费用，可以分散在更大数额的销售上。

2. 防止输出就业

美国工会担心，由于对外直接投资，美国工人的就业机会会被工资成本低的国家夺去，因此要求政府立法不应鼓励向国外投资和输出技术。

3. 防止避税和逃税，加强联合审计工作

由于跨国公司的子公司分布在世界各地，因而政府当局很难确定跨国公司的应税利润。同时跨国公司又利用内部交易和在避税地设立分支机构进一步加剧了这种复杂性。20 世纪 80 年代，美国率先倡导联合审计，加强业务往来密切的国家之间的情报交流，防止跨国公司偷税漏税事件的发生。

总之，跨国化体制的产生和发展，跨国公司无视国界的存在，使企业同国家之间的关系复杂化，甚至导致国家之间的摩擦和对立。因此，对跨国公司实行国际监督和控制，已成为当前一个亟待解决的国际性问题。

二、发达国家东道国对国际直接投资的政策

工业发达的东道国对外国跨国公司历来采取鼓励公平竞争的开放政策。但是，当东道国经济受到外国公司较大程度的控制时，东道国政府会从中立态度转向一定的限制。

（一）限制投资部门

有些发达国家不允许外国公司进入国防、军事、通讯等关键性行业。有的对进入某些部门的外资股权比例和董事会成员的国籍加以限制。有的对进入某些产业的外资企业设立专门审批机构和规定特殊的管制条例。有的反对外国公司对少数产业过分集中投资，以便给本国企业创造适宜的竞争条件。通常外国公司倾向于在技术水平较高的产业（如电子工业）投资。一开始东道国政府也鼓励跨国公司在新兴工业部门投资，后来外国公司几乎控制了这些产业的大部分生产，东

道国政府从国家安全和民族自尊出发，对外国公司进行限制。

（二）对外国公司投入与产出的限制

有些发达国家如加拿大、意大利、澳大利亚、爱尔兰、新西兰、西班牙等，要求外国跨国公司的产品含有一定百分比的本地原材料成分和增加东道国劳动力比例，并对进出口进行限制。按照美国汽车成分法案的规定，在美国市场销售10万辆以上小汽车的厂商，必须保证其销售的小汽车有10%以上的国内成分。

（三）建立严格的外资审批制度

大多数发达国家政府对外国跨国公司进行严格的投资审批。审批内容包括：能否创造更多的就业机会；能否促进企业的竞争和效率的提高；能否有助于东道国经济结构的改革；能否扩大利用当地资源；能否增加政府财政及税收；能否刺激出口等等。

（四）实行有差别的国民待遇

大多数发达国家原则上承诺给予外资国民待遇，但这并不意味着外国公司在政治、经济、社会各个方面与东道国公司享受完全相同的待遇。有的国家允许本国公司投资的部门，未必也允许外国公司投资。有的国家对本国公司实施的财政和税收优惠措施，未必对外国公司实施。一般来说，不仅发展中东道国，而且发达东道国都坚持主张对跨国公司实行最惠国待遇及在一定范围内的国民待遇。

发达东道国对外国公司一方面实行限制政策，另一方面鼓励外国公司向东道国特定的经济发展目标投资。为达到这一目的，东道国采用政府干预和诱导措施，给予外国公司种种奖励，例如：提供贷款、贷款担保、投资津贴和股份投资等直接优惠；允许加速折旧，提供减免租税和关税等税收优惠；实施关税和配额保护，培训人员，禁止没收外资财产，公开合理解决一切争端等行政管理奖励措施。

第四节 国际社会对国际化企业的政策调控

国际联盟早在1929年就曾提出过一个有关保护对外投资的建议，不过并没有取得进展。1948年，《哈瓦那宪章》也曾打算建立国际贸易组织（International Trade Organization，简称ITO），其中包括有关投资保护和限制性商业活动的条款。ITO原计划建立第二次世界大战后国际组织的体系，包括由关税与贸易总协定处理贸易事务，国际货币基金组织处理短期货币基金事务。由于《哈瓦那宪章》没有通过，其他有关草拟国际反托拉斯规划、制定警戒对外投资的守则以及控制跨国企业活动的种种努力也未能成功。直到20世纪60年代末，国际社会对在国际层次上管理和监督跨国企业才有了一些实质性的进展。

在对跨国企业进行管理的各种方法中，国际控制应算作最优的管理方法。国际社会若能制定一种综合性的通观世界全局的具有权威性的方法，可能是最理想的。这种国际控制手段所能影响的范围应与跨国企业本身影响的范围一样广，即全球范围。

一、制定综合性的国际协定

跨国公司活动的一个显著的特点是在许多不同国家经营业务，因而具有较大的灵活性和选择性。跨国公司经常利用发展中国家之间的竞争来促进它们竞相增加优惠待遇以吸收外资，其结果是损害了发展中国家的利益。发展中国家在与跨国公司打交道中，逐步感到单个国家的力量太小，无力抗衡财大气粗的跨国公司，因而希望进行区域性的或国际性的合作，形成较强大的力量。同时，就国际范围而言，迫切需要对跨国公司和跨国经营活动进行协调、监督和管理，使所有跨越国界的经济活动纳入国际规范，即稳定、有序和公平地发展。

（一）对跨国公司行为的管理和控制

联合国有关机构就有关跨国公司的一些问题，设立专门机构进行研究，研究的问题主要有：

（1）应向发展中国家提供援助，以帮助这些国家同跨国企业谈判和签订协议。

（2）发展中国家，不论是个别国家还是一个集团，应该自己制定允许跨国企业进入它们市场的条件，其中包括国有化条件和补偿、劳动法、资本注册等。

（3）应该着手制定有关跨国企业全部活动的行为守则、公约及模型法，同时也可以就专门问题（如技术转移、转移定价和国际反托拉斯法等）制定法规。

（二）对跨国公司子公司的行为进行管理

国际社会对跨国企业行为的管理和控制，除了东道国对外国所有权比重加以限制以外，还将对跨国企业子公司的特定行为进行管理。其主要关注的内容有：①

（1）在当地采购原材料；

---

① ［英］尼尔·胡德，斯蒂芬·扬．跨国企业经济．叶刚，等译．北京：经济科学出版社，1992：298．

(2) 最终产品的出口和出口市场的控制；
(3) 跨国企业内部的转移定价；
(4) 资本和利润的汇出；
(5) 特许经营费和管理费；
(6) 从当地市场筹集资本；
(7) 管理人员本地化；
(8) 就业水平；
(9) 当地雇员的培训；
(10) 劳工工会及劳工的权利和义务；
(11) 折旧抵免纳税；
(12) 信贷政策，如补贴利率等；
(13) 对能源、运输和资本开支的补贴；
(14) 竞争程度和形式；
(15) 建立研究与开发设施；
(16) 获得专有技术的种类；
(17) 使用当地的运输设施；
(18) 环境和社会的保护。

二、制定联合国《跨国公司行为守则》

国际社会除了需要制定综合性的国际协议外，还要有若干商业行为守则。制定行为守则的目的就是提出一套指导方针，要求跨国企业加以遵守。

(一) 企业行为守则的特征

(1) 负责制定行为守则的机构虽然可能成为解决纠纷的仲裁者，但行为守则只是一种自愿遵守的行为规范。

(2) 行为守则有其自己的弱点，即由于它要使所有各方都能接受，因此，其内容和要求十分一般化，甚至个别条款变得毫无意义。

(3) 行为守则只能视作是协调各国法规的最初步骤，因为管理权仍保留在各国政府手中。

行为守则主要关心发展中国家的利益，而发展中国家从保护自身利益出发，在行为守则制定过程中，提出一系列的要求，例如：只要支付足够的补偿，应该允许实行国有化；行为守则应体现非歧视原则；应该严格控制自然资源的开采；应更加符合经济发展目标；尊重人权和保护生态环境等等。更重要的是，尽管“知名人士小组”建议制定一个自愿遵守的原则，但发展中国家要求制定一个有法律约束力的协定，这在目前是完全不能为发达国家所接受的。

（二）联合国《跨国公司行为守则》

1994 年联合国跨国公司委员会（United Nations Inter-governmental Commission on Transnational Corporations）第 20 届会议通过了一项决议，建议把跨国公司委员会变成联合国贸发理事会的一个委员会，并更名为“国际投资和跨国公司委员会”，办公地点由纽约迁至日内瓦。联合国跨国公司委员会成立于1974 年，由 48 个成员国组成，是一个政府间永久性的组织。其目标是：

第一，促进了解关于跨国公司在本国和东道国，特别在发达国家和发展中国家之间各种活动的性质及其对政治、经济、法律和社会的影响；

第二，对跨国公司的业务活动作出有效的国际安排，从而促进跨国公司为各国的发展目标与世界经济增长作出贡献，同时控制并消除其消极影响；

第三，加强东道国，特别是发展中国家与跨国公司打交道时的谈判能力。

为了便于开展委员会的日常工作，在联合国跨国公司委员会下设跨国公司中心，作为秘书处。该中心于 1975 年 11 月开始工作，它设有综合情报体系，专门研究跨国公司对政治、经济和社会的影响，以及应各国政府的请求规划技术工作。

二十多年来，联合国跨国公司委员会致力于制定《跨国公司行为守则》（Code of Conduct on TNCs），并已草拟了该守则的大部分条文，但有关该守则的目的、定义、国有化等带有高度政治性的问题却仍然未能达成协议。由于发展中国家与跨国公司相比处于弱者的地位，因而要求实施有利于发展中国家的“差别待遇”。其根本态度是：从跨国公司对发展中国家的经济发展起什么样的作用这一“宏观经济的衡量”出发考虑，接受跨国公司有利于发展中国家国民经济发展的一面并给予优惠待遇，同时又尽可能限制其活动消极的一面。这种“宏观经济的衡量”态度与跨国公司所采取的“微观企业的观点”相抵触。跨国公司认为，《跨国公司行为守则》所要解决的问题和所要处理的对象完全是“企业的行为”问题，而不是整个国民经济的发展问题。

对跨国公司的垄断、贿赂、不合理的转移定价及转嫁环境污染等不法行为，应该加以限制，但如何界定“过分行为”的范围，以及如何确定限制方法，有不同的见解。发达国家认为，跨国公司为了谋取利润和扩大市场而进行海外直接投资，即使有一些过分也是正常的，由于跨国公司的海外直接投资对投资国和投资接受国都是有利的，因此不能对其行动滥加限制。由此可见，两类国家对跨国公司行为的对立态度是根深蒂固的。

经各国政府的努力，迄今所完成的联合国《跨国公司行为守则》由六章组成，已经草拟了71条条文。这六章内容是：

第一章，前言与目的；

第二章，跨国公司的定义；

第三章，跨国公司的活动（包括一般性问题与政治问题，经济的、财务的与社会的问题，公开情报资料问题等）；

第四章，如何对待跨国公司的投资企业（包括有关投资接受国如何对待跨国公司的一般性问题，国有化和补偿，裁判管辖权等）；

第五章，政府间的协调；

第六章，履行。

在这六章内容中，各国政府经长时间谈判已在下列问题上取得了一致意见：

(1) 在政治方面，跨国公司应尊重东道国的主权及法令，不干涉内政。遵循东道国所制定的国民经济发展的目标；

(2) 在经济方面，跨国公司在东道国的经营活动应尽可能多地利用当地资源，雇佣当地人员，促进东道国的出口贸易；

(3) 在财务金融方面，跨国公司与东道国就所有权及控制、国际收支与融资、转移定价及课税的谈判取得了某些进展；

(4) 在社会方面，已就消费者保护、环境保护以及各国政府、企业主和工人的"三方面声明"等取得一致意见；

(5) 在信息材料公开方面，跨国公司有责任向东道国政府和工会组织提供足够的信息资料以使公众更多地了解公司经营状况。

此外，联合国也对某些特定的项目达成了基本协议，如《国际技术转让行为守则》、《技术转让协定评定准则》、《发展中国家工业合资企业协议手册》、《工业可行性研究编制手册》以及《跨国公司会计核算与报告的国际标准》等。

联合国从1976年起着手研究制定《国际技术转让行为守则》的工作，经10年努力，初步拟定了该守则草案文本，其内容包括序言和九章条款：

序言强调指出，促进充分的技术转让和技术发展，加强所有国家特别是发展中国家的科技能力，加强同发展中国家的技术合作，是走向建立新的国际经济秩序的决定性一步。

第一章，定义和适用范围；

第二章，目标和原则；

第三章，国家对技术转让交易的管制；

第四章，限制性惯例；

第五章，技术转让交易中当事各方的责任和义务；

第六章，对发展中国家的特殊待遇；

第七章，国际协作；

第八章，国际体制机构；

第九章，适用的法律和争端的解决。

目前除了第四章和第九章内容外，序言及其他各章均已达成协议。

在对跨国公司进行国际干预这一层次上，各种国际组织协同进行国际监督起到了一定的作用，有助于发挥跨国公司的积极作用，同时限制其消极作用。

总之，发展中国家的经济发展，主要靠自力更生，没有任何外来的因素可以代替自己的力量，但同时可以合理运用一切外来的力量加速国民经济的发展。发展中国家可以利用跨国公司的力量，还可以动员区域性及国际性组织的力量作后盾，在世界范围内实现国际经济新秩序。

三、国际社会有关跨国公司的政策协调

在处理与跨国企业的关系方面，无论是一国的政策，还是区域性的、国际性的措施，其成功的要素是做到真正了解实情。有关跨国企业的政策需要进行国际协调的问题主要有以下几个方面。

（一）有关对外国公司所有权的限制问题

发达东道国与发展中东道国关于对外国公司所有权的限制方面意见并非一致。发达国家鼓励外国公司的竞争，而发展中国家，尤其是拉丁美洲的发展中国家曾对此制定了种种限制措施。目前，这两类国家集团已在两个方面取得一致意见：

（1）各国政府在它的国境内对于自然资源拥有永久主权；

（2）禁止或严格限制外国公司反竞争所取得的利益。

（二）关于遵守东道国政府的政策问题

发展中国家在与跨国公司打交道中，深感一个国家势单力薄，难以有效阻止跨国公司可能在国境外维护其母国对于附属公司的权利。为此，发展中国家要求在《跨国公司行为守则》中列明跨国公司在东道国的一切活动必须维护东道国的国家主权。发达国家同意把这个问题包括在《跨国公司行为守则》的条款中。但是，对于如何解决东道国与跨国公司之间的纠纷这一问题，出现了不同的意见，发展中国家坚持东道国的国内法是最终的裁判，而发达国家则谋求诉诸于国际法和解决纠纷的国际协定。

（三）关于扩大技术转让的问题

扩大技术转让在过去10年里已成为发展中国家经济发展的一个重点。两类

国家原则上都同意《跨国公司行为守则》的“普遍适用”原则，但对该守则是否适用于跨国公司设在国外的子公司在东道国境内的技术转让，存在着分歧。七十七国集团认为这些子公司的技术转让活动受其设在其他国家的母公司的控制，因此属于《跨国公司守则》的适用范围。但是发达国家坚持母子公司内部安排不受该守则约束，因此子公司在东道国所进行的技术转让交易不属该守则的管辖范围。

（四）关于避免行贿受贿的措施问题

跨国公司为了争夺东道国的市场，经常在国际商业活动中进行违法支付与贿赂行为，借此收买东道国的有关人员，使其为跨国公司的进入大开绿灯。联合国谴责在国际商业活动中的这种不正当的支付活动。发达国家，特别是美国，主张订立关于制裁贿赂和勒索的法规。发展中国家要求阻止跨国公司用非法手段干预东道国的内外政策。因此，两类国家原则上同意《跨国公司行为守则》中包含这类法规。

（五）关于限制性商业惯例的问题

两类国家集团都表示要限制跨国公司内部的变动定价，其目的在于“公平”定价。它们一致认为大多数商业惯例是不合理的，但是，发达国家主张，只有对交易双方以外其他方产生不利影响，并达到不合理程度时，才应当避免。它们坚持，对在组织、经营、法律关系上合法的同一实体内实行的惯例，通常应当接受，除非这种惯例造成了市场支配地位的滥用。也就是说，它们主张按是否造成市场支配地位的滥用而违反反托拉斯法，以至于妨碍市场自由竞争，来评价这些限制性惯例。

关于跨国公司母子公司间的惯例，七十七国集团认为，此类惯例是否应当避免，要视其对当事方以外其他方经济发展是否带来不利影响而定。一些拉丁美洲国家认为，母子公司或子公司之间的交易应视为独立公司间的交易，相互间的惯例不应作例外处理，应受《跨国公司行为守则》的管制。

（六）关于金融管制的问题

发达国家的声明中指出，跨国公司应该避免破坏稳定的国际资本流动。发展中国家从保护本国国际收支出发，要求跨国公司应给每个发展中东道国的国际收支提供净盈余，为此主张限制子公司的就地集资、外国借款以及公司内部的定价和借款。

（七）关于就业和劳资关系的问题

两类国家对就业与劳资关系具有相当广泛的谅解基础，它们对国际劳工组织提出的“三方声明”（各国政府、企业主及工人三方）一致表示赞同，并主张列入《跨国公司行为守则》。三方均应尊重国家主权，遵守国家法令，尊重人权。跨国公司投资活动应配合东道国优先经济发展目标的要求，积极增进就业，提供就业培训和良好的工作条件，注意改善劳资关系。

（八）关于解决投资争端的国际协定问题

跨国公司与东道国发生了投资纠纷应在公平合理的基础上求得解决。1996年，在世界银行主持下，签订了《关于解决国家与其他国家国民之间投资争端的公约》，还规定设立一个“解决投资争端国际中心”（International Center for the Settlement of Investment Disputes，简称 ICSID）作为世界银行的非财政机构，调解并仲裁私人投资者和东道国之间的争端。目前两类国家对纠纷由谁仲裁仍存在着分歧，发展中国家主张由国内法裁定，发达国家倾向于由国际仲裁机构仲裁。

（九）关于对环境保护的国际管理问题

随着发达国家与发展中国家新的国际分工的加深，跨国公司往往将那些严重污染环境的项目转移到发展中国家去。为此，发展中东道国政府提出了一系列保护环境的政策和措施。例如，在采矿业中要求外国公司在开采后，修复土地，保护生态和社会环境的完善。这种要求会增加跨国公司的成本。因此，对环境保护问题应列入《跨国公司行为守则》。

（十）有关资料公开问题

1975 年 10 月，国际自由工会联盟（International Confederation of Free Trade Unions，简称 ICFTU）在墨西哥世界大会通过了关于《工会对立法管制多国籍公司的要求宪章》（*Charter of Trade Union Demands for Legislative Controls of MNCs*），其中明确提出要求跨国公司公开公司财务及其他有关的资料，发展中国家主张跨国公司在必要的报告和资料中应有更多的具体细节。而发达国家认为这样不仅会使报告和资料的代价很高，而且会损害竞争企业保护情报机密的原则。这些分歧也有待于进一步解决。

◇问题与思考

一、名词解释题

1. 限制性商业惯例
2. 跨国公司行为守则
3. 国有化
4. “挑奶皮”的投资现象

5. 公司特有优势

二、问答题

1. 试述加强各国政府对跨国公司干预的必要性。
2. 政府应从哪些方面对跨国公司进行控制以及怎样实施宏观调控？
3. 跨国公司对外直接投资对东道国的经济发展会产生什么影响？
4. 如何理解发展中国家对跨国公司采取限制和利用相结合的政策？
5. 发达国家母国对跨国公司对外直接投资采取什么样的政策？
6. 试说明发达东道国对国际直接投资的政策。
7. 如何对跨国经营实施必要的国际规范？
8. 联合国《跨国公司行为守则》主要包括哪些内容？
9. 国际社会有关跨国公司的政策协调有哪些？
10. 面对限制性日益增强的国际经营环境，试分析跨国公司可能会采取哪些不同的对策以保护其自身的利益。

◇ *案例分析*

通用汽车公司的战略联盟

美国通用汽车公司是全球最大的汽车公司之一，该公司成立于1908年，自1931年起成为全球汽车业的领导者。在《财富》杂志评选的世界500强中，通用汽车公司经常是排行榜首或前几名。通用汽车公司在全球32个国家建立了汽车制造业务，其汽车产品销往世界各地。

通用汽车公司的全球战略合作伙伴包括意大利菲亚特汽车有限公司、日本富士重工株式会社、五十铃汽车株式会社以及铃木汽车株式会社，合作的内容涉及产品、联合采购等。同时，通用汽车公司是韩国通用大宇汽车科技公司最大的股东。此外，通用汽车公司还与德国的宝马汽车公司和日本的本田汽车公司开展技术协作，与丰田汽车公司、五十铃汽车株式会社和中国上海汽车工业（集团）总公司、俄罗斯AVTOVAZ汽车公司及法国雷诺汽车公司共同研发生产汽车。目前，通用汽车公司旗下的轿车和卡车品牌包括：别克、凯迪拉克、雪佛兰、GMC、霍顿、奥兹莫比、欧宝、庞蒂亚克等等。

20世纪80年代，通用汽车公司面对廉价、节能、优质的日本汽车的强大竞争压力，对其经营战略进行了一系列重大调整。这包括公司重组、采用新技术和新的生产体制、与其他企业和组织发展战略联盟等。其中，战略联盟是通用汽车公司经营战略的一个重要组成部分。通用汽车公司与竞争对手、客户、供应商等组成了联盟，以它为核心组成了一个与众多企业组织发生关联的跨国联盟网络。通用汽车公司采取的策略之一是产品联盟，产品联盟（生产联盟）是指通过结盟获得对方的产品或零部件。产品联盟是用来填补一家公司产品线的空缺，在竞争激烈的市场中推出低价产品。通用汽车公司组成一系列的产品联盟，使知识移动到生产成本较低的地方。产品联盟通常是以合资企业、少量的股权投资等方式出现。1984 年，通用汽车公司与日本丰田公司合作成立了新联合汽车公司（NUMMI），在美国本土生产“花冠”轿车，并以雪佛兰品牌销售。同时，通用汽车公司又与韩国大宇集团联合生产小汽车，以供在韩国国内及海外销售。此外，通用汽车公司还缔结了一些规模较小的联盟：与日本最大的刹车器制造商成立了股权各半的合资企业；与三井石化公司等结成联盟。通用汽车依赖产品联盟，生产了大量物美价廉的小汽车。通过在亚洲的结盟，使通用汽车的产品降低了成本，提高了在小型企业市场的竞争力。亚洲盟友源源不断地供应零部件也使得公司在零部件方面降低了对其他美国供应商的依赖。通用汽车公司在这一时期的国际战略联盟主要是为了扭转自己在本土的劣势，联盟的规模相对较小，形式单一。

通用汽车公司在 20 世纪 90 年代，进行了更大规模的国际战略联盟，这其中包括在中国成立的上海通用，与日本的铃木、五十铃、斯巴鲁的战略联盟，其中最为引人注目的是与菲亚特的战略联盟。2000 年 3 月通用汽车公司与意大利菲亚特汽车公司宣布两大汽车公司实行联合的决定，根据双方所签署的联合协议，组建双方代表人数相等的两个合资企业，主要从事发动机和汽车配件的生产。双方将互相参股，通用汽车公司将购买菲亚特 20% 的股份，作为交换，菲亚特股份有限公司将拥有通用汽车公司 5.15% 的永久股份。2000 年 7 月通用汽车公司与菲亚特就其在欧洲和拉美的战略性工业结盟达成协议。根据协议，双方在采购发动机、变速箱等领域分别成立了两家占股相等的合资企业。在随后的合作中，通用汽车答应利用其销售渠道在墨西哥销售菲亚特的 Palio 款汽车，双方在欧洲和拉丁美洲建立了两个各持股 50% 的合资企业，分别合作发展采购业务和动力总成业务。通用汽车公司在泰国罗勇的工厂从 2002 年第一季度起，组装菲亚特的豪华品牌车——阿尔法·罗密欧 156（Alfa Romeo 156），并通过菲亚特在泰国的网络经销该款新车。1998 年下半年，通用汽车公司与 SAIC 合资生产出第一批针对中国市场的别克汽车（Buick）。通过进入巴西和俄罗斯的廉价市场，通用汽车公司大幅度地拓宽海外消费市场，建立了客户基地，并确立其品牌效应。通用汽车在这一时期的战略联盟不再局限于本土，而具有明显的主动进攻的姿态，与之联盟的多是一些当时实力雄厚的汽车厂商，联盟的区域主要集中在汽车消费欠发达而又有消费潜力的区域。

随着经济全球化和国际直接投资的迅猛发展，大型跨国公司在全世界范围内建立起各种战略联盟，来整合国际国内的市场资源，增强自己的竞争优势，以扩大在全球市场的份额。通用汽车公司通过发展国际战略联盟，使其核心汽车业务及子公司遍及全球。

通用汽车公司通过组建国际战略联盟可能获得的好处有：

(1) 通用汽车公司在亚洲的结盟，有助于降低成本，提高它在小型汽车市场的竞争力。当时每辆日本小汽车要比通用汽车公司在美国制造的S型汽车便宜3 000美元。通用汽车公司的一位主管估计，1990年以前，小汽车在美国汽车总数中所占的比重达40%。结盟之后，通用汽车公司每年可从国外取得50万辆物美价廉的小汽车，其中，五十铃、铃木和大宇汽车公司各供应10万辆，NUMMI公司可供应20万辆。每辆车节省2 000美元，50万辆汽车每年就节省10亿美元，大大提高了通用汽车公司的竞争力。

(2) 发展战略联盟可通过强化企业的竞争力来降低风险。通用汽车公司在与亚洲企业结盟后，仅仅投入资金10亿美元，一年就可以获得50万辆物美价廉的小汽车。而且投资的资金是在10年期间分期投入，每年的投入只占该公司现金流量的很小部分。所以，这些投资并没有让通用公司消耗太多的资源。通用汽车公司与日本丰田汽车合资成立的NUMMI合资企业，是使用它闲置的厂房生产汽车，年产量为20万辆。当时这件事曾使世界汽车业感到震惊。通用汽车公司与韩国大宇公司结盟后，使通用汽车所面临的汇率风险减少了，这是因为大宇公司的汽车是使用韩元报价，而当时韩元升值的速度不及日元。所以，通用汽车公司通过企业联盟强化企业的竞争力，有利于分散和降低风险。

(3) 发展战略联盟可加快生产新产品。企业联盟可以使一家企业利用其他厂商的技术、设计及产品，企业联盟就产生缓冲作用，使企业不必改变它的基本策略及经营方式。通用汽车的小汽车联盟为通用汽车公司提供了不能自行生产，或不能以较低成本、较少时间生产的新产品。通用汽车公司和日本铃木、五十铃公司的结盟，强化了他们发展小汽车及卡车的能力，加强了在日本市场与丰田公司的竞争。

(4) 发展战略联盟可以加快产品上市的速度。企业组成联盟后可通过两种途径加速产品上市的速度：第一种途径是立即销售合伙人的产品或劳务；第二种途径是扩大它的销售网络，即一家公司不但自己销售产品，也要求他的合伙人销售同样的产品。通用汽车公司曾通过与日本铃木结盟来满足市场所需要的小汽车，当时铃木是日本最大的小汽车制造商，所以，通用汽车与铃木的结盟就显得特别重要。

(5) 发展战略联盟可以了解和观察竞争对手。通用汽车公司过去一直在北美地区活动，大部分的生产和销售活动是在美国和加拿大进行的，很少向日本采购零件，对小汽车的了解也极为有限。通用汽车公司与日本、韩国的汽车公司结盟后，就容易了解到亚洲地区的汽车发展情况。通用汽车通过和五十铃公司、铃木公司的结盟，观察丰田汽车公司在日本的动向。在韩国，它通过与韩国大宇公司的结盟，了解韩国现代汽车公司的动向。所以，通用汽车公司通过发展战略联盟能及时观察竞争对手所采用的新技术及生产情况。

总之，通用汽车公司与世界上实力雄厚的汽车公司结成战略联盟，做到强强联合，优势互补，因而使其降低成本，降低风险，加快生产新产品和产品上市的速度，更加了解竞争对手，甚至能削弱竞争对手的力量。通过国际战略联盟，为通用汽车公司提供了长期的竞争优势。近年来，世界上的大型跨国公司缔结的战略联盟的数量不断增加，已经形成一个关系复杂的联盟网络，使跨国公司与外部市场的边缘模糊化。通用汽车公司缔结的技术联盟也有几十个，这些战略联盟为通用汽车公司带来先进的技术和管理经验，在世界市场上增强竞争力和生命力。

据统计，2005 年通用汽车公司的全球销量已达 920 万辆，达到 27 年来的最高水平。通用汽车公司董事长兼首席执行官理克·瓦格纳说：通用汽车公司 2005 年在全球销量的增长主要是由于亚洲和拉丁美洲市场的销量增长所致。2005 年通用汽车在亚洲的销量首次超过 100 万辆，比 2004 年的 88.7 万辆有明显的增加。通用汽车在亚洲市场的份额也从 2004 年的 5.2% 升至 5.8%。与此同时，2005 年通用汽车公司在拉美的销量也是最好的一年，达到 90 万辆。目前，通用汽车公司一半以上的汽车是在美国境外销售的，其中，中国是通用汽车的第二大销售市场。

试分析通用国际战略联盟为美国通用汽车公司提供了哪些竞争优势。

第十章

中国企业"走出去"战略

学习目标

掌握我国企业国际化经营的特点；我国企业发展国外投资的必要性；中国企业发展跨国经营的战略选择；中国企业进行国外投资应采取的方式。熟悉中国企业开展跨国经营的有利条件和不利因素；企业跨国经营中的风险。了解中国政府加强对跨国企业的管理和服务。

第一节　中国企业走出国门之路

坚定不移地实行对外开放，是我国建设有中国特色社会主义的一项基本国策。在对外开放的过程中，我国利用外资的规模越来越大，方式方法越来越多样化，归纳起来主要有四种：第一，利用外国贷款（包括直接和间接的）；第二，吸收外商直接投资；第三，使用商业信贷；第四，对外直接投资。其中对外直接投资是一项新兴的项目。

一、企业由内向外发展是历史发展的必然趋势

（一）企业演变发展的规律

1. 企业的国际化经营

一个社会由低级向高级发展，一个企业由内向外发展，这是历史发展的必然趋势。各国企业进行海外投资和跨国经营，是当代生产社会化发展的结果。第二

次世界大战后，科学技术突飞猛进，经济技术交流日益扩大，资金、技术、人才以及其他资源的配置已经突破国家的界限，争夺世界市场和投资机会的竞争也愈来愈激烈。在这种浪潮中，任何国家都不能闭关锁国，置身其外。

国际化经营是指企业在经营管理的过程中始终以国际化为目标，以生产、交换和资本的国际化来实现企业的国际化。国际化经营要求在世界经济贸易活动的范围内灵活、合理、有效、熟练地利用国际资本、国际资源、国际产业提供的有利条件，选择有利时机，综合运筹，获取最佳的经济效益。例如，中国化工进出口总公司从中国香港银行取得贷款，购买中东原油，在新加坡的炼油厂加工，将加工所得的成品油销往泰国、韩国和日本，经还本付息后，仍获利不少。这种灵活的国际经营方式，西方跨国公司能使用，我国公司企业也能使用。

2. 企业加强竞争优势

当代新贸易理论突出了企业的竞争优势，即国家间的经济竞争本质上是各国企业在竞争优势上的博弈。在传统贸易理论中，企业的竞争优势仅取决于国家层面上的比较优势。新贸易理论则表明，企业的竞争优势并不等同于资源禀赋等国家优势，从国家优势到企业优势的完全转化还需要规模经济和不完全竞争市场等条件。而且，对于本国尚不具备比较优势又具有发展潜力的产业，政府可以通过补贴等保护、支持手段使该产业中的企业迅速达到一定的生产规模和具备一定的技术开发能力，依靠企业竞争优势的强化来参与国际竞争，这被称为“战略性贸易政策”。

随着企业参与国际投资越来越频繁，国际分工不断发展，世界经济联系也就越来越紧密，使一个国家、一个地区的经济逐步成为世界经济的一部分。跨国公司的对外直接投资日益成为经济全球化的发动机。

（二）中国企业的国际化经营

1. 我国企业国际化经营的特点与意义

我国企业的国际化经营与西方跨国公司迥然不同。首先，我国企业的性质决定了其一切经营活动都是为了国家和人民的利益；其次，我国在国家集中调度上有优势，能把有限的资金投到国外，参与国际分工，利用国内国外两种资源和两个市场来推动本国国民经济的发展；再次，我国通过国外投资加强了与世界各国的交往与联系，推动了南南合作，为建立国际经济新秩序作出了贡献。

我国企业对外直接投资，既考虑本国利益，也考虑东道国的利益，以求共同发展。这种投资活动，不是那种一方所得等于另一方所失的竞争，而是在平等、互利的基础上协力合作。我国对外直接投资的方针是“平等互利，讲究实效，形式多样，共同发展”。

国际企业发展的经验告诉我们，设立和发展海外企业，可以起到在国外市场牵线、搭桥、放哨的作用，等于为国内企业与世界市场之间搭上了“桥头堡”，安上了“窗口”，设立了“信息站”。在此基础上，将单个销售点联成网，增强销售能力，待条件成熟后，逐步转向发展生产型企业，建立生产加工和装配线，与当地合作者组建合资经营企业，兴办独资企业，甚至参与大型国际财团承包工程项目等。国际企业的经营活动以世界市场为舞台，谁拥有市场，谁就拥有发展的机会；谁失去了市场，谁就失去了生存的条件。西方跨国公司始终把拓展市场放在首位。在世界市场上，跨国公司的经营导向，无论是寻求资源、寻求市场还是寻求效率，都是为了充分发挥其所有权优势、内部化优势和区位优势。

经济全球化大潮汹涌澎湃，在我国加入 WTO 后，跨国公司将对我国市场形成巨大的冲击。因此，我们不能光看着外国公司到中国来抢占市场，还应充分利用自身优势和国际分工优势，冲出国门，走向世界。我们应通过在国外投资积极开拓海外市场，从而可以充分利用国内和国外两个市场、两种资源。

有条件的国有大中型企业在将国内经营扩展至国际范围时，除了可以在国外投资，还在国际金融市场上融资，这样既利用了外资又不增加外债，也不用还本付息，不失为一种可靠、长久的利用外资的方式。同时，我国企业还应转变经营观念，树立全球化经营战略，将目光投向国际市场，通过国外投资促进企业资产的保值和增值。

2. 我国企业国际化经营之路

我国企业还应借鉴跨国公司的成功经验，逐步由生产经营转向资产经营。所谓资产经营，是指通过运作资产实现其保值和增值并创造效益的过程。资产经营是当代市场经济的产物，它是比生产经营更为高级的经营方式，目前已成为企业经营成功的重要因素。资产经营实质上是将产业资本与金融资本融合起来，通过兼并、购买、控股、参股等方式吸纳外部资产，迅速形成新的生产力，以有限的资产调动各类社会资源，扩大资产的辐射范围，促使我国企业资产成本以几何级数增长。

因此，我国企业要紧跟世界经济发展潮流，进行优化组合，通过参与跨国并购，实现管理区域化、经营集约化，提高企业国际竞争力。我国政府也应大力扶持和培育一批有竞争力的企业集团，通过优惠政策，促进银行与企业合作，鼓励企业进行国外投资。

二、中国企业发展国外投资的必要性

开展对外直接投资，是所有外向型经济发展的必由之路。在当前国际市场上，商品进出口面临着贸易保护主义的层层壁垒，严重阻碍了世界贸易的发展。我国企业以对外直接投资带动商品出口，是一项至关重要的发展战略。

（一）国外直接投资的必要性

1. 对外直接投资带动商品出口

目前我国出口商品以劳动密集型产品为主，这些产品竞争力弱，替代性强，在国际市场上易遭保护主义的限制。对外直接投资，组建跨国公司，可以实现就地生产、就地销售，由“被动适应”变为“主动进取”；在当地生产，有利于了解市场行情，掌握信息，把握机遇，并可以享受东道国的优惠政策。

2. 对外投资与引进外资相结合，形成双向循环机制

一个健全的开放经济单纯引进外资是远远不够的，还应该使其成为一个反馈型双向循环机制。如果长期偏重引进外资，忽视外向投资，势必造成资金和技术单向内流，久而久之就会形成严重的资金和技术对外依赖，进而导致引进能力不足、国际收支严重失衡，甚至会像拉美、东欧那样陷入债务危机的泥潭之中。目前我国的开放水平和参与国际分工的程度是非常低的，这与我国作为拥有13亿人口的大国地位不相称。因此，以往传统的、单一的进出口贸易战略已不能适应对外开放的需要，必须努力突破单纯互通有无、调节余缺的经营模式，朝着多元化、全方位、立体式方向参与和利用国际分工。

3. 开展国外投资取得短缺资源

我国虽然“地大物博，资源丰富”，但相当一部分重要资源人均占有量却低于世界平均水平，几乎每年都要开支大量外汇去购买外国的石油、铁矿砂、铝、钢铁和某些稀有金属。随着工业化的发展，资源短缺已成为我国四化建设的重要制约因素。经验证明，开展对外直接投资，利用国外资源是保障资源供应的一个重要手段。

4. 开展国外投资，获得先进的科技知识和现代企业管理经验

吸引外国来华投资，通常只能引进标准化的成熟技术，而不能获得最新技术，这是跨国技术转让政策所决定的。如果在发达国家投资办厂，则有利于打破技术经济封锁，取得先进的技术。

5. 开辟国外投资市场，增加外汇收入

我国多年来创汇手段主要是贸易收入，而对外贸易收入，又只重视旅游业，忽视了对外投资创汇的能力。然而对外投资往往是获取外汇收入的重要来源。根据近十年联合国《世界投资报告》的统计，对外投资的增长速度已超过国际贸易的增长速度，投资创汇已是跨国公司最主要的收入来源。我国的海外企业必将成为外汇收入的一个重要途径。

（二）我国企业开展国外投资、拓宽跨国经营对推动经济发展的作用

1. 我国企业开展国外投资对推动经济发展的作用

我国企业实行跨国经营是生产社会化发展到生产国际化的必然产物，是我国大企业沿着国际化、集团化道路发展的结果。我国实行跨国经营的企业，将始终坚持主动利用国际资本、国际资源和国际产业提供的有利条件参与国际市场竞争，努力为社会主义现代化建设积累财富。

从我国的国情出发，在现阶段适量适地适时地进行对外直接投资，不但无妨国内经济发展，反而有助于将国民经济运行纳入内外双向循环的良性轨道，将我国产业结构和出口结构的调整优化进程置于更广阔的国际空间，并将推进对外经济体制的深入改革和外向型企业组织形式的创新。

我国企业开展国外投资、拓宽跨国经营对推动经济发展的作用有：

（1）突破国内资源禀赋约束，积极主动通过国外直接投资开发自然资源，可以弥补国内某些资源的短缺；

（2）加强国外投资，满足优化生产要素组合的内在要求；

（3）通过综合运用多种国际经营活动的方式，有助于避免高度利用出口贸易所潜伏的不确定性风险；

（4）通过国外投资，有利于发掘我国企业的资产优势，以对付国际贸易中的新贸易保护主义；

（5）开展国际投资有利于依托资产经营，跻身国际经济舞台，参与高层次的产业内、公司内的国际分工。

2. 我国企业开展跨国经营，给经济持续发展带来很多好处

（1）带动商品或劳务出口。我国企业在海外投资设厂可以带动国产机器设备和产品、管理和技术人员的输出。

（2）有利于获得先进的科技知识和现代企业管理经验。吸引外商来华投资，通常只能引进标准化的成熟技术，而不能获得最新技术。在发达国家投资办厂，有利于打破技术封锁，取得先进的技术。

（3）有利于增加外汇收入。投资创汇已是跨国公司最主要的收入来源。我国海外企业的经营也将成为增加外汇收入的一个重要途径。

（4）便于利用海外资本市场筹措资金。对外直接投资可使我国企业利用国外较为充裕的资金市场和灵活的金融手段，在境外使用当地资金进行经营。如近几年我国非贸易境外投资项目中，均以超过1∶1的比例利用了当地的资金，即每投出1美元，可使用当地1美元以上的资金。

三、中国企业开展跨国经营的有利条件和不利因素

（一）中国企业开展跨国经营的有利条件

任何一个企业由国内经营转向跨国经营，都需要具备一定的条件，不是所有企业在任何情况下都可以实现跨国经营的。企业内部条件良好、国内环境成熟、国际环境允许，这些是企业进行跨国经营必须同时考虑的三大环境因素。企业应在全面分析这些环境的基础上，充分认识自己的优势和劣势，权衡利害得失，然后作出决策：是否要进行跨国经营？时机成熟与否？如何进行跨国经营？等等。

我国企业开展跨国经营的有利条件主要有：

（1）我国是社会主义国家，企业的一切经营活动都是为国家和人民谋利益。

（2）我国可以充分利用国家集中调度资源的优势，把有限的资金投到国外，参与国际分工和国际竞争，以便更好地利用国内外两种资源和两个市场，推动国民经济健康和持续地发展。

（3）我国是一个具有初步工业化基础的社会主义的发展中国家，通过国外投资，可以改善社会主义建设的国际环境，加强与世界各国的交往与联系，特别是可以推进南南合作，求得经济互补，共同发展。

（4）我国企业对外直接投资，始终坚持“平等互利，讲究实效，形式多样，共同发展”的方针，既考虑本国利益，又考虑到东道国利益。实践证明，这种投资活动，不是那种一方所得等于另一方所失的零和竞赛，而是各方共赢。

（二）中国企业开展跨国经营的不利因素

目前我国海外投资尚处于起步阶段，还存在一些不利因素。

1. 各级决策人员对积极开发对外投资与发展海外企业的认识不足

有些政策规定不利于海外企业的发展，如大多数国内公司没有担保权、融资权、内销权，海外企业的利润必须汇回国内，影响了再投资。

2. 现行的国内体制不适应扩大跨国经营的需要

有些部门、地区的所有制使得工贸各自的优势，乃至协作优势难以真正发挥，也难于形成真正的集团优势。在目前体制下，我国企业在海外基本上是各自出击，其水平低，力量小而分散，难以形成综合群体优势。

3. 缺乏跨国化经营人才

企业竞争的本质是人才竞争。海外企业需要大批高级国际贸易人才、金融财务人才、科技人才、管理人才和法律人才，他们应能用外语处理有关业务和纠纷，这是企业管理现代化所必不可少的。但我国海外企业人才往往不能满足要求。

四、企业跨国经营的风险

（一）企业跨国化经营是一个逐步演进的过程

企业跨国化经营是一个逐步演进的过程。其过程是：从简单的商品输出，扩大商品销售市场，发展到专利许可证交易，以至与东道国政府及私人企业订立经营合同；从国外组织代销机构，设立商品维修组装车间，发展到大规模的直接投资，在所在国创办新企业或收购原有企业，建立永久性的生产和销售设施，并逐步扩大直至建立国外联营网，最终使在世界各地的附属公司，形成一个从国内到国外、从生产到销售、从技术开发到信息传播无所不包的超国家的独特的企业经营体系。

（二）企业跨国化经营中的风险

国内公司走向国外从事跨国化的生产和销售业务，可能遇到的风险有如下几种。

1. 来自竞争对手的风险

竞争风险是商品经济的必然结果，企业会遭到竞争对手改进技术、提高产品质量、降低商品价格及推出新产品的挑战。

例如，近几年来，IBM公司面临外来的竞争，正经历一个发展的低谷时期。挑战来自三个方面：其一，传统的单一市场已分解成若干个不同种类的计算机市场，每一个市场都有独占鳌头的专业电脑公司领导市场；其二，来自后起之秀日本计算机公司的严重威胁；其三，新款计算机和个人计算机不断问世，IBM的优势地位开始衰落，其许多产品和服务正越来越流于一般。

2. 管理上的风险

由于国际市场瞬息万变，公司可能会因为计划不周，应变性差，再加上对市场研究不透、经营管理不善、资金供应不足而深陷危机。

3. 经济上的风险

这种风险可能来自本国的、东道国的或第三国市场上的一些经济因素，诸如经济周期性衰退、汇率波动、通货膨胀、银根紧缩等，它们使公司的经营面临恶劣的外部经营环境。例如，日元升值曾给日本商社带来了极大的困境，日本公司不失时机地将经营重点转向新的高科技领域，进行企业结构改造。它们看准了号称“产业粮食”的半导体工业，并在此基础上制造出饮誉全球的一流电子产品。

4. 政治上和主权上的风险

是指来自本国的、东道国的或第三国的政府的政策与措施，使公司开展跨国化经营活动蒙受损失，如对投资、贸易、货币、外汇的管制、没收或征用，战争或暴乱，无理拒绝偿还其外债等。

5. 社会文化方面的风险

社会、文化的突变，如种族冲突、宗教摩擦等，直接影响公司在所在国的业务经营。因此，不论采取什么形式参与国际商务活动，公司都应当知己知彼。所谓知己，即对公司自身的资源、目标、能力以及强弱点进行认真分析，以便在想做什么与可能做什么之间，作出最佳选择；所谓知彼，即分析跨国化经营环境及其对完成公司目标的影响，也就是通常所说的外部环境风险分析。然后，选定在什么时候，以什么项目，采取什么形式打入国外市场。

第二节　建设有中国特色的跨国公司

企业境外投资对一国国民经济的发展来说，是在没有占用国土的情况下创造了国民生产总值，发展了对外经济贸易，或者说是在“延伸”的“国土”上发展国民经济和对外经济贸易。境外投资规模的大小往往反映了这一地区国土资源的“延伸”程度，或者是对国土资源的节省程度。因此，企业境外投资在保证经济发展的条件下，对国土资源的节省及利用具有特别意义。

在市场扩大到打破国界的时代，一国制造业国外直接投资的特点是在市场（消费地）附近进行“就地生产”。在如同浩瀚海洋的市场中，仅凭以往的一叶扁舟，已难以迎风搏浪。我国企业应聚合优势，营造大船闯荡世界市场。在充满挑战和激烈竞争的世界市场上，只有跳出旧的思维定式，将众多的成员组合成一个高度紧密型的经济联合体，走集团化的路子，组建中国跨国公司，才能发挥群体优势和综合功能，提高企业竞争能力，在世界市场上争得一席之地。

一、中国企业海外投资和跨国经营现状

目前，我国尚未具备大规模对外投资的条件。但随着我国经济实力的提高，大企业集团的逐步形成和壮大，有条件的大中型企业可以逐步向国外投资，开展跨国经营。我国海外企业投资和跨国经营的现状如下所述。

（一）起步晚，金额小，但发展速度快

自1979年改革开放以来，我国企业国外投资发展迅速。据商务部统计，2005年，我国国外直接投资达113.05亿美元，比上一年增长526%，相当于2002～2004年这5年之总和。截止到2005年我国企业累计国外直接投资为645亿美元，投资地区遍布160多个同家和地区，以境外资源开发为主，涉及行业包

括油气、矿业、林业等。大型生产型企业有中信公司在澳大利亚的波特兰铝厂，中化公司在美国的煤油厂、磷肥厂。中冶公司在澳大利亚的恰那铁矿等。

（二）投资范围较广，但以资源开发为主

我国海外企业涉及的部门和领域较广，有石油、天然气、林业、渔业、石化、冶金、轻工、电子、机电、房地产、交通运输、建筑工程、金融保险、医药卫生、旅游服务、工艺美术、技术服务等，其中以资源开发为主。如中信公司在美国创办的西林公司经营林木开采，中冶公司在澳大利亚合资开采铁矿石。

（三）投资分布的国家和地区较广，但以中国港澳地区为主

我国的非贸易型海外企业分布以我国港澳地区较多，其次是美国、泰国、澳大利亚、加拿大、德国、日本、新加坡、巴西等。

（四）在我国香港地区的企业已呈大型集团化趋势

在港大型集团主要有中国银行集团、交通部系统的招商局集团、经贸部系统的华润集团公司、国务院直属的中信公司和光大实业集团，还有以粤海企业公司为主的广东省集团和以华闽公司为主的福建省集团。

（五）宏观管理薄弱，企业管理以行政干预为主

我国目前尚没有海外投资企业的高层次管理机构，宏观管理薄弱。在管理方法上以行政干预为主，主要依据是1985年公布的《关于在国外开设非贸易性合资经营企业的审批程序和管理办法》及后来陆续公布的一些补充规定。经济杠杆调节作用甚微，还没有形成一套鼓励开展海外企业的政策措施。

此外，海外企业以合资为主，合作伙伴以当地华侨居多。

二、创造中国企业跨国经营的内部条件

（一）企业跨国经营的动机和目的是否明确

企业为什么要到国外投资？这是首先要回答的问题。一般企业对外投资大体有四种动因：开拓市场动因、利润与收益动因、引进生产要素动因和服务动因。动机和目的可以有一个，也可以有几个，但都必须根据企业的实际需要和客观可能，提出具体的、明确的目标，这在很大程度上影响到跨国投资的成败。

（二）企业是否拥有真正的优势

企业优势是多方面的，除跨国经营带来的内部化优势和区位优势之外，母公司拥有的资产优势是首先要考虑的问题，如技术设备优势、资金优势、人才优势、海外经营管理的经验、良好的信誉、名牌商标、长期客户联系和华侨关系、销售渠道和产品返销权等，其中以技术优势最为重要。总之，是否确实拥有优势是向境外投资决策的基础，如果贸然行事，必难达到预期效果。

企业是否拥有优势与企业规模大小没有必然联系，大企业和小企业都有自己的优势，只要真正具备优势，就可以参与国际市场竞争。

（三）选择好合作伙伴，认真做好可行性研究

可行性研究一般通过收集书面材料、进行实地考察、征询使领馆商务人员的意见、委托咨询公司研究等方式方法进行。调查研究内容大体是：

(1) 东道国基本经济情况，如经济结构、市场规模、收入水平、消费水平、进入壁垒、消费偏好、销售渠道等；

(2) 硬环境及基础设施；

(3) 货币、资金、信贷以及外汇管理；

(4) 原材料、辅助材料、设备供应；

(5) 劳动力素质及来源，如教育水平、工资福利、工会活动；

(6) 成本效益预测以及投资回收期；

(7) 法律法规，如进入审批、注册及费用等相关规定，公司法，人员出入境管理办法，税法及税收政策，配额以及许可证制度；

(8) 国内政治，如政局稳定、治安状况、对我态度、是否欢迎外资、鼓励及限制外资政策等；

(9) 民情风俗、宗教、历史文化背景等。

三、中国企业国外直接投资与拓宽跨国经营的方式

我国企业考虑企业条件、能力、投资方式以及东道国对外资的政策等因素并加以评估选择后，可采取如下方式进行国外直接投资。

（一）创建方式

创建是指建立一个新企业尤其是新的工厂，或对其他的实际资产进行投资。创建包括独资企业和合资企业等。创建是较为传统的海外投资方式。创建方式的优点在于它可以根据投资者的意愿选择投资地点、企业规模和经营业务，使用自己所熟悉的生产设备和管理经验。缺点是创建新企业需要大量的筹建工作，因而速度慢，周期长。一般说来，创建方式比收购方式具有更大的不确定性。创建方式在我国目前海外投资中占有非常重要的地位，预计今后相当长时期内仍将占据重要地位。

（二）并购方式

并购是指一个企业通过购买另一个现有企业的股权而接管该企业。按母公司与被收购企业之间的行业关系，并购可划分为横向收购、纵向收购和混合收购。并购方式的优点是进入迅速，可以迅速扩大产品种类，利用被收购企业的技术、原有的管理制度和管理人员及其营销网络和渠道，获得被收购企业的市场份额和

商标，取得资金融通的便利，还可以廉价购买资产和收购企业特有资产等。并购方式的缺点在于价值评估困难，失败率高，不能按投资者意愿选择企业规模和地点，受到原有的契约或传统关系的束缚等。

由于并购方式有很多优点，跨国公司大都喜欢采取这一方式进入市场。目前发达国家的对外直接投资有一半以上采取这种较先进、快捷、便利的收购方式。我国企业目前对这一方式的利用还比较少，随着我国企业实力的增强、经验的丰富，对并购方式的利用也会逐渐增加。

（三）战略联盟

目前参加跨国战略联盟的主要是发达国家的跨国公司，但也有少数发展中国家与发达国家跨国公司结成跨国战略联盟，其目的是为了获取高技术，促进产业结构升级以及提高国际化经营水平。我国企业应有选择地积极争取与发达国家跨国公司缔结跨国战略联盟，通过合作研究开发高新技术，以达到引进先进技术、促进我国跨国经营发展的目的。

四、中国企业发展跨国经营的战略选择

改革开放以来，我国对外直接投资的实践活动和理论探讨为我国企业发展跨国经营提供了如下可供选择的战略安排。

（一）经营主体

目前我国海外企业的经营主体有：

（1）全国专营性的外贸公司，如中国化工进出口集团公司、中国粮油食品进出口集团公司，它们是我国较早进入世界500强的外向型企业，在国际市场上已有相当高的知名度。

（2）我国大型工业企业集团，如国家电力公司、中国石油天然气集团公司、中国石油化工集团公司、中国电信集团公司、中国移动通讯集团公司等，目前已先后入围世界500强。

（3）我国规模较大的银行，如中国工商银行、中国银行、中国农业银行和中国建设银行四大国有商业银行。

（4）我国地方工贸、技贸、银贸结合的企业集团，它们也纷纷走出国门，在世界市场上占有一席之地。

（5）我国发展迅速、拥有特色和初具规模的民营企业集团，它们到国外投资办厂，已取得一定的成绩。

（二）进入方式

我国企业进入海外市场时可供选择的方式主要有：

(1) 贸易式进入，即通过出口或进口产品进入。

(2) 契约式进入，即通过技术、商标、经营方法和管理经验等无形资产的转移进入。

(3) 投资式进入，即通过国外直接投资，在当地设立生产企业和销售机构。我国企业向海外投资，可与当地资本合资经营。这样，可以利用当地合伙者的经营能力、销售技巧以及熟悉东道国法律、税务、人际关系等有利条件，使合营企业适应当地投资环境，减少经营风险，增强竞争能力。

(三) 区位选择

发展中国家的经济条件和投资环境与我国有许多相似之处，尤其亚太地区是世界上经济增长最快的地区之一，也是吸引投资的热点地区。亚太地区已成为我国海外投资最多的地区，这与经济发展水平、地缘文化、种族因素有关。

发达国家市场容量大，投资环境好，高新技术多，有利于我国企业通过海外投资引进和吸收先进的生产技术及科学的管理经验。我国企业可在其壁垒内部布点驻足，享受其区内企业的好处。

(四) 行业选择

为适应国内经济发展的要求，我国海外投资的行业重点是：

首先，投资开发国内短缺的资源性商品，如木材、纸浆、石油、天然气、富铁矿砂等，以人之长，补己之短，实现生产力的合理配置。

其次，发展加工工业的生产、装配和维修企业，这类企业的重点放在同发展中国家的合作上。这些国家资源丰富，技术要求不高，劳动力便宜，可以用我国的设备和适用技术投资，开办一些投资少、见效快的中小型企业。

再次，向发达国家投资应以开办工贸、技贸型企业为重点。有条件的企业可以在发达国家高新技术密集地带投资。

(五) 技术重点

我国的技术水平虽不能与发达国家相比，但我们已拥有一批达到或接近世界先进水平的技术和能够生产具有国际竞争力的产品的优秀企业，为我国开展对外投资奠定了良好的物质技术基础。现阶段我国企业对外投资可供选择的技术重点是：

(1) 利用我国传统工艺、特色技术在国际市场上的“独特性”，创办有特色的海外投资企业。

(2) 利用我国企业拥有的小规模生产、多功能和劳动密集型的适用技术，投资推广到其他发展中国家。

(3) 运用我国已消化和改良的引进技术对海外投资，这种技术移植具有简便、经济而有效的优点。

总之，我国企业可以利用技术上的某些竞争优势，开展对外投资。

（六）人才培养

海外企业需要培养大批适合国际化经营的高级国际贸易人才、金融财会人才、科技人才、管理人才和法律人才。

企业跨国化是一个渐进的过程。在从国内经营走向跨国经营的过程中，跨国企业的适度经营策略是由企业的外部环境、内部条件以及经营目标这三者的动态平衡所确定的。企业从国内经营发展到跨国经营的基本轨迹是：商品进出口→劳务进出口→生产要素转移的投资活动。企业对外直接投资，参与国外生产活动时，不仅投入了大量的资金、技术、人才，而且面临较长的投资回收期，风险也必然随着时间推移而增加。

改革开放以来，我国海外企业的发展迈出了可喜的一步，我国现在已成为发展中国家中对外直接投资较多的国家之一。认真总结经验，完善政策，抓住机遇，我国企业的海外投资和跨国经营一定会取得更大成就。

第三节　中国国际化企业的经营与管理

中国企业进行海外投资、跨国经营不同于在国内投资、国内经营。参与国际竞争，政府应当对国外投资给予一定的鼓励和保护措施，如提供适度的鼓励、提供海外投资担保、设立风险基金等。这些措施不仅可以降低企业在海外投资的风险，还可以有效引导企业海外投资的流向。尤其对一些投资规模较大的、一时难以产生近期效益的项目，政府不但需要发挥协调作用，还需要对企业在资金、政策等方面给予直接的扶持。

中国跨国企业应借鉴西方跨国公司的经验，将“公司的多国经营”和“企业的多种经营”作为企业的重要经营哲学。跨国公司决策者制定一项全球性战略，往往不受任何民族和国家的影响而全面考虑世界市场和世界资源的分配，且不是单纯孤立地考虑某一个特殊国家的市场资源。公司的一项战略目标，是要在多国基础上产生最大的经济效益，而不是计较国际业务活动中一时一地的得失。公司是以争夺全世界消费者和世界市场为角逐目标的，应根据公司所处的竞争环境（包括各国、各地区的经济、政治和社会状况，世界范围的生产成本和价格等）和公司自身的条件（包括公司的财力、物力、技术、发展潜力以及与竞争对手相比较状况），制定战略目标和进行战略部署。

一、政府加强对跨国企业的管理和服务

（一）政府从客观和微观两个层次，加强管理与服务

1. 政府从宏观层面上，加强管理与服务

（1）统筹兼顾吸引外资和对外投资。从宏观管理的角度来看，政府有关部门应站在战略高度，不失时机地制定我国企业的国际化政策，将吸引外资和对外投资结合起来统筹考虑，统一管理和协调组织全国的对外直接投资活动，审批和监督投资数额较大的海外投资项目，并加强信息和咨询等服务工作。

（2）担当好母国与东道国的双重身份。利用外资和对外投资事业的不断发展，赋予了中国东道国和母国的双重身份。母国政府与本国跨国公司的相互关系问题、国际社会对跨国公司行为的监督管理问题，都已摆到我们面前。一方面，我们要提供必要的政策支持、便利条件和服务，通过与海外东道国谈判，为本国跨国企业争取国际通行的公平、合理待遇，帮助本国跨国企业提高对外投资的竞争能力；另一方面，又要保护本国在税收、国际收支和就业等方面的利益，建立和完善对外投资法规体系，使本国海外企业的行为符合国际规范和准则。

（3）制定、完善政策与措施。政府对境外企业的宏观管理主要体现在制定和完善对外投资方面的宏观产业政策、金融政策和财政政策。对外投资的流向、结构要与国内产业调整、结构优化的过程结合起来，通过关税、外汇、贷款诸种经济手段引导优先、重点发展的海外投资项目。国家金融机构可有选择地对海外企业创业初期的固定资本投入和营运资金给予一定的支持，根据投资规模、类型、风险情况提供适当的长期信贷或担保。

2. 政府从微观层面上，加强管理与服务

（1）加强对公司模式、资产和人员的管理。从微观层次上加强对海外投资企业的管理是当前亟待解决的问题，尤其是需要加强对海外企业的行为模式、国有资产、国外业务和外派人员的管理。

（2）发挥母公司微观管理的职能。目前我国大多数跨国经营的先行企业离真正的跨国公司尚有一段距离，其母公司的经营机制和决策方式有待于规范化。其母公司要提高远距离管理的技能，学会在空间上对整个公司超越国界的价值增值活动实行一体化管理。要采取有效措施，切实加强境外中资企业的国有资产管理，谨防国有资产流失。

（3）鼓励海外企业的主观能动性。要扭转一些海外企业过分依赖国内订单、单纯靠进口过日子的局面，海外企业要真正成为促进出口、进军国际市场的前哨

阵地。要认真解决某些海外企业经营不规范、档次规格低的问题，加强对海外企业派遣人员的管理，充分调动其开拓性和创新性。

（二）政府制定总体战略规划

1. 利用法规与政策指导国外经营活动

政府和企业要进一步提高对发展我国跨国公司重要意义的认识。制定我国海外投资和跨国经营的总体战略规划。发展对外投资和跨国经营不仅是适应当代世界经济发展的潮流，而且对推动我国改革开放，建立社会主义市场经济体制和现代企业制度也有重大现实意义。国家应根据国民经济发展的实际状况和要求，从宏观上制定发展对外直接投资和跨国经营的总体战略规划，进一步制定跨国经营的主体战略、地区与行业战略、技术战略、生产战略、市场战略和经营战略，作为省市和企业制定对外投资战略的参考。政府应充分利用财政金融政策和法律法规，对企业的对外投资活动施加影响，或鼓励，或限制，以达到贯彻和实现国家总体战略规划的意图和目的。

2. 加强政府宏观服务功能

我国跨国经营尚处在初始阶段，不仅需要国家的指导，更需要国家提供各种服务，因此政府要加强政府宏观服务功能。目前企业最需要的是提供跨国经营信息咨询服务和培养高素质的国际化经营管理人才。政府可组建几家全国性和地方性有权威的海外投资咨询服务公司，以帮助企业对海外投资项目进行评估和可行性研究等；同时应建立全球信息资料中心，与国际信息库、著名咨询机构建立广泛联系和正常业务关系，系统收集国际市场行情和世界各地的投资环境信息，为企业海外投资提供及时、准确、全面的资料。良好的信息咨询服务将有助于减少企业对外投资的盲目性，促进海外投资决策的科学化、规范化。

（三）重视硬管理与软管理相结合，以软管理为主

1. 现代企业“7S”管理模式

现代企业在世界市场上的竞争与以往相比发生了质的变化，以前是来自同行，现在是来自时代。跨国化经营的企业在战略制胜的年代里，应逐步从“硬性”管理走向“软硬”结合、以软为主的管理模式。硬管理是指组织结构（Structure）、市场战略（Strategy）、各种制度（System），美国企业偏重三个“硬性的S”。软管理是指领导技巧（Skill）、最高经营目标（Superordinate Goal）、人事管理（Staff）、领导作风（Style），日本企业偏重四个“软性的S”。上述“7S”，代表了跨国化经营成败的七个关键性要素，人们称其为现代企业管理的“7S”模式。例如，号称世界快餐饮食连锁商霸主的美国麦当劳公司，以汉堡包等美式快餐著名，它对分布世界各地万余家分支机构的经营注重“软硬

结合、以软为主”的管理方法。它规定，只有从麦当劳所办的“汉堡包大学”毕业的人才能获得经营特许权。麦当劳成功经营的诀窍是四个英文字母——“Q，S，C，V”，即讲究营养、味道鲜美的质量（Quality），令人满意、确保回头客的服务（Service），清洁优美的环境（Cleanliness），公平合理的价格（Value）。凡不符合四项要求的要吊销特许经营权。

2. 新颖的“公司文化”

无论是欧美公司，还是日本公司，现代优秀的大公司在经营管理中都有其独特的公司文化，这种公司文化是指世界各地的企业职工结合在一起的行为方式和标准，具体内容包括：

（1）价值观念，即企业的经营思想、目标和信念，它是构成公司文化的核心；

（2）道德规范，是指企业塑造楷模人物及思想品行供全体职工效仿的典范，以提高企业人员素质，为企业创造良好的经营环境；

（3）作风传统，即企业日常办事的风格和风尚；

（4）群体意识，即企业上下左右的沟通方式，是企业领导与职工主人翁精神的体现。

跨国化经营企业已将公司文化当作新颖的管理工具，凭借良好的公司文化将精心拟定的战略目标和工作指标变成具体的业绩。因此，公司文化是看不见、摸不着而却直接关系经营效益的一种精神、一种时尚、一种气息。有了优良的公司文化，就有助于做到决策精明、信息灵敏、团结融洽、配合默契、效率高捷、勇于进取，并有助于克服官僚主义、闭塞保守、腐败昏庸、拖沓延迟、扯皮掣肘、臃肿松弛等弊病。

3. 治理企业的关键是人才

对于“无国界之企业”，治理企业之道乃是治人之道，人的因素是第一位的。人才是企业最大的资源，人才是企业在变化中求生存促发展的关键，而管理者的方法是通过文化的微妙诱导，使个体和整体相律动，如同一群人随音乐起舞而不会互相碰撞。企业要加强人的管理，在全体职工中形成共同的目标感、方向感、使命感。为此，企业应当十分重视人才的培训，尤其是前瞻性的培训，也就是让职工上岗前接受着眼于未来的教育。

（四）监管好海外企业的国有资产

1. 建立资产的定期抽查制度

加强对海外企业国有资产的管理和监督。国家制定的法律规定，海外企业有义务定期（一年一次或两次）向国有资产管理局申报财政报告，详细列明海外企业资产变化情况，并向社会公开。报表由注册的会计事务所代企业完成。

2. 建立资产保值和增值的奖惩制度

国家审计署有监督国有企业资产的责任，该署若对报表有疑问，有权进行调查；政府税收部门也可以对国有企业税收问题进行调查。对不负责任、盲目投资造成重大损失的要追究责任；对白占国有资产、私分收益的，或携款潜逃的，要予以惩处；对不按规定进行海外企业产权登记和报送资产财务报表的，要取消其投资单位的对外经营权。

(五) 制定有利于国外投资的法规和政策

1. 建立和完善有关法规

抓紧制定有关海外投资的法律法规。应由国家权威部门先行起草一个指导性的条例，就我国在海外投资的定义、申办条件、审批程序、经营主体、经营范围、行业政策、地区政策、所有权形式、经营模式、资金融通及调出调入办法、企业内部管理体制、利润分配及再投资、劳动力来源、双重征税、人员出入境、聘用与管理等问题，作出一些原则性规定，然后再由各有关部门形成较具体的实施条例。同时，国内财政、金融、外汇商务等管理部门应制定与之相配套的税收、信贷、外汇、保险等政策规定。经过一定时期的实践之后，再制定完备的立法。

2. 制定原则性与灵活性相结合的政策

制定有利于海外投资的各项政策。国家要在财政税收、金融信贷、投资体制、经营管理、人员出境、政治外交等政策方面，为海外投资顺利发展创造更为有利的宽松的环境和条件。

二、企业借鉴西方跨国公司经验，正确处理企业跨国经营中的矛盾

公司的跨国化经营必须立足于长远，总揽全局，知己知彼。要想在复杂多变的环境中有效地经营，通常需要正确处理如下几方面问题：

(一) 内部团结与外延扩大

内部团结是指公司上下相互持股，扩大内部贸易，互派高级管理人员等；外延扩大是指采用并购和联营的方式，加强与国外企业的合作，谋求最大范围的子公司化。目前西方大公司集团之间相互持股，已形成“环状”式团团转的结构，很难找到最终的拥有者。在制造业和基础产业中，公司间的联合经营，建立公司集团，比“独往独来”的公司具有更大的竞争性。公司之间出现的结盟合作、合纵连横的势头，目的是加强其在世界市场上的竞争地位。因为一个公司在市场

上的地位不仅取决于公司内部的能量和质量，而且取决于其纵横捭阖的手段和技巧。

（二）战略与战术

国际资本、技术、商品、劳务市场上的商战形同真枪实弹的战争。商战的参与者有其各自独到的战略与战术。战略系指为了实现一项未来既定目标而精心设计的行动方案。在跨国化经营中，公司以长远的、整体的利益安排各地的生产和销售活动，并随机调整公司的经营活动，以保持公司对市场的应变能力，从而达到预期的效果。战术是规定各项目标和任务如何落实。因此，战略是关系全局的、较长期的、相对稳定的；战术则是局部的、常变的，是实施战略的短期手段。

总公司在组织跨国化经营中，对整个公司的经营方向、增长策略、投资组合、市场体系研究开发等方面，提出总体战略安排，各项任务要有明确的数量和质量指标，并且要求各个部门或地区依照总体战略制定各自的战术和工作计划。这样，整个公司从上到下，从国内到国外，既有时间概念，又有任务的数量和质量指标，便于跨国化经营中总公司对下属机构的控制和监督。

传统的经济学认为：新兴的发展中国家在发展民族经济过程中，曾采用两种发展战略：一种是国土较大和自然资源较丰富的国家采用的内向型的发展模式；另一种是一些面积较小、资源贫乏的国家或地区采用的外向型的发展战略。实际上，也存在一种以国内市场为主、以国外市场为辅的发展战略。但近20年来发展中国家经济发展的事实证明，正确的外向型发展战略，会给现代化经济发展带来巨大好处，正如世界银行《1997世界发展报告》中指出的："外向型经济的实绩几乎在所有方面都明显地优越于内向型经济。"

（三）集权与分权

大公司在国际化经营中，也面临一个集权与分权的问题。在管理中，集中与分散并不是非此即彼的。大公司对整个公司的投资计划、生产安排、价格体系、市场安排、利润分配、研制方向等方面实行集中决策，推行高度集中的统一管理，其余问题由子公司自行安排。分权制通过给海外子公司一定的、有限的决策范围，使它们可以依照当地市场情况作出灵活的反应。这种大权集中、小权分散的管理原则，在执行中要求指令是自上而下，而责任是自下而上的。

在公司跨国化经营中，如若过分强调集中统一的一面，也会带来许多消极的作用：

(1) 影响海外子公司经理人员发挥主观能动性，导致其消极地等待上司的指令。

(2) 在竞争激烈、瞬息万变和对手如林的世界市场上，当机立断的决策十分重要。而集中决策需要一个过程，容易坐失良机。

(3) 由于观点、文化和处事方法不同，以及语言的差别，海外子公司管理人员理解总部的决策意图会有误差，而且既费成本又耗时间。

新的跨国化管理机制趋向灵活性、分散性和现实性。例如，过去公司一直将研究与开发新技术和新产品的任务由总公司“独家垄断”，现在各公司在海外建立研究开发机构，这样做的好处是：可以最有效地加速自己薄弱的高技术的发展；可以及时、大量地收集国外科技情报；有利于研究开发适销对路的出口商品；便于在国外取得技术专利等。

相关链接

据日本经济新闻社调查报告显示，在177家大企业中，已在海外设立研究开发机构的有88家，计划设立的有24家，正在研究设立的有33家，打算将来设立的有32家。

(四) 吸引人才

跨国公司正在中国着手进行一场猎取人才和就地研发的工作。未来社会的竞争是人才竞争，中国加入WTO后，中国与世界的脉搏将在21世纪同步跳动。跨国公司意识到一场世纪人才大战已打响，千方百计地吸纳高素质的技术人员、研究人员和管理人员。1997年爱立信公司成立了中国学院。1998年英特尔在北京开设英特尔中国研究院，这是其在全球的第四个研究院。同年，世界上最大的软件制造商微软公司成立了其中国研究院，这是微软在海外开设的第二个基础性科研机构。1999年，摩托罗拉公司成立了摩托罗拉中国研究院。邀请诺贝尔奖得主杨振宁博士到场发表演讲助兴。可见，跨国公司越来越看重中国的智力资本，由原来的“高薪挖角”战略转向“培养人才”战略。

(五) 技术与管理

跨国公司是世界技术变革的中心。许多创新技术产生于跨国公司，又为它们所运用和商业化传播。它们具有对技术创新和变化的市场环境迅速作出反应的机会和能力。西方企业家认识到没有先进技术就等于没有“脚”，永远走不出国门，走向世界市场；没有科学的经营管理才能就等于没有“头脑”。即使有了

“脚”走出国门，但在竞争激烈的世界市场上也难以站住脚跟，立于不败之地。

（六）企业大型化与大中含小化

在以往世界经济处于少品种、大批量生产状态时，规模经济意味着劳动生产率高，生产成本低，产品竞争力强，从而利润高。当世界经济进入低速增长后市场规模趋于小型化，要求企业富有更大的“弹性”和“灵活性”，生产应该是多品种、小批量。以往那种大型综合企业，规模大、组织层次多，信息反馈渠道也长，组织机能就缺乏活力，庞大的技术设备系统难以进行技术改造，设备更新和转产的难度也大。企业规模的大小应依据国际市场变化的需要变化，市场萎缩时，就果断地甩掉那些希望不大的企业和产品，把企业有限的资源集中经营已成为一流或二流的企业，专门生产优质名牌产品，从而使企业规模与企业的能力、战略和市场相适应。这种“减肥消肿”的措施，已被大公司普遍接受，它们化大为小，大中含小，在大公司内部分出相对独立的分部，也就是组建“公司中的公司”，并赋予小公司更多的企业自主权，使其对剧烈变化的市场具有高度的灵活性和适应性。

（七）企业创新与避免风险

企业动用资金就会有风险，没有风险的投资是不存在的。往往投资风险越大，回报率就越高。

大公司实行分权制，赋予小公司更多的企业自主权，有利于发挥企业的创新精神。企业创新的关键在于不断地提高企业生产结构对技术进步要求的适应能力。要提倡和鼓励采用新颖方法来提高这种适应能力，克服不许失败、回避风险的想法和要求。通常企业创新始于风险投资，即投入经营风险相当大的新产品和新项目的研制。一旦证明这种创新具有商业价值，就立即在常规型生产部门进行大规模的推广应用。这种风险投资具有投资小、规模小、收效大、发展快、市场适应性强等特点。即便这种冒较大风险的投资失败，因规模小、投入金额少，也可以及时推倒重来。

◇问题与思考

一、名词解释题

1. 创建方式
2. 并购方式
3. 进入方式
4. 现代企业管理“7S”模式

二、问答题

1. 我国利用外资有哪几种方式？其中以哪一种方式为主？

2. 我国企业应如何进一步拓展国际化经营？

3. 我国大中型企业发展国外直接投资的必要性和有利条件有哪些？

4. 试述目前我国企业开展跨国经营的不利因素。

5. 企业开展国外投资和跨国经营可能会遇到哪些风险？

6. 我国海外投资和跨国经营的现状如何？

7. 企业从事跨国经营的内部条件是指什么？

8. 我国企业开展国外直接投资可采用哪些方式？

9. 什么是中国企业跨国经营的战略选择？

10. 母国政府如何从宏观、微观两个层面对跨国公司加强管理与提供服务？

11. 什么叫现代企业管理中的“硬管理与软管理相结合，以软管理为主”的原则？

◇案例分析

海尔集团国际化经营

海尔集团崛起于改革大潮之中，经过短短十几年的艰苦创业，将一个濒临倒闭的集体小厂发展壮大成为大型国际化企业集团。

人们自然要问海尔集团是如何发展起来的？海尔的CEO张瑞敏认为，这主要是由于海尔分阶段实施了三大战略：

第一阶段是实施名牌化战略，从1984年到1991年，用7年时间把冰箱做好，创海尔名牌；

第二阶段是实施多元化战略，从1992年到1998年，由白色家电进入黑色家电又进入米色家电；

第三阶段是实施国际化战略，从1998年开始至今，目标是把海尔集团建成一个大型跨国公司，把国内名牌建成一个世界名牌，并力争进入世界500强。

要让海尔成为“国际化企业”，这是海尔集团提出的一个目标。

海尔集团从1996年开始以创“海尔”品牌为导向，展开海外直接投资。先后在印度尼西亚、菲律宾和马来西亚等十多个国家投资设厂，这是否就意味着海尔已经成为国际化企业了呢？

海尔的领导层认为，根据全球范围内的比价成本分析来确定生产经营，这仅仅指的是企业行为的国际化，即企业的各项经营管理指标达到国际标准。随着全球经济一体化的深入，对一个有雄心的企业来说，这只是一个起码的标准。因此，“海尔的国际化”和“国际化的海尔”不是一个概念。

什么是“国际化企业”？其特点是：实施本土化战略。有关理论指出，跨国公司的本土化应包括：① 关系本土化，这是跨国公司本土化战略的核心；② 产品本土化，是指跨国公司的主要产品在当地生产或配件国产化和原材料本土化；③ 市场本土化，注重开发能够满足本地消费者需要的适销对路的产品；④ 人力资源本土化，为其实施产品和市场本土化提供智力资源；⑤ 经营方式本土化，跨国公司要在当地参与竞争，就必须解决营销手段的适宜性，就离不开对当地消费文化的了解和把握；⑥ 研究开发本土化，研究开发适合当地市场的产品。

本土化战略概括起来可以归纳为：“三位一体”和“三融一创”。所谓“三位一体”指的是生产制造中心、设计中心和营销中心三位一体地设在市场所在的国家或地区；所谓“三融一创”指的是海尔集团在投资东道国当地融资、当地融智、当地融文化和创本地化名牌。通过实施“三位一体”和“三融一创”的本土化战略，获得的是海尔所需要的资金、技术和人才。

1999 年海尔集团在美国南卡罗莱纳州投资建立了第一个海外海尔工业园——美国海尔工业园，美国海尔设在南卡罗莱纳的生产制造中心的工人是美国人，设在波士顿设计中心的研究开发人员是美国人，设在纽约的营销中心的经理也是美国人。在美国初步实现了设计、生产、销售“三位一体”的本土化经营模式，从而最大限度地提高了资源的利用率。2002 年海尔在纽约购买了原格林尼治银行大厦这座标志性建筑作为其北美的总部。这意味着海尔“三位一体”的本土发展战略又上升到新阶段，说明海尔已经在美国树立起本土化的名牌形象。此后，欧洲海尔、中东海尔也都初具规模。这种通过本土化来强化“国际化企业”的战略已初显成效。

2001 年海尔并购意大利一家冰箱厂，设立意大利电力股份有限公司，快速实现了三位一体的本土化战略。通过这次并购，海尔不但拥有欧洲的白色家电生产基地，而且还拥有参与当地制造业组织并获取信息的渠道，从而为实现当地融资、融智、融文化，创世界名牌铺平了道路。

2002 年海尔与日本三洋公司建立竞争合作关系，以达到市场互换的目的。三洋海尔株式会社经销的海尔品牌家电全面进入日本家电市场，并以与日本名牌家电相当的价格树立起海尔品牌的美誉。日本业界权威认为，海尔是第一个真正被日本消费者接受的非日本品牌。

随着一个个本土化的名牌崛起于世界各地，海尔的创世界名牌目标正在逐步实现。2004 年 1 月，世界五大品牌价值评估机构之一的世界品牌实验室编制的《世界最具影响力的 100 个品牌》报告表明，中国本土企业惟一入选者是海尔。目前，海尔已经在国外设立了 30 多家生产企业和一批研发中心和销售中心。

2005 年，海尔 CEO 张瑞敏进一步提出海尔“人单合一”的模式，“人单合一”的“人”是指每一个员工，也就是每一个创新的主体；“单”是指有竞争力的市场目标。“人单合一”就是每一个自主创新的主体在市场空间里以最快的速度捕获商机，产生快于竞争对手的竞争力。这个模式强调人和市场的统一，速度和准确度的统一。与此同时，海尔把自己的企业精神和工作作风提升为“创造资源，美誉全球”和“人单合一，速决速胜”，志在把企业目标和个人的行为完美地融合在一起。

结合海尔集团国际化经营的成功案例，分析我国企业如何走跨国化经营之路。

参考答案

第一章

二、填空题

1. 知识产权转移；资本投资
2. 一个工商企业；企业有一个决策中心
3. 研究开发
4. 股份有限公司
5. 避税地公司
6. 纯控股公司；混合控股公司
7. 利润
8. 核心主业

三、是非题

1. 是；2. 非；3. 是；4. 非；5. 非；6. 非；7. 是；8. 是

第二章

二、填空题

1. 技术领先；市场占领
2. 各国实行开放经济政策
3. 生产要素；需求状况；相关产业
4. 其经济规模、业务范围和影响力
5. 集世界技术之大成
6. 发达国家和发展中国家之间的竞争；地区经济集团之间的竞争
7. 技术改造
8. 买方垄断价格；卖方垄断价格

三、是非题

1. 是；2. 是；3. 非；4. 非；5. 非；6. 非；7. 是；8. 是

第三章

二、填空题

1. 国外直接投资；国际技术转让
2. 投资计划；研究开发
3. 制造业中心；营运中心
4. 多数参股、少数参股
5. 公司契约式联盟；合作备忘录式联盟；国际协作式联盟
6. 产品技术
7. 水平一体化策略
8. 防御性竞争姿态向进攻性竞争姿态

三、是非题

1. 是；2. 非；3. 是；4. 非；5. 非；6. 是；7. 非；8. 是

第四章

二、填空题

1. 生产资本为中心
2. 创新；兼并收购
3. 自然资源导向型投资；市场导向型投资；劳动力导向型投资
4. 制造业；服务业
5. 企业财产的所有权
6. 横向并购；纵向并购；混合并购
7. 市场上有可供收购的对象；企业有收购他人企业的实力
8. 股权式合资企业；契约式合资企业

三、是非题

1. 是；2. 非；3. 非；4. 是；5. 是；6. 非；7. 是；8. 非

第五章

二、填空题

1. 生产的国际专业化分工
2. 跨国公司的一部分；东道国当地经济的一个组成部分
3. 资源导向型投资；战略导向型投资
4. 跨国公司；生产资本

5. 正常风险（竞争风险）；环境风险
6. 国家；产品
7. 投资障碍比较法；多种环境因素分析法
8. 税收抵免；税收饶让

三、是非题

1. 非；2. 是；3. 非；4. 是；5. 非；6. 是；7. 是；8. 非

第六章

二、填空题

1. 国际贸易；公司内部商品调拨
2. 内部一体化；国际一体化
3. 纵向；横向；纵向与横向交叉
4. 同一所有权企业
5. 内部成本；外部市场
6. 独立竞争交易原则
7. 投入税；产出税
8. 重新估税；征税

三、是非题

1. 非；2. 是；3. 非；4. 是；5. 是；6. 非；7. 非；8. 非

第七章

二、填空题

1. 技能；工艺；知识
2. 工业产权的技术；非工业产权技术
3. 正比；反比
4. 无形的技术知识
5. 混合许可；计算机软件许可
6. 技术服务；特许经营权
7. 租借
8. 总付；提成或入门费加提成费

三、是非题

1. 非；2. 非；3. 非；4. 是；5. 非；6. 非；7. 非；8. 是

第八章

二、填空题

1. 供应商；收购商
2. 国际市场；公司所在国市场
3. 无差异营销；差异化营销
4. 控制；覆盖；特性
5. 竞争性产品的价格；消费者的购买能力
6. 需求导向；竞争导向
7. 探索性；描述性；因果分析
8. 案头调研；实地调研

三、是非题

1. 非；2. 非；3. 非；4. 非；5. 是；6. 是；7. 非；8. 非

主要参考文献

1. S. H. Robock, K. Simmonds. International business and multinational enterprises. 4th ed. Homewood: Richard D. Irwin, 1999.

2. Donald A. Ball, Wendell H. McCulloch. International business: introduction and essentials. 4th ed. Homewood: Richard D. Irwin, 1990.

3. Richard D. Robison. Internationalization of business: an introduction. New York: The Dryden Press, 1984.

4. Hans Schollhammer. Organization structures of multinational corporations. Academy of Management Journal, 1971 (9).

5. James M. Fremdren. Transfer pricing and management goals. Management Accounting, 1990 (2).

6. Murray, Robin. Multinationals beyond the market: intrafirms trade and the control of transfer pricing. New York: John Wiley and Sons, 1981.

7. Weigand. Social cost/benefit analysis for MNCs. Harvard Business Review, 1983 (7-8).

8. Hutching, Dave. Quality is every's business. Management Decision, 1986 (Winter).

9. John H. Dunning. International production and the multinational enterprise. London: George Allen & Unwin, 1981.

10. Kaz Miyagiwa. International capital mobility and national welfare. New York: Garland Publishing Inc., 1990.

11. P. J. Buckley, M. Casson. The future of the multinational enterprise. London: Macmillan, 1996.

12. United Nations. The transnationalization of service industries: an empirical analysis of the determinants of foreign direct investment by transnational service corporations. New York, 1993.

13. United Nations. Transnational corporations from developing countries impact on their home countries. New York, 1993.

14. United Nations. From the common market to EC92: regional economic

integration in the european community and transnational corporations. New York, 1993.

15. United Nations. World investment report 1993: transnational corporations and integrated international production. New York, 1993.

16. United Nations. World investment directory: central and eastern europe. New York, 1992.

17. [美] 王念祖，滕维藻主编. 跨国公司与中国的开放政策. 天津：南开大学出版社，1990

18. [日] 上野明著. 决胜千里——无国境时代的企业经营战略. 李铁锤译. 北京：中国经济出版社，1991.

19. [英] 尼尔·胡德，斯蒂芬·扬著. 跨国企业经济学. 叶刚，等译. 北京：经济科学出版社，1990.

20. 王珏，王林生主编. 市场经济全书 . 北京：中共中央党校出版社，1993.

21. 洪君彦，兆洪成编著. 跨国公司与世界经济. 北京：机械工业出版社，1988.

22. [美] 彼得·林德特著. 国际经济学. 范国鹰，等译. 北京：经济科学出版社，1992.

23. 李祥林，洛桑主编. 走向国际市场丛书. 北京：中国青年出版社，1993.

24. 陶德言编著. 知识经济浪潮. 北京：中国城市出版社，1998.

25. 陈斌进等著. 经济恐龙——走向21世纪的跨国公司. 北京：时事出版社，1995.

26. 厉以宁，曹风岐主编. 中国企业的跨国经营. 北京：中国计划出版社，1996.

27. 陈建梁主编. 跨国公司投资管理. 上海：复旦大学出版社，1995.

28. 李岚清主编. 中国利用外资基础知识. 北京：中央中共党校出版社，中国对外经济贸易出版社，1995.

29. 蔡来兴主编. 全球500强. 上海：上海人民出版社，1999.

30. 张玉秀编著. 企业战略管理. 北京：北京大学出版社，2005.

31. 卢进勇，杜奇华主编. 国际投资与跨国公司案例库. 北京：对外经济贸易大学出版社，2005.

32. 符正平主编. 公司国际化经营. 北京：中国人民大学出版社，2004.